"十三五"江苏省重点图书出版规划项目

城市中心空间形态研究

杨俊宴／主编

业态与形态：亚洲城市中心区的轴核结构

胡昕宇　杨俊宴　著

国家自然科学基金项目（51608252）

江苏省自然科学基金项目（BK20160628）

国家自然科学基金青年科学基金项目（51708296）

江苏高校品牌专业建设工程项目（PPZY2015A063）

U0380422

东南大学出版社

·南京·

内容简介

城市中心区是城市最核心的空间,是城市规划学科研究的重点方向,而轴核结构中心区是亚洲城市中心区所独有的特征。本书紧紧扣住轴核结构的中心区空间结构发展规律以及业态聚集规律这两方面,通过对各特大城市轴核中心区的综合量化研究,剖析了轴核结构中心区形成的门槛条件以及其发展特征,归纳轴核结构中心区的形态特征和业态特征,梳理轴核结构中心区的驱动机制并构建结构模型。从理论层面指导规划实践工作,不断地调整和完善我们的城市空间,满足城市与社会的需要,创造富有特色的中心区空间形态。

本书适合城市规划、建筑设计、人文地理、城市经济及相关领域的专业人员,以及城市建设管理人员阅读,也可以作为高等院校有关专业的参考教材。

图书在版编目(CIP)数据

业态与形态:亚洲城市中心区的轴核结构 / 胡昕宇,
杨俊宴著. — 南京 : 东南大学出版社,2019.1
(城市中心空间形态研究 / 杨俊宴主编)
ISBN 978-7-5641-8147-5

Ⅰ.①业… Ⅱ.①胡… ②杨… Ⅲ.①城市规划—研
究—亚洲 Ⅳ.①TU984.3

中国版本图书馆 CIP 数据核字(2018)第 282312 号

业态与形态:亚洲城市中心区的轴核结构

出版发行:东南大学出版社
社　　址:南京市四牌楼 2 号　邮编:210096
出 版 人:江建中
责任编辑:丁　丁
网　　址:http://www.seupress.com
电子邮箱:press@seupress.com
经　　销:全国各地新华书店
印　　刷:虎彩印艺股份有限公司
开　　本:787mm×1092mm　1/16
印　　张:16
字　　数:379 千字
版　　次:2019 年 1 月第 1 版
印　　次:2019 年 1 月第 1 次印刷
书　　号:ISBN 978-7-5641-8147-5
定　　价:68.00 元

丛书序

　　进入 21 世纪以来,中国的城市化进程不断深化,到了发展转型的中后期。新型城镇化的发展理念引领城市建设向提升城市文化及公共服务等内涵式增长转变,使得城市文化、公共服务及经济活动最为集中的城市中心区成为新型城镇化建设的核心要素之一,而城市中心区科学有序地发展,也成为带动新型城镇化全面深化的关键。在此基础上,近年来国家重大基础设施的建设,特别是高速铁路网络的建设发展及城市内部轨道交通网络的不断发展及完善,促进了新的城市中心类型的出现,进而推动了城市中心公共服务体系的不断演进及完善,大量现代服务业开始在城市中心区形成新的集聚。中心区这些前所未有的发展与变化,吸引了国际社会的广泛关注,也对广大学者从更高、更广的国际视野研究城市中心区的新问题,提出了更多的要求与挑战。

　　东南大学建筑学院是较早关注城市中心区规划研究的院校,在学界有一定影响。本丛书主编杨俊宴为东南大学城市中心区研究所所长,通过国际 200 多个城市空间大模型数据库的横向建构和南京中心近 40 年的纵向持续跟踪研究,先后主持了 4 项国家自然科学基金项目,取得了系列创新的成果。本丛书着眼于未来 10～30 年城市中心研究的前沿动态,包括国际城市中心区的极化现象、空间结构、空间集约利用、中心体系等研究,包含了多项国家级课题内涵,并结合作者重大规划项目的实践,提出中国本土城市化过程中对城市中心的理论与方法体系建构,具有以下几个特点:

　　1. 对城市中心研究的理论体系具有前沿性。在中国城市化走向中后期深化阶段的特殊时期,大量特大城市、超大城市的紧凑集聚是其主要特征。城市中心的发展承载了这种主要特征,出现大量多核化、极核化的发展态势;同时,中国特有的高密度中心城市也出现了空间品质低下、特色湮灭等问题,而相关的研究在我国规划界的应用尚未全面展开,许多规划工作者都是根据自己实践的感性探索来提出解决规划。本丛书依托作者主持的多项国家自然科学基金项目,住建部、教育部等课题,在多年规划实践积累的基础上,深入城市中心的前沿研究领域,系统地从空间形态角度就如何应对城市中心的这种发展态势,提出中国特色的城市化理论体系。

　　2. 理论联系实际,具有较强的实用性。城市规划上升为一级学科后,对于其学科核心理论的争论一直是热点问题。本丛书以城市空间形态的视角,紧扣城市规划学科的最核心理论方法,从空间集聚到空间分析方法,更具有全面性,所有技术方法均有切身参加的大量城市中心案例分析为依托,凝练在规划设计实践应用,阐述更深入。

　　3. 多学科协作的团队力量。本丛书依托多个科研协作团队力量,作者群跨越城市服务产业、空间物理环境、城市交通等交叉学科,具有全面覆盖的特点。主编具有建筑设计、城市规划、人文地理等多重学科背景,也主持了不同类别中心区的规划项目,能够全面把握城市中心未来的发展态势并对其进行系统解析。

4. 第一手的研究资料和分析方法。本丛书的基础资料完全为杨俊宴工作室近十年来在国内外城市中心区的定量建模数据库，均为第一手空间资料；研究所采用的技术方法很多也为原创性的国家技术发明专利。无论是对于规划设计师、科研工作者、规划管理者还是对于院校学生，都具有极强的吸引力。

城市中心区的研究是一项系统而复杂的工作，涉及城市规划、经济社会、道路交通、景观环境等诸多学科和方面，且各个方面相互影响，相互融合，形成了一个复杂的整体系统，因此具有相当大的研究难度。然而城市中心区又是一个与城市发展及市民生活息息相关的场所，具有非常重要的研究意义及价值。这套丛书沿承了东南大学城市中心区及空间形态的研究特色，在城市中心区理论体系、结构模式、定量研究等方面做出探索与突破，我也希望这套丛书可以为我国城市中心区的深化研究提供一个基础与平台，也期待更多学界人士共同参与其中，为城市中心区的发展，也为中国城市化的道路提供更多科学的指导。

2016 年 7 月

前　言

在城市经济日益融入世界经济体系链条的时代背景下,特大城市在全球和区域产业体系中的地位和职能,成为城市经济发展水平和竞争力的集中体现,而特大城市的中心区就是城市综合竞争力的最集中体现。城市中心区主要是城市经济活动的产物,因而也受到经济活动规律的影响,中心区的空间结构发展具有显著的阶段性。处于亚洲城市等级体系高端的城市,其中心区在突破圈核结构发展阶段之后,出现了硬核等级结构扁平化、硬核空间形态连绵化、硬核组织模式廊道化等发展趋势,形成了一种新的空间结构模式,可称为轴核结构,而中心区向轴核结构发展的趋势,则可称之为轴核结构现象。在全球化的影响下,全球人口快速向特大城市聚集,我国产生了多个高密度的特大城市,在这些城市内,出现了多个轴核结构中心区。这一现象并非我国独有,在快速发展的亚洲地区的高密度特大城市中,也同样出现了多个轴核结构中心区。针对这一情况,本书选择文化及地域背景相似度较高的亚洲为背景,对亚洲高密度特大城市出现的中心区轴核结构现象进行定量研究,总结其空间与业态的规律特征,并构建轴核结构中心区的结构模式,为我国未来的中心区发展提供更为合理的依据。

全书分为五章。

第1章主要介绍亚洲特大城市轴核结构中心区的基础。包括中心区的相关概念,描述了中心区空间、交通产业以及业态的相关研究综述。介绍了中心区的轴核结构现象以及详细阐述了本书所采用的技术手段。

第2章介绍了轴核结构中心区的发展特征,以及轴核结构中心区的发展门槛,从案例入手,总结轴核中心区的发展特性与现状特征,分别选择硬核规模、等级结构、聚集程度、轨道交通密度等作为反映中心区发展水平的评价指标,揭示轴核结构中心区发展的特征规律。

第3章分别从空间形态、交通特征以及职能特征三个方面运用不同的方法进行研究,对不同形态的轴核结构中心区,分别总结、归纳其空间发展的阶段,进而解释轴核结构中心区发展的形态规律。

第4章以上海人民广场中心区和陆家嘴中心区为例,提取中心区内的业态职能要素,剖析其分布特征、构成特征以及关联特征,建构轴核结构中心区的业态模式。

第5章在对轴核结构中心区空间规律归纳的基础上,总结轴核结构中心区的空间模式,对其进行深度解析,并对轴核结构中心区的形成机制进行探讨。

本书的出版是建立在对中心区的研究基础上,参考不同的国内外文献,运用不同的量化方法从空间和业态的角度对轴核结构中心区进行深入细微的研究。

目　录

1 亚洲特大城市轴核结构中心区概述

  城市中心区是城市空间形态的聚集重心,同时也是城市产业活动的聚集核心,其发展规律既受到城市的自然发展条件、社会经济状况、历史文化积累、城市结构特征等外部影响,也受到中心区内部的职能分工、用地构成、聚散关系、交通组织等影响,空间形态出现丰富的多样性。在中心区形形色色的空间差异背后,存在着一些空间的结构性规律,不断地被学者所揭示[1]。从城市研究的角度来看,中心区空间形态的变化过程遵循一定的空间增长逻辑,在不同尺度的案例内呈现出一定的规律性,值得进行深入研究。

  在中国城市化进入中后期,城市经济在全球化中日益融入世界经济体系链条的时代背景下,特大城市在全球和区域产业体系中的地位和职能,成为城市经济发展水平和竞争力的集中体现,而中心区就是城市综合竞争力的最集中体现。城市中心区主要是城市经济活动的产物,因而也受到经济活动规律的影响,中心区的空间结构发展具有显著的阶段性。本书紧扣城市中心区空间发展和业态集聚的核心规律,通过对特大城市轴核中心区的综合量化研究,剖析轴核结构中心区形成的门槛条件和发展趋势,归纳轴核结构中心区的形态特征和业态特征,梳理轴核结构中心区的驱动机制并构建结构模型。在城市生活向多元化趋势发展的时代,通过了解中心区发展的基本原理,不断地调整和完善我们的城市空间,以使中心区空间、功能、活动与发展的趋势紧密结合,构建功能完善、形态紧凑、用地集约、活动多元的中心区空间模式,满足城市与社会的需要。通过中心区研究体系的建构,基于中心区发展规律,从理论层面指导规划实践工作,创造富有特色的中心区空间形态。

  本书有以下三方面的目的:

  (1) 剖析轴核结构中心区形成的门槛条件和发展特征。

  本书对轴核结构中心区的研究首先基于对轴核结构现象的深入理解。归纳亚洲特大城市中心区出现的轴核结构现象,对轴核结构中心区进行明确的概念界定。在此基础上对中心区各结构等级的典型案例进行分析研究,探讨中心区空间拓展成为轴核结构中心区的升级门槛,建立用以评判中心区升级发展的门槛标准。对轴核中心区的发展历程进行分析,归纳其影响中心区发展的限制性因素和促进性因素,从硬核规模、等级结构、聚集程度、交通联通等层面来进行建立综合评价指标。根据轴核中心区的发展指标,研究中心区的发展层级与中心区发展特征的关系,发掘不同类型中心区发展的深层规律,进而优化提升中心区发育水平。

  (2) 定量研究轴核结构中心区的形态特征和业态特征。

  从空间形态角度展开研究,对亚洲典型轴核中心区大量形态数据的处理和空间形态统计,从空间形态层面的密度、强度及高度等要素展开,探索轴核中心区空间形态的聚集特征和变化趋势；从交通输配层面的路网结构特征、路网输配特征和轨道交通特征等要素展开，分析轴核中心区交通设施的布局特征，以及不同交通发展模式对于中心区形态发展的影响；从职能特征层面的公共服务设施密度和用地职能分布要素入手，分析轴核中心区职能分布方面的形态特征；从服务业态层面的业态总体特征、业态构成特征和业态空间特征入手，分析轴核中心区业态的相互作用力和布局模式。最后对形态特征和业态特征的变化进行总结，勾勒轴核中心区空间发展的阶段和路径，进而解释轴核结构中心区发展的深层次规律。

（3）剖析轴核结构中心区的驱动机制并构建结构模型。

在对不同发展阶段的轴核结构中心区进行量化研究与分析的基础上，探索轴核中心区在城市的整体层面和中心区的具体层面表现出的共性特征。通过对这些共性特征的进一步归纳、总结与辨析，加深对轴核结构中心区的认识，并形成轴核结构中心区的空间模式。基于对轴核结构中心区空间模式的深度解析，进而探讨轴核结构中心区的发展机制。

在中国全球化和城市化的背景下，特大城市对于区域经济发展的辐射、管理和决策的作用日趋显著，资金、人才、技术等高端生产要素向少数核心城市聚集，进一步推动了这些特大城市高端服务产业的聚集。在此基础上，受到高端服务相关产业的聚集效应的影响，中心区规模结构提升，在空间形态、功能结构、交通体系等层面均发生了量变到质变的过程，出现了轴核结构现象。发生在特大城市中心区的这一结构现象，具有较高的理论研究价值以及较高的现实意义。

其相关意义如下：

（1）在理论层面，完善与深化中心区的理论研究体系。

在21世纪的城市发展背景下，特大城市在全球经济、产业和文化中的影响力更加突出，对国家和区域的经济发展发挥了更高的控制作用。城市服务产业在特大城市的聚集，使得特大城市中心区产生了阶段性变化，出现了轴核结构现象，表现为主亚核结构的消解、硬核形态的连绵化、规模尺度的巨大化、功能业态的高端化等现象[2]。针对特大城市轴核中心区这一特殊现象的深化研究，梳理其理论机制和特征规律，对于巩固中心区研究框架，推进中心区结构形态发展和演化的理论建构，深化中心区的发展机理研究，具有重要的理论意义。

（2）在实践层面，面向中国特大城市的未来发展需求。

随着中国经济实力的提升，国内特大城市发展迅猛，迅速跃升到世界城市体系的竞争舞台，越来越多的国内城市中心区将进入轴核结构的发展阶段。这一特殊阶段的中心区，在空间规模、形态类型、交通组织、业态布局等各个方面都出现前所未有的发展态势。通过对亚洲特大城市轴核结构中心区的案例研究，可以加深对轴核结构现象的认识，建构轴核结构中心区的结构模型，梳理空间形态、交通组织、业态布局等各要素的发展脉络，优化中心区空间形态格局，在中心区规划实践和管理工作中，优化中心区空间形态格局，顺应产业业态作用力的互动关联，进而提升中心区乃至城市的发展竞争力。

1.1 相关概念界定

1.1.1 中心区相关概念内涵

　　城市中心区具有非常复杂多元的概念与内涵,但是即便认识到中心区内涵的多样化和定义标准的多元性,仍然可以从中发现若干相似的理解:就其空间显性因素而言,中心区主要指各类公共服务设施的集聚区。历史上随着城市公共服务设施的集聚效应导致城市空间的差异化发展,商业零售、商务、行政、餐饮等服务职能在经济作用的推动下集聚在某个特定空间,这种产业高度集聚的物质空间形态逐渐发展成为中心区的雏形[2]。同时作为以物质空间形式出现的中心区显性要素的另一面,非物质的产业活动与文化要素构成了中心区的隐性要素。物质空间与产业经济活动的交叉关联支撑了城市中心区的发展,当城市服务产业高度发达,并表现出较强的经济辐射力,城市中心地段所承载的产业活动和社会交往达到一定的聚集规模,并获得市民的普遍心理认同,便可以称为完整意义的中心区。

　　因此,从中心区的出现和演化过程来看,本书可以对城市中心区作如下定义:城市中心区是位于城市功能结构的核心地带,将高度集聚的公共设施及交通体系作为空间载体,以特色鲜明的公共建筑群体和开放空间作为景观形象,以种类齐全完善的服务产业和公共活动作为经营内容,凝聚着市民心理认同的物质空间形态[3]。

　　城市中心区的内涵特征可进一步表现为如表1.1所示。

表 1.1　中心区的内涵特征

属性	特征	内涵特征描述
经济属性	高昂的土地价格	土地价格是市场机制作用于中心区结构的最直接方式,"地价—承租能力"的相互作用决定了中心区整体结构格局及演替过程。级差地租的客观存在,影响社会经济的各个方面对土地的需求,进而导致土地价格的空间差异,而中心区所处城市空间区位的优越性决定了其高地价水平
	高赢利水平的产业	各城市功能均存在对中心区位的需求,但由于中心区土地的稀缺性和内部可达性的差异,地位高低各异,市场竞争使得承租能力较高的产业部门占据了地价较高的街区。这种承租能力上的差异,在空间上表现为拥有高赢利水平的机构占据了中心区内的中心位置
	激烈的市场竞争	由于集聚效应的影响,中心区各服务职能机构都密集在同一区域内以产生更好的规模效应,集聚的同时也带来了同行业机构间的竞争。竞争不仅表现在对市场的争夺上,还给同一区域内行业提供了比较标尺。集聚增强了激烈竞争的同时,也增强了中心区作为产业聚集区的整体竞争力
空间属性	最高的交通可达性	在趋于多元化的城市交通体系中,中心区占据了快速道路网、公共交通系统、步行系统等交通服务的最佳区域,同时中心区内外交通的连接在三维空间展开,形成便捷的核心交通网络,以提供商务活动者于单位时间内最高的办事通达机会。对城市整体而言,中心区具备优越的综合可达性,这是公共活动运行的普遍要求,也是中心区产生的根源
	高聚集度的公共服务设施	城市用地的利用强度是非均质的,单位用地面积出现最高建筑容量的情况以地价水平为基础,以功能活动的需求为条件。在城市演进的过程中,商业消费、商务办公等公共活动与这些条件趋于吻合,高强度的开发成为稀释高地价、提高地租承受能力的必然选择,加上公共活动本身的聚集要求,逐渐导致了中心区建筑空间的密集化,并向周围扩展成为连续的地区

续表 1.1

属性	特征	内涵特征描述
社会属性	特色的空间景观形象	中心区是一个城市最具标识性的地区，中心区内公共建筑的密集化，在城市空间景观上产生标志性影响。中心区内拥有独特造型的标志性建筑和高低起伏的天际轮廓线，为中心区提供了特有的可识别性。这些标志性的建筑和建筑群不仅满足市民公共活动的需求，同时也满足精神层面的需求，更能体现城市的魅力和内涵
	密集的公共活动	各类公共服务设施的完善是中心区其中的一个特征，高度聚集的综合化设施带来了商务办公、商业消费、娱乐休闲等密集的公共活动。这种密集的活动不仅体现在服务种类的多样化上，同时也体现在活动时间的连续性上，各职能的高度混合，为中心区内活动的全天候性提供了可能性
	文化心理认同	中心区的形成需要有漫长的时间积累，在这一过程中，中心区成为深厚历史文化的空间载体，是公众产生心理认同感的特定区域，传承着城市的文脉和公众的集体记忆，而市民的心理认同感也是产生中心区集聚力的一个重要原因

资料来源：杨俊宴. 城市中心区规划设计理论与方法[M]. 南京：东南大学出版社，2013.

1.1.2　中心区空间界定

在之前学者研究的基础上，杨俊宴借鉴 Murphy 指数界定法，提出"公共服务设施指数法"，用来进行城市中心区边界的测算，提出能够准确把握中心区核心功能并能够客观准确操作的量化指标[4]。根据亚洲特大城市典型中心区调研结果，确定适应于亚洲城市发展特征的中心区指数的组合分界值，通过大量实地调研收集第一手原始数据，从而划定中心区的空间边界。具体界定方法如下[4]（图 1.1）：

——确定城市中心区空间边界的测算指标

基于中心区的定义，中心区具有两个关键属性：①公共服务机构是中心区的功能本质；②公共服务设施的空间聚集程度是划定中心区范围的评价标准。在此基础上提出公共服务设施指数概念，以此来表现中心区的容量特征。公共服务设施指数是用来对中心区进行量化分析，反映其设施聚集程度的指标，包括公共服务设施高度指数 PSFHI（Public Service Facilities Height Index）、公共服务设施密度指数 PSFII（Public Service Facilities Intensity Index），其计算公式为：

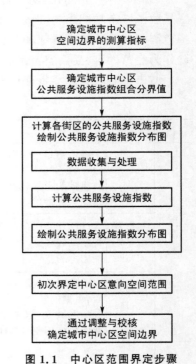

图 1.1　中心区范围界定步骤

资料来源：杨俊宴. 城市中心区规划设计理论与方法[M]. 南京：东南大学出版社，2013.

$$PSFHI = \frac{\text{被调查用地公共服务设施的建筑面积}}{\text{被调查用地的用地面积}} \times 100\%$$

（公式 1-1）

$$PSFII = \frac{\text{被调查用地公共服务设施的建筑面积}}{\text{被调查用地的总建筑面积}} \times 100\%$$ （公式 1-2）

——确定城市中心区公共服务设施指数的组合分界值

城市中心区单个街区作为公共服务设施指数测算的基本单元,单个街区相连称为连续街区,指在空间上延续的两个及两个以上单个街区的总和。通过对大量样本城市中心区的公共服务设施指数大小的累计比例分布值进行分析[1],确定非中心区街区、中心区街区两种城市中心区公共服务设施指数的组合分界值为中心区范围指数值(PSFII + PSFHI)C = [(50)+(2)],即公共服务设施密度指数 PSFII 的分界值为 50%,公共服务设施高度指数 PSFHI 的分界值为 2。连续街区若大于此组合指数值即为中心区空间范围,若小于此指数值即为非中心区空间范围。

——计算各个街区的公共服务设施指数

以研究范围内单个街区作为测算单元,通过调研获得的用地性质和建筑形态和层数,计算各单个街区的公共服务设施高度指数 PSFHI 和公共服务设施密度指数 PSFII,输入GIS 数据库,在数据库中根据数值大小区分该街区的颜色,绘制生成公共服务设施高度指数PSFHI 和公共服务设施密度指数 PSFII 的分级图。

——初次界定城市中心区意向空间范围

在各单个街区公共服务设施指数分布图的基础上,结合峰值地价法、功能单元法和交通流量分析法这三个界定参数,叠合标志性公共建筑的分布,首先选取所有公共服务设施指数大于或等于中心区范围指数值(PSFII+PSFHI)C 的单个街区、所有包含标志性公共建筑的单个街区;在这些街区的总和中,勾勒出空间连续的若干街区,作为该城市中心区的意向范围界线。

——通过调整与校核来确定城市中心区空间边界

在中心区研究范围内,计算整个范围内的 PSFHI 和 PSFII 指数,将该研究范围内的PSFHI 和 PSFII 指数与中心区范围指数值(PSFII+PSFHI)C 作对比。如果整体指数大于中心区范围指数值(PSFII+PSFHI)C,则说明研究范围小于中心区实际范围。在调整范围的过程中,以中心区面积最大的标志性公共建筑为中心,向四周进行均匀扩大缩小。经过多轮调整,逐渐使研究范围内整体 PSFHI 和 PSFII 指数逼近至达到(PSFII+PSFHI)C。

以上的中心区边界界定方法借鉴了西方中心区研究成熟的技术方法,也糅合了国内中心区研究的实际经验,为大量中心区的边界界定工作提供了标准化的调研标准、统计方法和计算方法,保证对于不同类型的中心区量化界定的结果具有相近的精确性,满足量化比较的要求。该城市中心区边界界定方法,经过国内外不同类型城市中心区的操作检验,具有较高的可操作性,可以精确标示中心区的空间范围。该中心区界定方法在深入研究中心区的用地结构、空间形态、地区性差异、规模总量等方面具有优势,目前已经广泛应用于城市中心区定量研究,被认为是中心区界定的主要的方法。在相关研究进展方面,史北祥使用这一方法分析南京新街口中心区 30 年演替,并总结其空间形态演替规律[5]。章飙则对特大城市市级公共中心体系的发展演变、体系内部构成、未来发展趋势等方面进行研究[6]。任焕蕊[7]、张浩为[8]、胡昕宇[9]分别对多个特大城市中心区的交通输配体系、硬核及阴影区进行分析。

---

① 杨俊宴.城市中心区规划设计理论与方法[M].东南大学,2013.

1.1.3 业态相关概念内涵

"业态"这一概念最初用于表达零售企业为了满足不同的消费需求,通过组合相应要素而形成的不同经营形态[10],但随着经济活动的复杂化,该概念所适用的范畴开始从零售业扩展到服务业领域,进而也将农业、制造业等纳入在内,"业态"被用来表达所有产业活动的存在形式或实现形式。在这种扩大化的语境下,为了使该概念与传统的"零售业态"有所区别,也通常使用"产业业态"一词。

"业态"一词最早在 20 世纪 60 年代被日本用来表达零售业和餐饮服务业企业经营形态的概念[11]。夏春玉认为兼村容哲对业态的狭义与广义的定义较好地反映了日本学术界的观点。其中,狭义的业态是指从直接接触消费者的店铺或销售的角度来定义的零售业态,主要是指为消费者提供各种零售服务的店铺或销售层面上的营销要素组合形式,具体是指商品、价格、店铺、销售等营销要素的组合形式[10]。广义上的业态既包括消费者所能接触到的狭义业态,也包括消费者无法直接观察得到的、支撑狭义业态运营的运营组织、所有制形式、经营形态及企业形态等[12]。而在国外学术界,夏春玉总结,"美国的相关文献一般是用'types of retailers'或'types of retail establishments'界定零售业态,英文文献中更多以'(retail) formats'来表达'(零售)业态'",体现出"业态"所代表的典型的具有某类共同特征的经营形态(表 1.2)。

表 1.2 "业态"代表释义的中英文对应表

中文释义	英文单词	代表学者或标准	年份
零售业态	types of operation	美国商业统计的零售业分类	1939
零售业态	kind of business、types of retail establishments	美国商业统计的零售业分类	1977
零售机构	retailing establishments		
多个零售经营者集合	power center	Barbara Hahn	2000
(零售)业态	(retail) formats	Bill Merrilees	1997
		Barbara Hahn	2000
		Arieh Goldman	2001
		Andrew J Newman	2002
		Hans S	2003
		Amit Bhatnagar	2004
		Debra Grace	2005
		César Serrano Domínguez	2007
		Walter van Water-schoot	2008
		Garrido V	2009
		James R Brown	2010
		Alina Sorescu, Michael Etgar	2011
		Christoph Teller, Deborah J C	2012

资料来源:伍业锋. 产业业态:始自零售业态的理论演进[J]. 产经评论,2013(3):27-38.

在国内,"业态"一词原本专用于零售业领域。在 2000 年制定的国家标准《零售业态分类》(GB/T 18106—2000)中,"零售业"和"零售业态"分别被翻译成为"retail business"和"retailing type of operation"。2004 年修订后的《零售业态分类》(GB/T 18106—2004)则将英文名称改为"classification of retail formats","零售业"和"零售业态"被翻译为"retail industry"和"retail formats"。至此国内对"业态"的英文术语选择,最终也定在了"format"。但在近年国内的研究讨论和政策操作中,将"业态"一词从专指销售领域的经营形态拓展到所有生产经营活动的形式和形态,形成了一个具有典型中国特色的概念——"产业业态"[10]。本书对业态的研究主要针对这一概念,并且将其定义为:"产业主体为满足不同的消费需求进行相应的要素组合而形成的不同经营形态。"(表 1.3)

表 1.3 "业态"中文释义表

名词	词典名称	释义
业态	《现代汉语新词语词典》	【名】业务经营的形式、状态
	《新词语大词典》	【名】业务经营的形式、状态
	《新中国 60 年新词新语词典》	【名】经营的形态
	《汉语新词新语年编》	【名】业态是业务经营的形式和状态,它包括百货店、专卖店和批发市场等形式
业	《新华字典》	国民经济中的部门:工业,农业 职务,工作岗位:职业,就业 学习的功课:学业,肄业,毕业,业精于勤 重大的成就或功劳:创业,丰功伟业,业绩 从事:业医,业商 财产:产业 既,已经:业已,业经 佛教名词:业报(佛教指善行、恶行的报应),业障(亦称"孽障") 姓
态	《新华字典》	形状,样:态度,状态,姿态,形态,神态,动态,静态,事态,情态,常态,变态,体态,生态 一种语法范畴,多表明句子的主语和动词之间的关系

资料来源:作者整理

1.2 相关研究综述

长期以来,城市中心区研究一直吸引着国内外大量城市规划学者,积累了丰富的研究成果,尤其是在中心区空间结构方面,各种中心区结构模型极大地推进了城市及中心区的空间发展。而对于中心区结构形态及模式的研究,主要从空间结构与形态、交通结构与形态、功能结构与形态等多元视角来展开,建构了不同空间理论模型,这些空间模型涉及人文地理、产业经济、交通、建筑等不同学科,丰富完善了中心区空间形态结构的研究。

1.2.1 中心区空间结构与形态

1）中心区空间结构

20 世纪初，Howard 在"花园城市"理论中提出环形放射结构模型，他提出城市中心区是由公园、公共建筑、商业设施和林荫道构成的[13]。1925 年，Burgess 提出了城市由五个不同功能的圈层式空间结构组成，规则地由内向外延伸的城市同心圆理论模型[14]。1939 年，Hoyt 修正了同心圆模型，并且提出了土地价格和租金沿着主要的交通路线从城市中心向外扇形扩展的扇形理论模型[15]。1954 年，Murphy 和 Vance 调查了美国 9 个中等城市土地利用状况，提出了中心区量化的测定方法，并且在此基础上提出了中心区"硬核—边缘"理论，创立了中心区的空间结构理论[16]。1963 年，Tarver 等提出了理想模型，将城市中心区划分为核心区与边缘区[2]。

近年来，国内学术界也对中心区空间结构进行了大量的研究。王虎浩将嘉兴城市中心区空间结构演变过程划分为同心圆发展阶段、点轴发展阶段、扇形发展阶段及多核心发展阶段这四个阶段[17]。杨俊宴等以南京新街口中心区 1978 年以来的空间发展历程为例，以多年累积的矢量化数据为基础，把特大城市的多核中心区结构划分为主核圈层、阴影圈层、亚核圈层、辅助圈层以及交通输配体系，在此体系框架下，提出了阴影区概念，建立基于圈核结构模式的城市中心区阴影空间深层次规律[18]，通过对国内大量中心区的实地调研及相关研究，证明硬核、阴影区及交通输配体系是中心区中普遍存在的结构要素，具有广泛的适用性[19]。2014 年之后，大数据等新技术的介入丰富了城市中心空间结构的研究方法。钮心毅[20]提出了利用手机定位数据用于识别城市公共中心及其等级和职能类型的方法。王德[21]进一步利用手机信令数据，通过分析和比较了上海市南京东路、五角场和鞍山路商业中心中不同等级商业中心的消费者空间分布区域，深入探讨不同等级商业中心的消费者空间分布特点。汪程等[22]在人、空间、时间三个维度上利用百度地图热力图，配合观测、问卷与访谈，分析了中心区空间利用的特点。

2）中心区空间形态

伴随西方城市化的进程，单独对中心区的空间形态理论的研究也开始细化，由最初的城市空间结构关系深入到对中心区内部形态的定量分析。柯布西耶在"集中城市"理论中提出了城市空间形态集中发展的策略，使英国城市在中心区大量建设高层建筑，极大程度上影响了英国城市的空间形态。通过对美国 9 个中等城市土地利用状况的调查研究，美国城市地理学家 Murphy 和 Vance 开创了中心区量化的测定方法，由此，城市中心区的界定量化工作成为研究的热点[2]。Preston 及 Griffin 参考 Murphy 和 Vance 的中心区界定标准，对中心区的扩散与收缩运动进行了研究[92]。

在国内，赵媛等从兼顾宏观和微观的视角，探讨极核关系形成、形成原因和演化规律[23]。周曦针对"城市核"的性质和发展，阐述"核的分裂"的观点，"多核"的概念、意义和建设，探讨城市的发展模式[24]。史北祥极核结构中心区产生的驱动机制，以及驱动机制作用下所形成的空间效应，进一步推导形成极核结构中心区的理论模型[2]。李翅从城市空间发展角度提出高密度开发模式、引导型界外混合开发模式以及限制型绿带低密度开发模式等[25]。彭翀研究城市群空间形态格局，将其归纳为极核型、走廊型、多极型和复合型空间模式[26]。

还有部分学者在中微观尺度对中心区形态进行研究。王非等提出高层建筑"簇群核"的概念,通过归纳城市中"簇群核"特征,探索高层建筑密集区空间环境的创作策略[27]。邓幼萍总结适宜重庆市的中心商业区空间结构优化模式,多核式功能结构、圈层式结构、多元混合式空间形态等[28]。王涛从节点空间、道路系统、边界空间、建筑分布、建筑形态分析陆家嘴金融中心区的空间形态和结构[29]。

1.2.2 中心区交通结构与形态

1) 中心区道路交通

在中心区的理论建构中,道路交通就是其中不可忽视的重要因素,与中心区空间结构的形成紧密关联。Horwood 和 Boyee 提出的中心区的"核—框"理论模型,将中心区分为核和框两大部分。该理论提出"核"是中心区的内部核心部分,一般是城市主要公共交通的换乘处;"框"则作为中心区的外围的非零售用地功能区,兼顾批发、交通、销售和服务等众多行业,多为城市间的交通总站所在[30]。

从国内来看,叶明研究了美国城市中心区的演变历程,并且认为中心区的演变与主要交通工具的变迁具有较强的对应关系[31]。李沛从全球性城市 CBD 的角度出发,提出 CBD 内的交通输配环结构理论[32]。钱林波构建了中心区交通与土地利用关系的关联模型,认为中心区到达与穿越交通之间的矛盾可以通过三级分流解决[33]。叶玉瑶等在梳理城市空间结构对交通出行与碳排放的影响的基础上,通过案例分析,总结面向低碳交通的城市空间结构模式与基本特征[34]。杨涛通过应用数学模型计算出城市中心区的交通容量[35]。丁公佩构建城市中心区土地利用与交通容量的互动优化模型,并对中心区交通容量进行了理论推导和剖析[36]。Chen Hong 等基于空间和时间消耗的理论方法,构建双级模型以确定道路交通网络承载能力,并优化道路网络[37]。Zhang Shengli 借助 GIS 技术研究广州市番禺中心区的道路网络,指出低密度支干道使大部分交通流量聚集于主干道上,而低道路通行能力和集中的公共交通线路是造成交通拥堵最关键的原因[38]。周文竹从用地特征、步行需求及供给环境、机动车与步行冲突等方面分析了南京珠江路商业街的步行情况,分别从创造畅达交通与提升场所空间两个方面,制定适宜的步行系统规划控制要求[39]。杨俊宴、任焕蕊等针对多核结构中心区的道路交通体系进行研究,提出交通输配体系概念,由交通输配轴及输配环构成,并依此总结交通输配体系的发展模式[40]。

2) 中心区轨道交通

在进入 20 世纪之后,地铁、轻轨、BRT 等大运量公共交通方式成为影响中心区结构形态发展的新要素。Camille R 利用伦敦地铁卡数据库揭示了个体运动模式对城市多中心结构和中心区内部结构演变的影响[41]。Lascano Kezič 和 Durango-Cohen 通过对芝加哥、布宜诺斯艾利斯、圣保罗等城市中心区的研究,指出中心区内轨道交通设施的大规模建设使得中心区产生了功能空间的重新分配,使中心区趋向立体化发展[42]。栾滨等分析轨道交通的介入给中心区有机更新带来的影响,以及在轨道交通建设背景下城市中心区有机更新的类型,提出在此背景下城市中心区有机更新的建议[43]。Zhong C 和 Arisona 等借助出行调查数据,提出中心性指数及吸引力指数,建立交通体系形态与城市形态之间的关系,并以此为基础分析中心区的空间结构[44]。史北祥在研究特大城市中心区道路交通系统时发现，特大城市轨道交通等方式的出现促使中心区"极化"现象的出现，并在此基础上研究中心区极核结构形态[2]。

1.2.3 中心区产业结构与形态

1）城市中心产业空间结构视角

二战后至 1970 年代，"中心区—边缘区—影响区"成为空间结构研究的主要探索方向。Alonso 从经济学角度提出了城市空间结构的经典理论模型[45]。Scott 认为城市中心区中存在亚区，即功能簇群，并建构了理论模型[46]。Davies 对传统的城市中心零售业和购物活动综合布局模式进行了研究[47]。这一时期的理论都定义城市中心区为以商务功能为主体的城市中心。70 年代之后的产业空间结构由静态研究向动态研究发展，Paul Krugman 在 Christaller 所创建的中心地理论基础上，构建多中心城市空间自组织模型，该模型能对宏观城市经济空间格局的内在机理进行解释，成为空间经济学与经济地理学的重要工具[48]。

相对西方而言，国内对中心区功能结构的探索起步较晚，主要研究成果多集中于 2000 年以后。朱才斌等总结了中心区的功能特征[49]。陈泳以苏州为例，指出苏州商业中心区的形成、发展及其空间分布是个因素复杂的动态过程，中心区的演化和城市的道路交通结构总是处于相互促进、相互冲突和相互建构之中，其中商品流通的功能性质决定了苏州商业中心区演化的总体特征[50]。杨俊宴对我国 15 个特大城市的中心体系及城市经济规模进行量化分析，证实城市中心体系的各项用地职能规模与城市第三产业规模存在明显的关联特征[51]。

2）城市中心产业间的相互作用视角

20 世纪 90 年代以来，产业上的相互联系成为中心区产业结构研究的重要主题。Krugman 和 Venables 认为中心外围具备向心力，而城市具备离心力，根据向心力和离心力的对比可以考察产业是集聚还是扩散，进而判断城市空间结构的变化[52]。Taylor 采用"互锁网络模型"，通过部分企业区位信息，将区域城市结构分为"网络层""节点层"以及"次节点层"，这一空间逻辑为空间关联分析提供了重要借鉴[53]。孟祥林认为"空间核"产生的过程对应了经济核通过经济波对区域内其他经济体的辐射过程，并以该理论分析北京市空间结构的发展，判断北京将呈现"双环—掌状"多核网络发展趋势[54]。在中微观角度，王德等从消费类型和空间区位两个角度分析了五角场商业中心兴起前后消费者行为的变化特征，并据此分析大型商业中心对现有商业空间的影响，揭示大型商业中心开发对现有商业体系的影响机制成因[55]。

3）城市中心产业业态视角

目前国内学术界对产业业态的相关研究分布较为广泛，覆盖了零售业、餐饮业、银行业、传媒业、文化创意产业、旅游业以及其他服务业等各个部门。其中，零售业、餐饮业、金融服务业、咨询服务业、酒店服务业、文化创意产业等都与中心区产业业态紧密联系。

部分学者将产业业态作为一个整体进行讨论。王丽等运用空间分析方法，对高铁站区产业的分布与空间集聚特征进行了研究[56]。焦耀等利用业态数据的空间特性，分析多要素相互作用下广州市商业业态空间布局[57]。吴康敏等以业态空间数据为基础，利用核密度分析、统计分析、最邻近距离分析等方法识别广州市多类型商业中心的边界,探索其商业空间结构与模式[58]。庄宇等以上海徐家汇、五角场两个城市副中心地铁站域为调查对象,对其步行路径人流分布、商业空间使用人流量等方面开展调查,量化区域内的商业空间业态组成和分布情况,记录商业空间的使用绩效并分析相关影响因子,对影响地铁商圈商业空间使用的步行路径布局提出建议[59]。郑晓伟通过大众点评网对城市服务业商户POI信息数据进行抓取,采用核密度分析法对其空间分布特征进行分析,在此基础上提出城市公共中心体系优化与调整建议[60]。

具体对于服务业各个分类的研究主要包括零售商业业态、金融服务业态、商务服务业态、文化艺术业态、餐饮服务业态、酒店宾馆业态等方面。管驰明借鉴生物学中的共生理论,认为新零售业态和传统零售业态在都市中的空间区位和共生模式决定了业态间的关系是被动共存、恶性竞争或共生共荣的关键[61]。逢颖颖运用计量经济学分析工具对影响我国零售业发展的因素进行了定量分析,并对零售业及主要业态的发展趋势进行了研究[62]。赵弘等以北京为例,研究商务服务业在城市的空间分布特征与规律[63]。饶小琦对广州商务服务业的发展水平进行横纵向比较,研究商务服务业在城市中的布局演变和影响因素[64]。王士君等以长春市中心城区大型商业网点数据为基础,选取六种商业业态类型,探讨长春市大型商业网点的区位特征,并解释其区位选择的影响因素[65]。陈蔚珊等采用零售商业业态数据对广州零售商业中心进行热点识别[66]。

在针对城市产业业态的既有研究中,多为对城市产业业态的本身分布态势与影响因素的研究,鲜有聚焦城市中心区产业业态的针对性研究,但上述研究的诸多结论对城市中心区空间结构理论的发展提出了新的观点,具有突出的借鉴价值。

1.2.4 相关研究评述

国内外学术界对城市中心区结构与形态已经进行了大量的探索,其中对不同类型城市空间结构的研究已经达到相当深度,但是由于西方城市在人口和规模上远逊于亚洲城市,特大型城市中心区案例较为匮乏,因而缺乏对于高等级城市中心区复杂结构的深入研究。国内的研究相对西方而言开始较晚,在对欧美国家理论引进和借鉴的基础上,针对国内丰富的特大型城市中心区案例,开展了全面的研究,大有后来居上的势头,为本书梳理研究脉络、搭建技术框架提供了良好的理论基础。不同的学者从各自学科背景及研究角度出发,对中心区结构有不同的理解与认识,但从诸多的研究结论中可以发现一些共同的特点:

——中心区内部结构具有模式性和阶段性特征

中心区早期研究的一个重要方向就是其内部结构的空间模式,在经历了同心圆式、扇区式、多核心式等多个理论模型的摸索之后,中心区研究逐渐形成共识:中心区内部的空间结构具有一定的模式性,但由于不同城市发展基础、资源禀赋、发展阶段的差异,所以难以用一个唯一的空间模式去统一概括。经过大量中心区研究对这一问题的持续关注,中心区内部结构的空间模式逐渐被丰富。目前来看,各学科都从中宏观角度构建中心区结构模式,并基本可以归纳为单核、圈核、轴核、极核四种模式,这为中心区空间理论研究找到了有力的支撑。进而研究发现,中心区空间模式的差异反映了中心区发展的阶段性,随着城市中心区的生长与成熟,中心区从早期的单核模式经历了圈核模式,直至发展至轴核模式甚至极核模式这些高级阶段。中心区内部具有较强的结构模式性与阶段性特征，为本项目对产业业态视角下中心区结构模式的研究提供了坚实的理论支持。

——空间关联是带动中心区空间模式升级的重要推动要素

对于中心区而言，街道、地铁等交通设施发挥着联系各个片区的作用。这些交通设施的物质实体本身就是传统中心区研究的重要内容，中心区作为产业活动高度集聚的核心，同时也是城市道路交通设施高度聚集的中心。传统中心区研究中就包含了大量对于中心区路网密度、路网形态、轨道站点密度、站点分布与中心区发展之间的交叉研究，发现特定的交通输配体系格局有助于疏导中心区交通压力，缓解交通拥堵现象。

但是随着中心区研究的推进，中心区交通在非物质实体的部分对带动中心区空间模式升级的影响力得到更广泛的关注，逐渐认识到空间要素之间关联性变化是城市空间形态结构发展演变的重要推动力。尤其是空间系统高关联性地区与中心区产业及形态发展有着更加突出的相关性。随着特大城市的快速发展，中心区关联网络在不同地段不同尺度下非线性分布，空间关联性提升促使中心区空间形态结构发生巨大变化，城市中心区的功能在立体方向及水平方向上都发生了功能的重新配置，向着空间单元协作网络化、功能复杂化、形态嵌合化方向发展，这也是本项目对产业业态视角下中心区研究的重要切入点。

——缺乏从产业业态层面对中心区功能结构的认识与研究

在既有研究中，国内学者已经将流通零售领域的"业态"概念引入了金融、咨询、文化、餐饮和酒店等各种服务行业当中，即"产业业态"的概念逐渐充实丰满，所涉及领域越来越广，层次越来越多，包含的内容也越来越丰富。从产业业态角度入手，可以从中心区发展演变过程的最微观单元入手，研究其中的关联和作用机制，进而对服务产业的空间布局和空间演化得出深入的解释。

长期以来，学界对城市中心区的功能结构的研究总体上主要从城市经济学的角度出发，注重功能用地的布局、演替升级以及产业簇群的形成和变迁。但是随着中国特大城市中心区的发展，城市经济规模进一步增大，中心区产业活动进一步复杂，中心区的产业结构也在发生变化。由于研究方法的限制，目前对于中心区整体功能结构的讨论主要局限在城市用地层面。中心区功能结构所发生的这些变化，必须从产业业态等层面进行进一步讨论，目前学界对此尚缺乏足够的关注。中心区理论研究需要加强从产业业态的角度对特大城市中心区空间结构的讨论，尤其是业态间的复杂作用关联与中心区空间结构的深入研究。这是本研究要解决的主要目的之一，也是本研究的重要创新之处。

1.3 中心区的轴核结构现象

1.3.1 中心区的结构类型

在城市中心区空间结构的发展过程中，不同空间规模与发展类型的中心区内，硬核形态、硬核数量和硬核布局各有不同，但其硬核、阴影区、输配体系所构成的空间结构模式表现出了一定的相似特征。根据中心区硬核形态与硬核间的空间组织逻辑，可以将中心区的结构类型归纳为四种原型:单核结构、圈核结构、轴核结构与极核结构。这四种原型覆盖了中心区不同时期结构发展的各个类型,反映了其发展的基本逻辑[51](图1.2)。

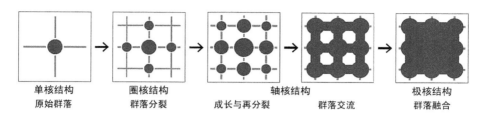

图 1.2　中心区的结构类型

资料来源:史北祥,杨俊宴.亚洲城市中心区极核结构现象的定量研究[M].南京:东南大学出版社,2016.

1) 单核结构

中心区发展的初级形态是单核结构,公共服务设施在城市特定空间范畴内聚集到一定程度形成硬核,其集聚强度围绕硬核向外递减,该硬核成为中心区内唯一的发展核心。在发展资源在空间非均衡布局的影响下,硬核往往在中心区内交通可达性最高的地段形成,一般在城市轴线型干道交汇处。单核结构中心区的出现,反映了服务产业在空间大量集中后出现巨大集聚效应、高度产业分工和市场细分,其带来了服务成本的降低和各种额外经济收益。

2) 圈核结构

单核结构发展至一定程度,公共设施集聚的负面问题带来服务产业的空间溢出,向硬核周边的合适地区自行集聚,逐步形成圈核结构。杨俊宴通过对南京新街口中心区30年的发展研究,证明圈核结构在中心区核心位置拥有主核,而溢出产业形成的亚核围绕主核布局,形成圈层结构,这种圈层结构包括主核层、阴影区层、亚核层和辅助层四个连续圈层,并通过交通输配体系进行组织。

3) 轴核结构

在高度发达的城市中心区,随着亚核的不断出现和成长,主亚核的差异逐渐拉近;同时,轨道与道路交通设施的丰富化增强了轴线带动力,服务设施沿轴线蔓延发展;中心区的结构形态发生了根本性变化,形成轴核相连的格局。轴核结构有三个重要特征,即硬核轴线连绵化、阴影区破碎斑块化以及输配体系道路轨道混合化。轴核结构主要存在于一些特大城市的中心,代表中心区发展的高级阶段。

4) 极核结构

在少部分最为发达的全球城市中,由于中心区集聚了规模庞大的高端服务业,在产业集聚的带动下,中心区空间结构发生巨大变化,形成了极核结构。极核结构是中心区发展的最高阶段。史北祥通过对全球典型极核结构中心区的研究,发现极核结构的中心区具有规模尺度大、聚集强度高、结构形态复杂的特征,整体上具有"多簇群、立体化、网络化"的形态特征。

关于中心区的四种结构类型的具体内容,参见附录四。

1.3.2　中心区轴核结构的特征描述

在中心区圈核、轴核、极核三种较复杂的等级结构类型中,圈核结构与极核结构在近年国内对中心区理论研究中已经得到了充分的讨论,但是作为衔接两个阶段的轴核结构却缺少相应的理论研究。其实,轴核结构作为中心区从孤立点状硬核向连绵化硬核转型的关键时期,在中心区发展路径中发挥重要作用,迫切需要从定性和定量层面对轴核结构中心区理论研究进行完善,这也是本书研究的出发点。

中心区的轴核结构是在圈核结构中心区发展成熟之后出现的。随着圈核结构中心区内服务产业的进一步集聚,主核内存在的交通拥堵、产业恶性竞争、高昂地价等产业集聚的副作用使产业扩散效应也越发强烈,加速产业向亚核转移形成多个硬核增长点,主亚核的差距逐渐拉近,中心区硬核的等级体系逐渐解体。同时轨道交通与道路交通组成的综合交通体系的完善,增强了中心区发展的轴向带动力,服务设施沿空间轴线绵延发展,形成轴核贯通的空间形态。中心区硬核依托重要交通廊道形成斑块连绵状的公共设施簇群,并达到一定规模,这就是中心区的轴核结构,而具有轴核结构的中心区即为轴核中心区。在轴核结构出现的过程中,中心区发生了如下四点显著变化:

(1) 主核-亚核硬核等级界限被打破

在轴核结构出现之前,中心区硬核由等级化的主核与亚核构成,主核在规模上占硬核体系的主体,亚核则规模较小,两者在规模上差异悬殊。在功能上,主核发展综合性的商业、商务、文化、行政等职能,而亚核则以某种专业型职能为主。在圈核结构向轴核结构转型的过程中,随着产业在亚核不断聚集,原有亚核在规模上向主核靠拢;同时大量从主核迁移出的产业在亚核重新聚集,亚核也出现了商业、商务、酒店等综合业态类型,而原有主核通过产业外迁腾挪出了宝贵的发展空间,得以重点发展商务或金融等更高端业态类型以参与全球竞争,反而出现了专业化的倾向。因此,两者在用地职能方面的错位逐步混同,主、亚核的差异渐渐缩小。

(2) 交通输配体系由轴环结构转变为网状结构

圈核结构中心区的交通输配体系是由围绕主核和贯穿亚核的道路体系所组成的轴环结构。在向轴核结构发展的过程中,由于轨道交通和道路交通设施的完善化,不同空间区位的可达性差异大幅缩减,交通输配体系向由横纵交叉干道和高密度轨道站点组成的网络状交通体系发展。

(3) 阴影区消解改变中心区空间形态

中心区圈核结构向轴核结构的发展过程,即是原有阴影区逐渐破碎、消解的过程,这是中心区轴核结构升级在空间形态上的重要变化。这一过程中,公共服务设施在硬核强集聚作用的基础上,也产生了较强的分散作用,硬核周边优势地段聚集大量公共服务设施,致使中心区整体公共服务水平提升,而阴影区逐渐被新的公共服务设施所替代,造成了阴影区的消解现象。随着阴影区的消解,这些地段成了中心区主要的建设空间,大量高强度、高密度的公共建筑的建设,使原有的阴影区在形态上由中心区内形态凹陷的洼地,变成了隆起的形态簇群,这一变化很大程度上改变了中心区的空间形态特征。

(4) 出现轴状连绵的硬核增长方式

硬核连绵发展往往规模及尺度较大,并依托几条重要的交通廊道;同时硬核内各主要职能形成相对集中的分布区域,受中心区交通模式的变化影响,轴核结构中心区的硬核增长方式也有了相应的变化。基于网络化的综合交通体系,中心区产业有了更广阔的生长空间,原有的硬核沿边界圈层发展的模式受到了挑战,沿道路轴线的中心区地段由于拥有充足的发展空间和交通可达性,成为硬核拓展的主要增长点,进而使硬核出现了沿轴连绵增长的态势。轴核结构的硬核由于依托发展轴线,整体呈现出轴状连绵的硬核增长,并在此基础上形成依托单轴发展的形态以及依托多轴发展的形态。

轴核结构作为区别于其他中心区结构模式的一种独特的结构形态,其结构特征主要体现在以下三个方面:

（1）扁平化与模糊化的硬核结构等级特征

在轴核结构中心区,由于服务产业的扩散效应,使更多的服务产业向主核外聚集,带来原有亚核的快速发展,一方面体现在原有亚核规模扩张,缩小了与原主核的等级差距,其硬核空间等级上具有扁平化特征;另一方面体现在原有亚核的功能构成的复杂多元化,模糊了与原有主核的功能差异,硬核功能分工上具有模糊化特征。硬核之间由于等级及发展屏障消失,呈现出硬核等级扁平化的状态,无论从形态上还是从功能上均难以进行有效的区分。

轴核中心区扁平化的硬核结构具有两种具体表现形式:第一种是充分发育的多簇群硬核系统,即硬核系统由若干点状或带状的硬核组成,硬核规模上没有较明显的等级差异,硬核簇群主要由圈核结构的亚核发育而来,硬核空间布局多围绕交通可达性较高的地铁站点或道路交叉口,硬核间在空间结构上形成如同"虚线"状的轴带型结构。第二种是充分连绵的网络化硬核系统,即主要的硬核簇群已经通过沿道路交通轴线相连绵,形成一个占硬核系统绝大部分的巨型硬核,除此之外不存在其他硬核簇群,或仅有零星小规模硬核簇群。巨型硬核是从原有主核与亚核连绵发展而来,占据中心区核心空间,形成条带状或网络化的空间结构。

轴核中心区模糊化的硬核结构则具有如下表现特征:尽管在连绵化的硬核中仍有部分专业化的职能重点集聚于某些地段,但从硬核整体而言表现出功能的混合化发展状态;硬核内部功能几乎均以商业、商务、金融、酒店等设施为主;在微观角度,中心区主要职能在街区内也主要以混合用地的形态出现,包括商办混合、商住混合、商业文化混合、商业酒店混合等形式;中心区剩余极少的纯粹居住功能也多以高层公寓的形式出现,是既适合居住,也适合诸多小企业办公创业的灵活空间。

（2）轴状斑块连绵化的空间形态特征

在轴核结构中心区升级发展的过程中,中心区的空间结构发生了从圈层簇群式向轴状斑块连绵式转变的显著变化。作为中心区轴核结构的标志性特征,轴状斑块连绵式空间形态在空间组织和空间序列上具有不同于圈核结构和极核结构的特点。

首先,公共设施的聚集导致硬核连绵化。在轴核结构中心区内,轴状连绵发展有两种形态:第一种是中心区内所有硬核完全连绵为一个整体,形成整体连绵形态;另一种是指部分硬核沿着主要交通廊道连绵在一起,形成一个整体,而部分硬核则通过主要交通廊道与其他硬核相联系却并不相连,形成跳跃式的发展,也可以称之为局部连绵形态。通过硬核的连绵化发展,新的硬核组织形式形成——硬核以重要交通廊道为平台形成斑块连绵的公共设施簇群,并达到一定规模。

其次,阴影区消解导致空间结构的斑块化。在中心区的不断发展中,随着中心区整体发展水平的提高及硬核的逐渐连绵,原硬核之外的阴影区被逐渐打破,呈斑块状镶嵌于网络连绵的中间或边缘。而随着城市不断更新,商业、商务等公共服务设施不断增加,原有阴影区所在的街区内居住等设施逐步被替代。此外，中心区内土地价值随着中心区的不断扩大也不断提升，更新后的阴影区具有后发优势，反而会成为硬核中新的高强度开发区，拥有更聚集、更高档的公共服务设施。这一阴影区不断被新的公共服务设施所替代的过程，正是硬核的连绵化现象，也是阴影区的消解现象。但是，由于中心区附近尚未经历更新的老旧区域仍然存在，硬核外围地区也会再度出现集中的阴影区及阴影组团，中心区在不断地消解阴影区形成连绵硬核区的过程中不断增长。

（3）以重要交通廊道为依托的网络线性化硬核组织模式

轴核结构中心区的建设规模高度集聚，也形成了人口及交通的高强度集聚，形成了巨大的交通输配需求，由此带来的巨大交通量是传统的道路交通的输配体系所无法解决的。因此，轴核结构中心区出现了明显的交通输配体系逐步由路面交通向大运量交通与道路交通混合发展的趋势。在地面交通的基础上，中心区内城市结构性主干路多采用增加道路网密度的方式，解决中心区的快速集散问题，并根据不同的交通性质将交通进行分流，减缓地面交通压力；同时，大力发展轨道交通，依托轨道交通快速、便捷、安全、准点、大运量的特点，构建轴核结构中心区的轨道-道路输配体系。几乎所有的轴核中心区均在轨道交通建成后发展起来，可以说，轨道交通的发展解决了中心区继续集聚发展的交通瓶颈，并对中心区的持续发展起到了强有力的带动作用。就轴核结构中心区来看，虽然部分中心区轨道交通发展仍处于初步阶段，但是依然承担了主要的人流集散功能，这也是轴核结构中心区交通输配体系的重要组成部分。在轴核结构的中心区内，轨道-道路交通体系是主要的发展趋势。其中，主干道与轨道交通共同构成的重要交通廊道已成为轴核结构中心区交通输配体系的主要支撑结构，并主导中心区的结构形态发展框架。

中心区交通模式的变化对轴核结构中心区的出现发挥了关键性的作用。中心区硬核系统的发展，尤其是亚核的快速发展，使中心区公共服务产业表现出强烈的集聚连绵态势。服务设施在点状硬核集聚达到一定规模之后，凭借贯通的道路和交通枢纽，以道路轴线为依托线性连绵，并最终连接各个硬核，形成依托重要交通廊道网络线性发展的形态。

1.3.3 亚洲城市中心区轴核结构现象的发展态势

亚洲是世界上发展历史最悠久的地区，四大文明古国有三个在亚洲，也是世界三大宗教的发源地。同时，亚洲也是发展水平极度不平衡的地区，国家、区域之间的发展差距较大，既有相对落后的地区，也有日本、新加坡等发展水平较高的国家，以及正处于飞速发展中的中国。亚洲特大城市在世界城市中的地位越发凸显，代表了亚洲经济发展及城市建设的水平，亚洲特大城市中心区出现的轴核结构现象，具有较高的研究价值。

1）亚洲城市发展态势：高密度特大城市

在 20 世纪 50 年代，全球城市化的总体水平仅为 30%，但在此后的 60 多年里，世界城市化进程进入了一个快速发展期，出现了高密度城市化的发展趋势。目前，全世界半数以上的人口居住在占地球陆地面积不到 3% 的城市里。2010 年，全球平均城市化水平达到 50.85%，仍处于诺瑟姆城市化曲线的快速发展阶段，在可见的未来，世界城市高密度发展的趋势将更加明显。

在全球高密度城市化的发展趋势中,众多亚洲城市表现得尤为显著。根据Demographia①公司在《世界城市群研究》(2012)中发布的全球 1 513 个 50 万人以上城市人口密度统计数据,按人口密度 15 000 人/km² 的门槛指标统计[67],2012 年全球高密度城市共有 76 个,其中人口密度超过 25 000 人/km² 超高密度城市有 10 个。这些高密度城市主要分布在亚洲地区,其中印度最多(31 个),其次为中国(9 个),其余多分布在非洲和拉美地区。亚洲城市高密度发展的原因可以解释为:

第一,本底条件因素:亚洲国家突出的人地矛盾问题。

人口规模和土地面积决定了区域的人口密度,构成城市发展的背景环境,直接影响城市人口密度的高低。由于亚洲国家,尤其是亚洲发展中国家,普遍具有人口规模大、分布密度高的特点,所以大量亚洲国家城市具有高密度特征。例如,中国人口达 13 亿人,人口密度约为 140 人/km²;印度人口达 12 亿人,人口密度约为 378 人/km²。印尼、巴基斯坦、孟加拉国等也都是人口大国,必然出现城市人口高密度集聚[67]。其次,区域人口规模作为区域的人口基数,决定了城市人口数量的基础值,进而影响城市人口密度,如中国长三角都市圈和日本东京-横滨都市圈由于聚集了相当比例的人口,促成了高密度城市的产生。最后,城市土地面积的大小决定了城市可利用的空间范围,例如香港、澳门等城市由于市区面积较小,同时城市人口数量大,导致城市必须选择高密度发展路径。

第二,发展阶段因素:亚洲国家处于城市人口集聚的发展阶段。

一般来说,在城市化过程中城市人口并不是线性上升的变化,甚至有的学者根据城市人口变化将城市化过程分为"城市化→郊区化→逆城市化→再城市化"的发展过程。城市的高密度化主要出现在城市化初期快速发展阶段。欧美发达国家在城市化早期也经历过城市高密度的发展阶段,如 1800 年伦敦城市人口为 86.5 万人,人口密度约为 26 000 人/km²;1850 年伦敦城市人口达 236 万人,人口密度为 30 000 人/km² 左右。但是,20 世纪 50 至 60 年代经历了郊区化过程,城市中心区人口密度大幅下降,到 2012 年伦敦城市人口密度降低至 5 300 人/km²。而大部分亚洲城市从城市化进度而言仍处于城市化初期的快速城市化阶段前后,此期城乡人口关系仍以农村向城市集聚为主,由此促成高密度城市的出现。

第三,城市文化因素:亚洲产生了适应高密度城市生活拥挤文化。

库哈斯提出"拥挤文化"的概念[91],认为高层高密度的城市形态是"拥挤文化"最直接的物质表现。亚洲城市经历长期的人口高密度聚集形成了亚洲城市独特的拥挤文化,表现出在资源供不应求的相对短缺状态下,通过空间的集约利用、功能混杂和城市基础设施水平的提升来维持城市在高密度下的正常运行。在这种高密度城市运行状态中,社会适应了高密度城市所产生的不便,同时也逐渐得益于高密度城市所产生的更多的就业机会、更丰富的社会生活、更完善的社会基础设施。这种典型的亚洲式城市化伴随人口高密度的模式,是一种具有亚洲独特文化背景的城市化发展方式。

同时,亚洲城市在高密度发展趋势的同时存在的另一个特征,就是出现越来越多的高密度特大城市。根据 2012 年的全球城市人口统计,全球人口最稠密的 50 个城市中,亚洲城

---

① Demographia 是美国著名的咨询公司,每年定期发布关于世界城市群的人口、家庭、房屋等方面的相关统计数据。

市占 31 个,其中仅中国就占了 12 个(表 1.4)。从市区人口来看,上海(2 446 万人口)、北京
(2 115 万人口)已经成为全球市区人口最高的城市,广州(1 107 万人口)、深圳(1 047 万人
口)、天津(934 万人口)也进入全球市区人口最高的 20 座城市之列。根据联合国预测,目
前全世界的 32 亿城市人口在 2030 年将会增加到 50 亿,到 2030 年时,世界将会有五分
之三的人口生活在都市,而在未来的 25 年里,城市人口增长将主要出现在亚洲国家。从
全球大都市圈发展角度,根据"远东经济评论"的数字,亚洲将至少会有 10 个巨型城市,
包括印度的孟买(3 300 万人口)、中国的上海(2 700 万人口)、巴基斯坦的卡拉奇
(2 650 万人口)、孟加拉国的达卡(2 600 万人口)和印度尼西亚的雅加达(2 490 万人口)。
亚洲快速增加的高密度特大城市不仅带动了国家和区域的经济增长,也促进了城市职能
的转型。

表 1.4　全球人口最稠密的 50 个城市人口排名(注:灰色底纹为亚洲城市)

排名	城市	人口 (万人)	所在国家	排名	城市	人口 (万人)	所在国家
1	上海	2 446	中国	26	东莞	822	中国
2	北京	2 115	中国	27	胡志明	768	越南
3	拉各斯	1 492	尼日利亚	28	波哥大	767	哥伦比亚
4	伊斯坦布尔	1 416	土耳其	29	利马	766	秘鲁
5	卡拉奇	1 313	巴基斯坦	30	香港	711	中国
6	孟买	1 248	印度	31	河内	684	越南
7	莫斯科	1 211	俄罗斯	32	海得拉巴	681	印度
8	圣保罗	1 182	巴西	33	西安	650	中国
9	广州	1 107	中国	34	武汉	643	中国
10	新德里	1 101	印度	35	里约热内卢	643	巴西
11	拉合尔	1 052	巴基斯坦	36	佛山	615	中国
12	深圳	1 047	中国	37	艾哈迈达巴德	557	印度
13	首尔	1 044	韩国	38	巴格达	540	伊拉克
14	雅加达	976	印度尼西亚	39	新加坡	540	新加坡
15	天津	934	中国	40	汕头	533	中国
16	东京	897	日本	41	利雅得	519	沙特阿拉伯
17	开罗	892	埃及	42	吉达	511	沙特阿拉伯
18	达卡	891	孟加拉国	43	圣地亚哥	504	智利
19	墨西哥城	887	墨西哥	44	圣彼得堡	502	俄罗斯
20	金沙萨	875	刚果	45	盖卢比尤	481	埃及

续表 1.4

排名	城市	人口（万人）	所在国家	排名	城市	人口（万人）	所在国家
21	班加罗尔	843	印度	46	成都	474	中国
22	纽约	834	美国	47	金奈	468	印度
23	伦敦	831	英国	48	亚历山大	462	埃及
24	曼谷	828	泰国	49	安卡拉	455	土耳其
25	德黑兰	824	伊朗	50	重庆	451	中国

　*注：该表格资料来源为维基百科，与第 2 章从城市统计年鉴中获得的人口数据略有不同，由于各地对于城市范围定义差异，所列人口数为城市人口，并不一定是行政区划范围内的人口。

在亚洲经济的发展过程中，上海、香港、新加坡等高密度特大城市的崛起，成为拉动亚洲经济发展的核心动力。城市强劲的经济发展动力，也必然促进城市建设的发展，尤其是城市中心区的跨越式发展，并通过中心区的经济辐射能力的提升反馈城市，推动城市竞争力的再一次提升。在此基础上，对亚洲城市中心区的发展态势进行梳理，研究其形态和产业的发展模式，对于把握未来中心区的发展方向，指导中心区的规划建设具有重要的参考价值，特别是对指导我国特大城市在区域和国际竞争中取得优势具有重要的现实意义。

2）亚洲城市中心区轴核结构发展状态及案例选择

轴核结构是中心区空间模型的一种高级阶段，该阶段的中心区已经在区域甚至全球范围内具有一定的影响力和集聚能力。因此，通过对亚洲城市等级规模体系进行研究，明确研究及案例筛选范围。

全球化及世界城市研究网络（Globalization and World Cities Research Network，简称 GaWC）是反映全球范围内城市影响力与辐射力的最权威的排名。

表 1.5　GaWC 手册 2012 年世界城市排名中的亚洲城市

级别	城市	级别	城市
Alpha＋	中国香港	Gamma＋	巴基斯坦拉合尔
	新加坡新加坡市		沙特阿拉伯吉达
	中国上海		巴基斯坦伊斯兰堡
	日本东京		日本大阪
	中国北京	Gamma	斯里兰卡科伦坡
	阿联酋迪拜		中国天津
Alpha	印度孟买	Gamma－	印度艾哈迈达巴德
	马来西亚吉隆坡		印度浦那

级别	城市	级别	城市
Alpha－	韩国首尔	High Sufficiency	中国成都
	印度尼西亚雅加达		中国青岛
	印度新德里		中国沈阳
	泰国曼谷		孟加拉国达卡
			中国杭州
	中国台北		中国南京
Beta＋	印度班加罗尔		中国重庆
	中国广州	Sufficiency	日本名古屋
	菲律宾马尼拉		中国大连
Beta	越南胡志明市		中国高雄
	沙特阿拉伯利雅得		中国厦门
	印度金奈		马来西亚槟城
	巴基斯坦卡拉奇		印度尼西亚泗水
	卡塔尔多哈		柬埔寨金边
Beta－	阿联酋阿布扎比		中国武汉
	越南河内		韩国釜山
	印度加尔各答		沙特阿拉伯达曼
	约旦安曼		马来西亚新山
	巴林麦纳麦		中国西安
	哈萨克斯坦阿拉木图		中国澳门
	中国深圳		日本福冈
	科威特科威特城		菲律宾宿务
	印度海德拉巴		马来西亚纳闽

资料来源：GaWC 官方网站

表 1.5 对 2012 年世界城市 GaWC 手册排名中的亚洲城市进行了梳理，由该表可见，共有 61 个亚洲城市进入全球城市的行列，其中香港、新加坡、上海、东京、北京、迪拜、孟买、吉隆坡、首尔、雅加达、新德里、曼谷、台北为 Alpha 级城市，班加罗尔、广州、深圳等 17 个城市为 Beta 级城市，大阪、天津、伊斯兰堡等 8 个城市为 Gamma 级城市，成都、青岛、沈阳、杭州、南京等 23 个城市为 Sufficiency 级城市。这些城市在空间上主要集中在太平洋西岸地区，包括东京、北京、上海、香港等 Alpha 级城市，广州、深圳等 Beta 级城市；其次为印度洋北岸地区，包括新加坡、吉隆坡、曼谷等 Alpha 级城市；波斯湾地区则形成了以迪拜、多哈、利雅得等为代表的高等级城市集聚区。这些高等级城市分布较为集中，发展阶段较为接近，具有较高的城市经济实力和全球影响力，也具有亚洲特殊的高密度特大城市的发展特征，因

而是亚洲轴核结构中心区研究的主要对象。

通过表1.5中这些城市主中心的考察,发现其均已经突破早期的单核结构阶段以及中心区空间拓展初级阶段的圈核结构阶段,并均已经达到了轴核结构阶段甚至极核结构阶段。

表1.6　案例城市及中心区选择

世界地区	国家/区域	中心区名称
东亚	中国京津冀地区	北京朝阳
		北京西单
	中国长三角地区	上海人民广场
		上海陆家嘴
		南京新街口
	中国珠三角地区	香港港岛
		香港油尖旺
		深圳罗湖
		深圳福田
	中国东北地区	大连中山路
	中国西部地区	成都春熙路
	韩国	首尔江北
		首尔德黑兰路
东南亚地区	新加坡	新加坡海湾—乌节
	吉隆坡	吉隆坡迈瑞那
	曼谷	曼谷暹罗
		曼谷仕龙
南亚	印度	新德里康诺特
西亚	迪拜	迪拜迪拜湾
		迪拜扎耶德大道

资料来源:作者绘制

本研究从中选取20个具有典型轴核特征的中心区(表1.6),其中国外中心区包括首尔江北、首尔德黑兰路、新加坡海湾—乌节、吉隆坡迈瑞那、迪拜迪拜湾、迪拜扎耶德大道、新德里康诺特、曼谷暹罗、曼谷仕龙等9个中心区,覆盖了除我国以外亚洲高密度特大城市发展具有典型性的东亚、东南亚、南亚和西亚地区的重点城市。国内中心区包括北京朝阳、北京西单、上海人民广场、上海陆家嘴、香港港岛、香港油尖旺、深圳罗湖、深圳福田、南京新街口、成都春熙路、大连中山路等11个中心区,在空间上覆盖了我国京津冀、长三角、珠三角、东北和西北地区等城市发展较为密集的地区。在案例选择中,适当地选取了更多国内案例,是希望研究结论能够更好地反映中国当下特大城市中心区的发展特征,对于中国特大城市中心区的发展具有更好的理论价值。

　　由表1.7可以看出,所选取的中心区在空间结构上已经形成了轴核结构形态,在图中深灰色区域为中心区硬核范围,黑色轴线代表中心区硬核发展轴线。这些轴核中心区具有共同的特征:扁平化与模糊化的硬核结构等级特征、斑块连绵化的空间形态特征,以及以重要交通廊道为依托的网络线性化硬核组织模式。

表 1.7　亚洲案例轴核结构中心区

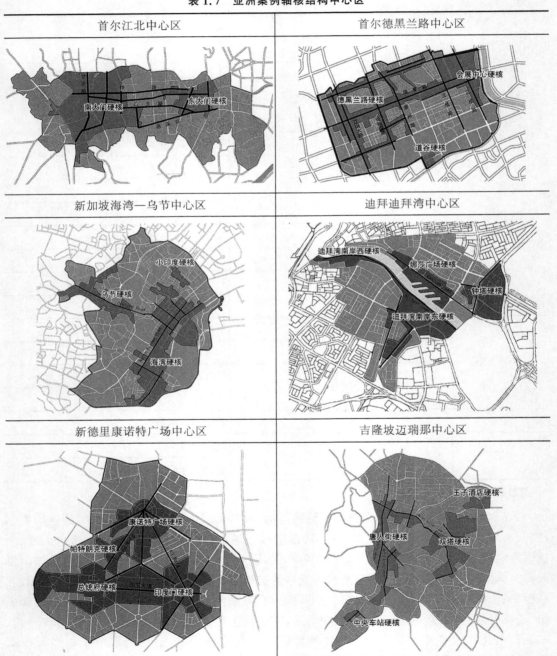

首尔江北中心区	首尔德黑兰路中心区
新加坡海湾—乌节中心区	迪拜迪拜湾中心区
新德里康诺特广场中心区	吉隆坡迈瑞那中心区

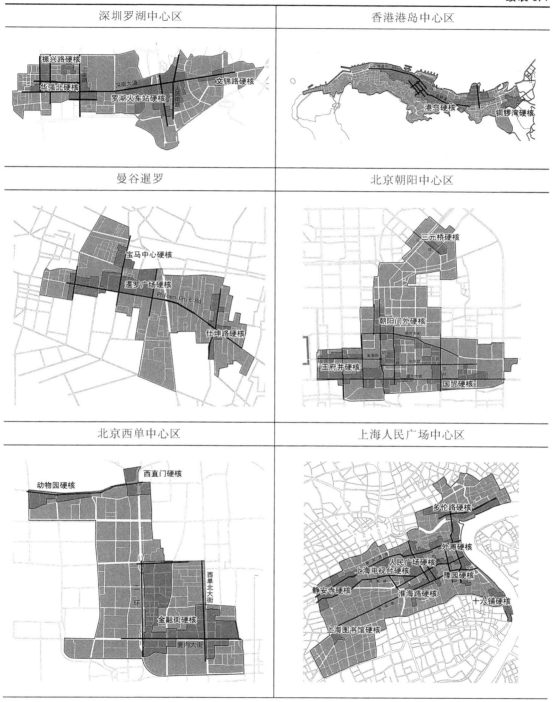

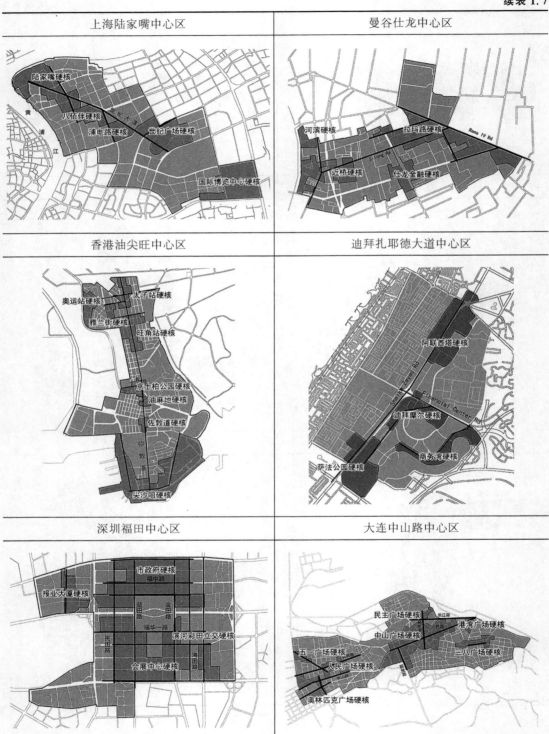

续表 1.7

成都春熙路中心区	南京新街口中心区
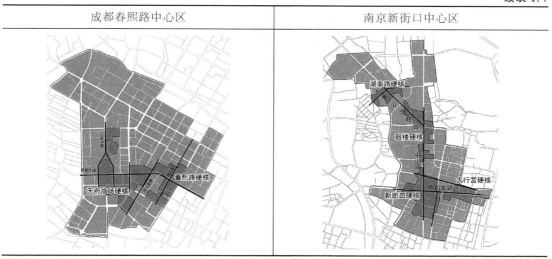	

资料来源：作者绘制

1.4　技术路线

1.4.1　研究方法

1）数据收集处理

对中心区的定量研究基于可靠、完整的中心区地形资料，并在此基础上实地对建筑进行逐一调研，获得第一手调研数据。通过将中心区地形资料进行核实，整理成为矢量地形数据，并整理划分地块，根据用地分类标准划分用地性质，统计各类中心区职能的用地面积和建筑面积。通过将中心区数据导入 GIS 空间数据库，对城市轴核结构中心区的结构形态进行量化解析，以此为基础进行理论研究。

2）中心区空间界定[4]

中心区的空间界定方法基于以下步骤：①确定城市中心区的空间测定指标，包括公共服务设施高度指数 PSFHI 和公共服务设施密度指数 PSFII，用来表示某街区及中心区整体的容量特征；②利用城市中心区公共服务设施指数确定中心区边界分界值——中心区范围指数值（PSFII＋PSFHI）C 和硬核指数值（PSFII＋PSFHI）HC；③以单个街区为测算单元，计算各街区的公共服务设施指数，计算各单个街区的公共服务设施高度指数 PSFHI 和公共服务设施密度指数 PSFII，并利用 GIS 空间数据库进行绘图，得到公共服务设施高度指数 PSFHI 和公共服务设施密度指数 PSFII 的分布图；④初次界定中心区空间范围，对步骤③得到的公共服务设施高度指数 PSFHI 和公共服务设施密度指数 PSFII 的分布进行统计，作为调整的基础；⑤根据以上划定的区域，计算连续街区的公共设施指数，使其不断接近并小于根据步骤②获得的中心区边界分界值，确定最终中心区的空间范围。

3）建构多学科的空间形态分析方法

包括基于墨菲指数、Boston 矩阵方法、SPSS 统计等的数据统计方法；基于地形起伏度、地形粗糙度、高程变异系数的数据分析方法；基于生物学物种群落分析方法的业态空间分析技术；基于空间句法、核密度、空间地统计的空间分析方法；基于 GIS 数据库的空间叠合技术处理海量数据的表达与分析方法。

1.4.2 研究技术路线

本书结合多学科的分析方法，采用理论与实践相结合的技术路线，尝试在理论方面进行创新，并使研究成果具有一定的实践意义，研究框架思路如图 1.3 所示。

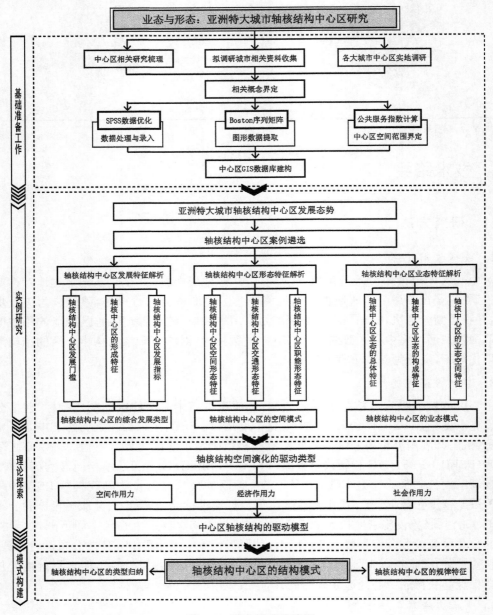

图 1.3 研究技术路线图
资料来源：作者绘制

2 亚洲特大城市轴核结构中心区发展特征解析

在高度成熟且发达的城市中心,由于巨大的规模和复杂的业态联动发展,服务功能逐步出现硬核功能专业化和等级扁平化趋势,公共服务设施在空间上呈现连绵状分布,依托多条主干道形成公共服务设施发展轴线,最终形成轴核空间模式。轴核结构是指在城市中心地区中,由于庞大的规模和复杂的业态结构,公共设施沿干线蔓延并在多个节点地区面状聚集形成多个硬核;轴核结构内各硬核均得到良好的发展,硬核间等级关系从扁平化趋势向再次等级化发展,同时中心区内城市道路横纵交错,交通输配体系由轴环体系向轨道-道路联合的网络体系发展;在硬核高度发展的同时,原有阴影区被打破,原沿轴方向的阴影区消解,其余地段阴影区呈斑块状或碎片状嵌于硬核网络之中。主要存在于一些特大城市的主城区的轴核结构,是中心区发展的高级阶段。本节主要对亚洲特大城市轴核结构中心区的发展门槛、形成特征、发展指标及等级结构进行分析。

2.1 轴核结构中心区发展门槛

城市中心区的发展是有显著阶段性的,各个阶段呈现的空间结构形态均不同。纵观城市中心区的发展演变历程,从早期城市中心区的诞生发展至今,空间结构呈台阶状发展轨迹,分别经历单核结构中心区、圈核结构中心区、轴核结构中心区这三个阶段。越向高端发展,所承担的服务职能也越多,相应地在区域中的服务辐射范围也越大。通过分析研究中心区各结构等级的典型案例,探讨圈核结构中心区空间拓展为轴核结构中心区的升级门槛,可以建立门槛标准用以评判城市中心区的升级发展。

圈核结构向轴核结构的升级跨越,主要反映为原有中心区内硬核的裂变和对其他的中心区的合并。城市发展到圈核结构中心区时,其主核占据了核心地位,中心区内部体现出强烈的内聚特征,公共服务资源高度集中、高效运作。但随着城市中心区的继续发展,由于主核空间辐射能力有限,容易导致中心区服务范围不均衡,此外由于主核的强聚集作用,出现一系列集聚负效应的弊端,包括对城市历史保护和生态环境的威胁,中心区的内部交通及其对外联系的问题等[68]。

在多个作用力的调控之下,原来的中心区发展轴线:由于具备交通区位、服务范围、土地存量、拆建成本等方面的发展优势,某个亚核沿着轴线逐步发展成为新的具有强聚集作用的硬核。新出现的硬核打破了圈核结构内的单独主核情形,而中心区服务产业的空间骨架进一步拓展,功能也向更加综合化方向发展,沿轴发展的多硬核的空间形态在城市中呈现出来。

本节分析轴核中心区的发展门槛,所选案例为亚洲 29 个城市的 38 个城市主中心(图 2.1)。选择主中心作为案例,一方面是由于城市主中心一般具有更高的知名度、更好的

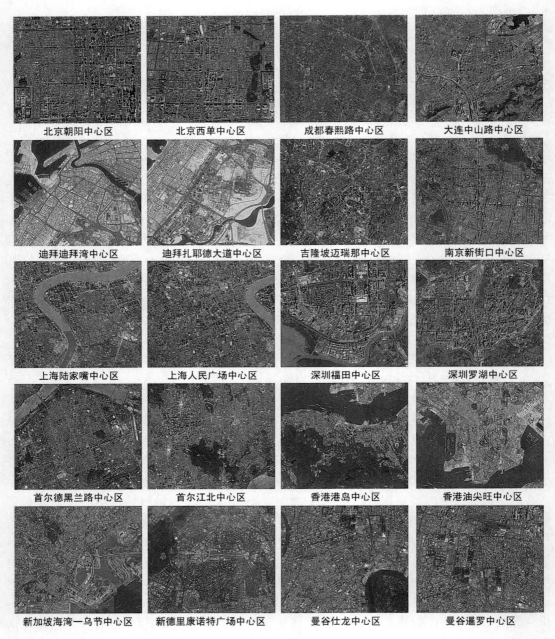

图 2.1　典型城市案例选择
资料来源：杨俊宴工作室调研成果

服务设施水平，城市主中心也多会选择集聚外部区域的高端生产型服务职能，因而城市的主中心往往具有更高的外向性、更大的等级规模，也更易形成突破性的发展；另一方面是由于本书在其他部分论述中选取的均为轴核中心区所在城市，不能完整地反映圈核向轴核的升级特征。因此，在本节中，在原有案例的基础上进行了增选，其中包括20个典型的轴核结构中心区（与本书其他部分案例相同）、12个典型的亚洲圈核结构中心区和6个典型的亚洲单核结构中心区（表2.1）。

表 2.1 案例城市与中心区选择

中心区结构	城市	中心区名称	中心区结构	城市	中心区名称
轴核结构中心区	北京	北京朝阳	轴核结构中心区	新德里	新德里康诺特广场
轴核结构中心区	香港	香港港岛	圈核结构中心区	常州	常州延陵路
轴核结构中心区	新加坡	新加坡海湾—乌节	圈核结构中心区	福州	福州五一路
轴核结构中心区	上海	上海人民广场	圈核结构中心区	杭州	杭州延安路
轴核结构中心区	吉隆坡	吉隆坡迈瑞那	圈核结构中心区	合肥	合肥长江中路
轴核结构中心区	首尔	首尔德黑兰路	圈核结构中心区	无锡	无锡崇安寺
轴核结构中心区	首尔	首尔江北	圈核结构中心区	武汉	武汉洪山广场
轴核结构中心区	南京	南京新街口	圈核结构中心区	武汉	武汉江汉路
轴核结构中心区	深圳	深圳罗湖	圈核结构中心区	厦门	厦门莲坂
轴核结构中心区	北京	北京西单	圈核结构中心区	厦门	厦门筼筜湖
轴核结构中心区	曼谷	曼谷暹罗	圈核结构中心区	徐州	徐州淮海广场
轴核结构中心区	成都	成都春熙路	圈核结构中心区	郑州	郑州二七广场
轴核结构中心区	迪拜	迪拜扎耶德大道	圈核结构中心区	仁川	仁川九月一洞
轴核结构中心区	大连	大连中山路	单核结构中心区	镇江	镇江大市口
轴核结构中心区	香港	香港油尖旺	单核结构中心区	盐城	盐城建军路
轴核结构中心区	上海	上海陆家嘴	单核结构中心区	大田	大田屯山洞
轴核结构中心区	深圳	深圳福田	单核结构中心区	九江	九江浔阳路
轴核结构中心区	曼谷	曼谷仕龙	单核结构中心区	开封	开封鼓楼
轴核结构中心区	迪拜	迪拜迪拜湾	单核结构中心区	昆明	昆明金马碧鸡

数据来源:作者整理

从总体层面,将升级发展门槛划分为城市整体门槛和中心区门槛两个部分。其中,城市整体门槛是由于城市中心区与城市存在密不可分的关联,城市中心区升级为轴核结构是在城市总体层面必须满足的要求,而中心区门槛是城市中心区本体为实现升级跨越所必须满足的要求,两者共同构成了轴核中心区升级的必要条件。

2.1.1 城市整体门槛

城市公共服务设施的集聚力度与该城市的等级规模具有直接的相关性。在经济全球化、信息化、网络化的背景下,区域经济关联性加强,形成全球网络格局。各城市的国际化程度越高,其在全球网络中的作用和地位也就越高。国际化程度较高的城市有着较强的国际经济控制、分配及引领力,其中心区也具备强大的区域发展动力,更大尺度范围内的高端要素能被吸聚,既有空间结构形成轴核结构的集聚力量能产生突破。因此,高等级的大都市才会产生轴核结构中心区，但不是每个高等级大都市中心区均会发展为轴核结构，这只是产生轴核结构的门槛条件之一。除此之外，由于多种要素的推动与制约轴核结构的产生，其门槛条件可以归纳为四个方面：全球城市等级方面、城市经济产业方面、城市规模方面、城市基础设施方面。

——全球城市等级方面

轴核结构是一种城市中心区进入高级阶段出现的形态结构类型，与中心区所在城市的发展程度和等级具有直接的关联性。根据世界城市理论[94]，城市在国际乃至全球尺度范围的区域影响力以及高端要素集聚能力是反映城市等级的重要因素，因此全球城市等级是中心区向轴核结构升级的重要门槛。

——城市经济产业方面

城市是否能取得国际经济控制权的关键要素在于经济产业，城市的国内生产总值和人均国内生产总值决定该城市是否有足够的经济实力和公共服务需求，而城市中第三产业的集聚，作为产业发展及企业运营的控制、决策核心，是中心区公共服务设施集聚的最大推动力。为方便分析在各个经济产业单因素中，何种因素对中心区突破圈核结构发展为轴核结构的影响最大，分别将中心区发展的三种结构类型单核、圈核、轴核标为数值1、数值2与数值3。本节通过对经济门槛的可能影响单因素（城市的国内生产总值和人均国内生产总值、三产产值与比重、三产就业人口数量和比重）分别与中心区发展结构类型的数值标记进行皮尔逊相关性分析，根据皮尔逊相关系数，得出最具相关性的因素为国内生产总值和三产规模（表2.2）。

表2.2　城市经济产业门槛各因素相关性分析

	中心区发展类型	GDP（市区）*	人均GDP（市区）	市区就业人口	三产就业人口	三产产值	三产比重（市区）
Pearson 相关性	1	0.772	0.511	0.622	0.559	0.729	0.535

* 说明：由于国外城市的市域范围难以界定，因此本表因素均以市区数据为准。在本次相关性计算中，自变量为城市经济产业、规模等要素，因变量为城市中心区发展类型。（下同）

——城市规模方面

城市人口规模决定了该城市的从业人口及消费能力（消费潜力）。城市人口规模的大小，在一定程度上反映了该城市的需求和供给能力。同样采取皮尔逊相关系数法对城市规模的各个因素（市区的人口总数、人口密度、市区面积和建成区面积）与中心区各结构类型对应数值进行分析。根据皮尔逊相关系数，得出与中心区结构升级最相关的因素是人口规模和建设用地规模（表2.3）。

表2.3　城市规模门槛各因素相关性分析

	中心区发展类型	人口（市区）	人口密度（市区）	市区面积	市区建成区面积
Pearson 相关性	1	0.616	0.385	0.275	0.682

数据来源：作者计算

——城市基础设施方面

早期依托海运的全球贸易使得当时的高等级大都市大都分布在沿海的位置。现今的全球贸易依然需要积累起来的交通、货运及信息等要素高强度交换的枢纽地位,因此往往是拥有良好的港口口岸,或拥有良好的航空口岸具有强大集聚力的城市。在此基础上,城市还需要通过持续更新运输设施的水平,以保证其在要素交换中的优势地位。因此,城市经济发展的重要基础是城市的基础设施条件,尤其是运输设施。轴核结构中心区的发展,是全球化多要素高度聚集的结果,同时需要内部高效基础设施的有力支撑。门槛条件需要从外部及内部两个方面进行界定:首先,外部条件方面,应具有综合的国际口岸(航空口岸或者港口口岸),还应具有区域级的铁路及公路枢纽;其次,内部条件方面,应形成以道路为主,轨道交通为辅的道路-轨道交通体系,并且有一定的轨道交通线路长度,只有这样才能保证城市内外要素的不断聚集与扩散。

综上所述,城市整体发展门槛应由全球城市等级门槛、国内生产总值门槛、城市三产特征门槛、城市人口规模门槛、城市建设用地规模门槛、城市基础设施门槛六部分构成。

(1) 全球城市等级门槛

根据全球化及世界城市研究网络(Globalization and World Cities Research Network,简称 GaWC)2012 年的世界城市排名①,将城市分为五个级别及数个副级别,由高到低顺序为:Alpha 级,下设四个副级别 Alpha++、Alpha+、Alpha 和 Alpha-;Beta 级,下设三个副级别 Beta+、Beta 和 Beta-;Gamma 级,下设三个副级别 Gamma+、Gamma 和 Gamma-(Alpha、Beta 及 Gamma 分别为希腊字母表的前三个字母,这里用以表示三个城市级别)[2];以及 High sufficiency 级与 Sufficiency 级。

通过对案例城市中心区的考察,发现能够列入全球城市等级的城市主中心均已经突破了较为简单的单核结构,而对于中心区空间拓展初级阶段的圈核结构,大部分中心区也已经突破了,无论该城市是一个还是多个主中心,已经达到了轴核结构阶段。

从表 2.4 中可以看出,全球城市等级与城市中心区结构等级存在关联性。对应 GaWC城市等级分级,城市中心区从圈核结构向轴核结构的升级基本发生在 Sufficiency 级别。在城市的全球辐射力和等级进入更高级阶段,达到 High sufficiency 级别之后,基本全部完成中心区的结构升级。

(2) 国内生产总值门槛

城市国内生产总值(GDP)是城市集聚效应的具体体现。GDP 对于中心区结构升级的影响主要表现在中心区功能结构的调整上,具体体现在两方面:市民消费以及城市对于总部企业等商务办公用地的吸引力。经济的快速增长与城市中心区规模的不断扩大之间存在较明显的正相关性,经济增长,居民收入水平增加,消费水平也随之提高。城市综合竞争力的增加一定程度上是由于 GDP 的增长,吸引了大量的金融和商务机构、各类咨询服务机构以及许多生产企业的管理总部。一系列的就业岗位由于这些企业的进驻而被带来,并且吸引大量工作人员,同时产生了一系列衍生消费和一定的消费链,促进原有中心区内部结构的裂变和新中心区结构的形成[68]。

【国内生产总值门槛】当城市中主中心区由圈核结构升级为轴核结构时,其市区的国内生产总值门槛需达到 4 000 亿元以上。

① 排名根据国际公司的"高级生产型服务业"的供应,如会计、广告、金融和法律等综合评价产生,详见:Beaverstock J V, Smith R G, Taylor P J. A roster of world cities [J]. Cities, 1999, 16(6): 445-458.

表 2.4　全球城市等级分析

主级别	副级别	所在国家	城市名称	中心区名称	中心区结构形态
Alpha	Alpha+	中国	北京	北京朝阳中心区	轴核结构中心区
	Alpha+			北京西单中心区	
	Alpha+		上海	上海人民广场中心区	
	Alpha+			上海陆家嘴中心区	
	Alpha+		香港	香港港岛中心区	
	Alpha+			香港油尖旺中心区	
	Alpha+	新加坡	新加坡	新加坡海湾—乌节中心区	
	Alpha+	阿联酋	迪拜	迪拜扎耶德大道中心区	
	Alpha+			迪拜迪拜湾中心区	
	Alpha	马来西亚	吉隆坡	吉隆坡迈瑞那中心区	
	Alpha−	韩国	首尔	首尔江北中心区	
	Alpha−			首尔德黑兰路中心区	
	Alpha−	泰国	曼谷	曼谷仕龙中心区	
	Alpha−			曼谷暹罗中心区	
	Alpha−	印度	新德里	新德里康诺特广场中心区	
Beta	Beta−	中国	深圳	深圳福田中心区	
	Beta−			深圳罗湖中心区	
High sufficiency	High sufficiency		南京	南京新街口中心区	
	High sufficiency		成都	成都春熙路中心区	
Sufficiency	Sufficiency		大连	大连中山路中心区	
	Sufficiency		武汉	武汉江汉路中心区	圈核结构中心区
	Sufficiency			武汉洪山广场中心区	
	Sufficiency		厦门	厦门莲坂中心区	
	Sufficiency			厦门筼筜湖中心区	
/	/		常州	常州延陵路中心区	
	/		福州	福州五一路中心区	
	/		杭州	杭州延安路中心区	
	/		合肥	合肥长江中路中心区	
	/		无锡	无锡崇安寺中心区	
	/		徐州	徐州淮海广场中心区	

续表 2.4

主级别	副级别	所在国家	城市名称	中心区名称	中心区结构形态
/	/	中国	郑州	郑州二七广场中心区	单核结构中心区
	/	韩国	仁川	仁川九月一洞中心区	
	/	中国	镇江	镇江大市口中心区	
	/		盐城	盐城建军路中心区	
	/	韩国	大田	大田屯山洞中心区	
	/	中国	九江	九江浔阳路中心区	
	/		开封	开封鼓楼中心区	
	/		昆明	昆明金马碧鸡中心区	

数据来源:作者整理

对 29 个城市的分析数据表明,大多数城市 GDP 达到 4 000 亿元以上时,有足够的经济实力和公共服务需求,其主中心能够突破原有圈核结构中心区门槛,发展成为轴核结构的城市中心区。城市中心区建设的直接原因与市民消费需求有关。首先,居民的总体购买能力和消费需求的增长扩大了城市零售网点的数量,得以支撑更大规模的商业服务设施;其次,随着城市经济的发展和居民收入的增加,该城市在全球经济网络中的地位增高,城市聚集的产业结构发生改变,这导致城市中心区的各种功能构成比例不断发生变化。当原有中心区内的公共服务设施已无法满足各类人群的功能需求时,新的公共服务设施聚集形成以适应人们日益变化的功能需求(图 2.2)。

以上海为例,改革开放以来,上海在全球经济网络中的地位显著提高,各类公司总部与金融机构的入驻改变了中心区原有的功能结构;同时,市民的消费重点发生变化,消费需求

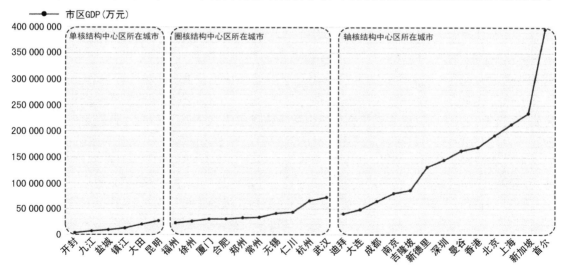

图 2.2 典型结构中心区所在城市与市区 GDP 关系
数据来源:2014 年中国城市统计年鉴与杨俊宴工作室调研成果

的多元化和个性化促进了专业商店的发展，也促使外滩硬核、豫园硬核等更为专业化，公共服务设施的聚集与裂变导致了上海人民广场中心区突破了由外滩—南京路为主核，人民广场为西部亚核，闸北为北部亚核，豫园为南部亚核组成的"一主三亚"的圈核结构，形成了轴核结构中心区。

（3）城市三产特征门槛

第三产业是城市融入全球经济网络的主要要素。轴核中心区的发展是城市逐步向第三产业为重心的城市经济模式转型的结果，其中现代服务业在第三产业中所占比重的大小直接反映着城市的全球化程度，金融业、房地产业、信息服务业、会展、国际商务等在第三产业中所占的份额将直接影响城市中心体系的发展水平和发展趋势。第三产业产值、外向型经济状况等经济发展情况在一定程度上决定了中心区的发展趋势（图 2.3）。

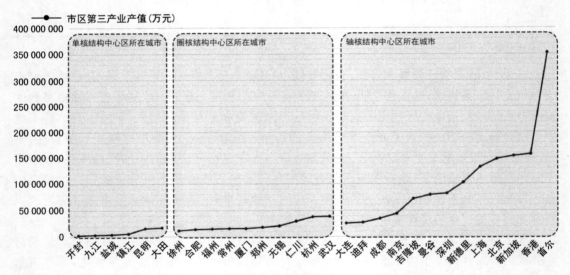

图 2.3 典型结构中心区所在城市与市区第三产业产值关系
数据来源：2014 年中国城市统计年鉴与杨俊宴工作室调研成果

对 29 个城市的分析数据表明，大多数城市三产产值达到 2 500 亿元以上时，有足够的公共服务产业聚集，其主中心能够突破原有圈核结构中心区门槛，发展成为轴核结构的城市中心区。除此之外，对于全球化的大都市来说，在第三产业内部要素的集聚力也有强弱的分别，而决定其中心区发展为轴核结构的门槛条件还应当包含是否有现代服务业中的高端产业要素，可归结为：是否具有形成强大经济的控制力及向心力的国际区域级的金融中心；是否具有形成高端产业集聚的领导力及标志力的全球 500 强企业的国际区域级总部；是否具有形成与高端业态及高端人士相应的消费力与购买力的顶级及一线的奢侈品牌旗舰店。

【三产特征门槛】当城市中主中心区由圈核结构升级为轴核结构时，其市区三产产值至少需达到 2 500 亿元的门槛，且中心区所在城市能够聚集全球或者区域级别的高端产业要素。

（4）城市人口规模门槛

同一区域内，人口规模越大的城市，往往其经济规模与城市等级越高。人口规模的增长，同样有利于扩大城市的消费能力，最终促进城市经济的增长。经济增长的同时，提高了整个社会的消费需求，促进各类需求的多元化，也有助于提高城市在全球城市等级中的地位。此外,人口规模的增大,不仅提升了经济需求,同时也使整个城市中满足人口生活所需的各类公共服务设施总用地面积增大。城市中心区是城市公共服务设施用地的主要集聚区,随着对公共服务设施用地需求的增大,城市中心区的建筑规模与用地规模也不断扩大,当中心区内公共服务设施的集聚达到一定规模时,公共服务设施不再在原有结构框架内聚集,而是根据市场机制的调节,选择经济效益高的地段聚集,发展为轴核结构的城市中心区。

【城市人口规模门槛】当城市中主中心区由圈核结构升级为轴核结构时,其市区人口规模门槛至少需要达到 160 万人的门槛。

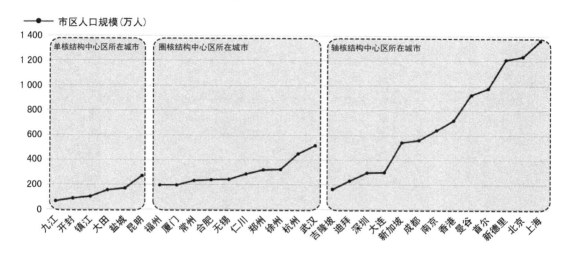

图 2.4　典型结构中心区所在城市与市区人口规模关系
数据来源:2014 年中国城市统计年鉴与杨俊宴工作室调研成果

对 29 个城市的分析数据表明,大部分出现了轴核结构中心区的城市市区人口规模在 300 万以上,但是部分城市如吉隆坡、深圳、迪拜等人口则低于 300 万人。而相反的是,在圈核结构中心区中,有部分城市如郑州、徐州、杭州、武汉等人口规模则高于 300 万人,这是由于这些城市虽然具有较大的人口规模,但其缺乏有力的集聚要素,如前文所提到的国际区域级别的金融中心或者其他高端产业要素,各种资源也缺乏更有效的聚合力,使其城市及中心区规模庞大,但缺乏强大的控制力,难以突破原有中心区等级结构。而吉隆坡、深圳、迪拜等城市,其在全球城市网络中发挥的作用更大、等级更高,并具有高端产业要素。因此,在对人口规模门槛进行数据分析时,应适当对门槛时标准进行放宽,在有其他门槛时对达到人口规模门槛的城市进行修正(图 2.4)。

(5)城市建设用地门槛

城市空间尺度的扩大有利于中心区新的结构形成的主要原因为:城市在规模扩大过程中,城市中心的优势区位面积不断扩大,中心区的规模也相对不断扩张,在原有硬核范围之外,公共服务设施选择新的区位良好的用地聚集,成为新的中心区硬核;建成区规模不断扩大,市民到达原硬核的通行成本变大,降低了硬核的经济效益,在市场调控影响下,新的公共设施趋向集中于一个新的可达性较高的硬核以降低通行成本提高经济效益。

【城市建设用地门槛】当城市中主中心区由圈核结构升级为轴核结构时,其建设用地规模门槛至少需要达到 275 平方公里的门槛。

　　城市中心区在发展过程中,由于交通、经济、社会等因素,其中心区发展并不是均衡的,中心区域的偏心发展随着规模的扩大逐渐增强,最终有可能导致原有的两个中心区合并,或者某一中心区在某个方向上聚集了新的硬核。无论是哪一种情况,都可能导致中心区突破圈核结构发展为轴核结构。对29个城市的分析数据表明,大部分出现了轴核结构中心区的城市建成区规模在900平方公里以上,但是部分城市如香港、新加坡、大连等建成区规模则低于900平方公里。这是由于这些城市都受到了自然要素或者人文要素的强有力的限制,高大的山丘与宽阔的水面以及狭窄的行政边界,都导致了土地资源匮乏,其城市规模的扩展只能体现在建筑强度的增加之上。譬如香港的两个城市中心区,港岛中心区的容积率为5.1,而油尖旺中心区的容积率为3.77,是所有城市的中心区中开发强度最高的两个中心区(图2.5)。

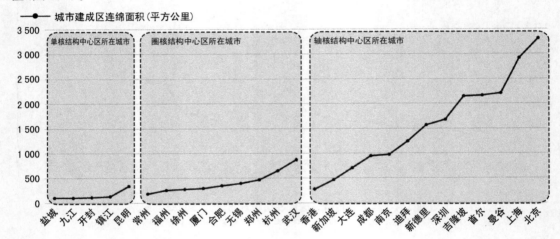

图2.5　典型结构中心区所在城市与城市建设用地规模关系
数据来源:http://www.demographia.com/#wmetro

(6) 城市基础设施门槛

　　城市基础设施门槛内容包含了城市对外交通设施与城市内部基础交通设施。城市对外交通设施门槛在前文已经提到过,中心区所在城市需要拥有国际级别的航空口岸或者港口口岸以及拥有区域级别的铁路或者公路枢纽。从城市内部条件来看,中心区规模增大,常规交通方式已经无法满足其巨大的交通需求,快速轨道交通对城市中心区结构产生了显著的影响。快速轨道交通(rapid transit or rail rapid transit),是城市地下铁道(地铁)、轻行轨道交通(轻轨)、单轨(独轨)交通、有轨电车、高速磁悬浮列车和市郊通勤列车等城市轨道交通的统称,运量大、速度快、安全可靠、准点舒适是其共同特点,可以在地面、高架和地下、半地下的轮轨上行使。轨道交通不仅承担中心区大部分运量,快速输配人流,有效解决交通拥堵问题,同时轨道交通站点对周围公共服务设施有吸引力,容易形成经济的活跃点,成为商业集聚点。从表2.5中可知,几乎所有的轴核中心区所在城市都有70公里以上的轨道交通长度,这意味着至少有2条轨道交通线路,而仅有部分圈核中心区所在城市拥有轨道交通线路,除大田外,几乎所有的单核中心区所在的城市都没有轨道交通线路。

　　【城市基础设施门槛】当城市中主中心区由圈核结构升级为轴核结构时,中心区所在城市需要拥有国际级别的航空口岸或者港口口岸以及拥有区域级别的铁路或者公路枢纽,城市内部轨道交通长度至少需要达到 70 公里的门槛。

表 2.5　城市快速轨道交通长度门槛分析

城市名称	轨道交通长度(km)	城市名称	轨道交通长度(km)	城市名称	轨道交通长度(km)
上海	548	大连	106	九江	0
北京	527	武汉	95	开封	0
首尔	314	迪拜	78	镇江	0
南京	225	曼谷	77	盐城	0
香港	218	昆明	60	福州	0
深圳	179	无锡	51	厦门	0
新德里	161	杭州	48	常州	0
吉隆坡	155	仁川	29	合肥	0
成都	153	郑州	22	徐州	0
新加坡	149	大田	22	/	/

数据来源:维基百科

2.1.2　中心区发展门槛

除了中心区所在城市的发展门槛要素之外,中心区结构变化的关键在于原中心区内部结构的升级,从圈核结构到轴核结构的突破是一个缓慢的过程。在对不同发展阶段的中心区空间模式研究的基础上,可以看出,具有轴核结构现象的中心区具有较多共同特征,而对这些共同特征进行进一步研究,可以发现其中的一些门槛规律。对这些门槛规律进行归纳,可以总结为中心区首位度门槛、中心区规模门槛、中心区生产服务功能门槛与中心区基础设施门槛四个方面。

(1)中心区首位度门槛

中心体系的各中心区之间存在强烈的等级差异,而前文曾阐述过,轴核中心区必定是该城市的主中心区,那么在同一城市中,轴核中心区与其他中心区之间的差异有多大?通过数据分析探索城市中心体系内各个中心区用地与建筑首位度①差异,判断轴核中心区需要达到的升级门槛。

【中心区首位度门槛】在已达到轴核中心区升级门槛的城市中,如果仅能发展一个主中心区,其两项首位度指标均需要达到 0.7 以上;如果该城市能发展两个主中心区,那么首位度较低的中心区两项首位度指标均需达到 0.26 以上。

通过对存在轴核中心区的 13 个城市进行分析,可知轴核中心区的用地及建筑首位度都在该城市中占据第一与第二位,在仅有一个轴核中心区的城市中,其中心区的两项首位度均在 0.7 以上。而在拥有两个轴核中心区的城市中,其中一个轴核中心区的首位度相对较低,但首位度最低的北京西单中心区的数值仍然大于首位度最高的非轴核中心区——南京河西中心区。此外,在有两个轴核中心区的城市中,首位度值较低的中心区两项指标均在

---

①　本书采用的中心体系首位度为目标中心区的用地或建筑规模除以中心体系内总用地或总建筑规模的数值。

0.26 之上,此类城市两个轴核中心区的首位度总和均大于 0.7。由此可知,轴核中心区在其所在的城市内,一般都具有较高的首位度,并与其他城市中心区存在较大的等级差异(表 2.6)。

表 2.6　中心区首位度分析

城市	城市中心区	用地首位度	建筑首位度	城市	城市中心区	用地首位度	建筑首位度
成都	成都春熙路	0.79	0.83	深圳	深圳福田	0.40	0.37
	成都荷花池	0.11	0.10		深圳罗湖	0.46	0.51
	成都锦里	0.10	0.07		深圳车公庙	0.14	0.13
大连	大连中山路	0.74	0.77	首尔	首尔江北	0.41	0.38
	大连星海广场	0.20	0.13		首尔德黑兰路	0.34	0.42
	大连西安路	0.06	0.10		首尔狎欧亭	0.03	0.03
迪拜	迪拜迪拜湾	0.32	0.43		首尔汝矣岛	0.14	0.12
	迪拜扎耶德大道	0.68	0.57		首尔木洞	0.05	0.06
吉隆坡	吉隆坡迈瑞那	1.00	1.00	香港	香港油尖旺	0.30	0.26
曼谷	曼谷仕龙	0.35	0.42		香港港岛	0.43	0.51
	曼谷暹罗	0.60	0.55		香港观塘	0.21	0.17
	曼谷拉碴德农	0.05	0.02		香港红磡	0.07	0.05
南京	南京新街口	0.72	0.87	新德里	新德里康诺特广场	0.76	0.78
	南京河西	0.23	0.09		新德里诺伊达	0.20	0.16
	南京夫子庙	0.05	0.04		新德里莲花庙	0.04	0.06
上海	上海人民广场	0.46	0.54	新加坡	新加坡海湾—乌节	1.00	1.00
	上海陆家嘴	0.35	0.28	北京	北京朝阳	0.59	0.62
	上海徐家汇	0.04	0.05		北京西单	0.28	0.26
	上海江湾	0.06	0.05		北京前门	0.01	0.01
	上海火车站	0.05	0.05		北京公主坟	0.03	0.03
	上海虹桥	0.04	0.04		北京中关村	0.09	0.09

注:表格中加底纹的中心区为轴核中心区。

(2) 中心区规模门槛

大量典型城市数据显示,轴核中心区是等级较高的中心区,组成要素丰富,结构复杂,需要一定空间以完善各类系统布局,同时也需要一定的建设规模来支撑高强度的集聚。通过相关性分析表明,城市中心区用地面积与城市中心区类型的相关性达到 0.700,城市中心区建筑规模与城市中心区类型的相关性达到 0.726。从实际的案例来看,北京朝阳中心区的用地规模达到 2 404 公顷,而建筑规模达到 4 218 万平方米;而在其他案例中,除了香港油尖旺中心区、新德里康诺特广场中心区等几个中心区之外,也可以看出轴核中心区的用地及建筑规模高于圈核及单核结构的中心区(图 2.6,图 2.7)。在用地规模上,由于香港的地

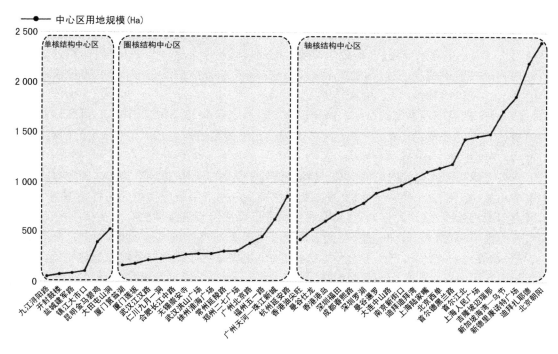

图 2.6 典型中心区用地规模

数据来源:杨俊宴工作室调研成果

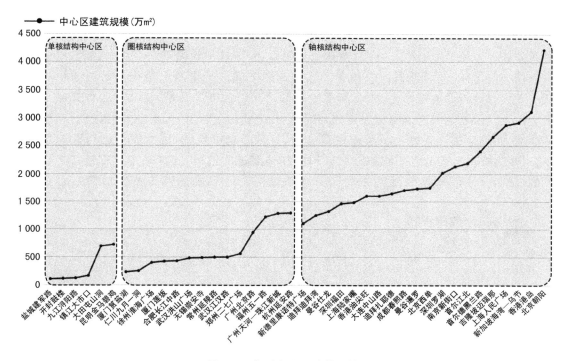

图 2.7 典型中心区建筑规模

数据来源:杨俊宴工作室调研成果

形限制，油尖旺中心区用地规模较小，仅有 424 公顷，但由于开发强度大，其建筑规模较大，达到 1 599 万平方米；在建筑规模上，新德里康诺特广场由于新德里的低建设强度开发，其规模为 1 102 万平方米，略低于部分规模较大的圈核结构中心区。但总体来说，中心区由圈核结构向轴核结构演进的过程，也是中心区自身规模不断增长的过程，一定的规模尺度是中心区形成完善的轴核结构的必要条件之一。

【中心区规模门槛】当城市中心区由圈核结构升级为轴核结构时，其中心区用地规模至少需要达到 420 公顷的门槛；其中心区建筑规模至少需要达到 1 100 万平方米的门槛。

（3）中心区生产服务功能门槛

在各个中心区的功能构成中，无论是轴核结构还是圈核结构中心区，其核心功能均是生产型服务功能，所不同的仅是生产型服务功能的规模。对生产型服务功能的三种类型与中心区发展类型做相关性分析（表 2.7），虽然金融保险业已经成为经济发展的导向及核心推动力，但其所占比重不高，中心区之间差异性大。而由于生产型服务功能高度集聚，不同产业类别之间、不同等级的企业之间，产生了大量的商务需求与往来，使得商务办公功能与旅馆酒店功能成为与中心区发展类型最为相关的生产型服务功能。因此，选择这两种职能类型进行分析。

表 2.7　中心区升级各单位因素相关性探讨

	中心区发展类型	贸易咨询	酒店旅馆	会议展览	金融保险
Pearson 相关性	1	0.657	0.665	0.283	0.444

数据来源：作者计算

大量典型城市数据显示，轴核中心区中贸易咨询职能与酒店旅馆的规模较大。从实际的案例来看（图 2.8），北京朝阳中心区的贸易咨询规模达到 1 159 万平方米，而旅馆酒店规模达到 316 万平方米（图 2.9）；而在其他案例中，除了首尔德黑兰路中心区、新德里康诺特广场中心区之外，也可以看出轴核中心区的这两项职能规模高于圈核及单核结构的中心区。在贸易咨询职能规模上，由于新德里的低密度与低强度开发，其公共服务设施只能沿着平面上交通可达较好的区域展开，公共服务设施的高度较低，因此总规模较低；在旅馆酒店职能上，首尔德黑兰路由于是新建商务区，且旅游功能较弱，因此旅馆酒店职能建筑较少。但总体来说，中心区由圈核结构向轴核结构演进的过程，同样是生产服务功能不断完善的过程，一定的规模尺度的生产服务职能是中心区形成完善的轴核结构的必要条件之一。

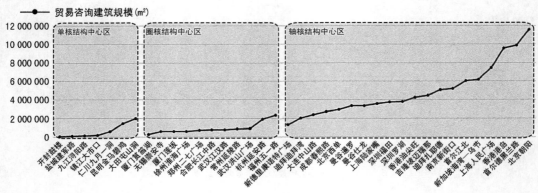

图 2.8　典型中心区贸易咨询建筑规模

数据来源：杨俊宴工作室调研成果

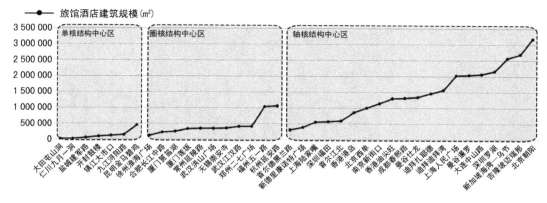

图 2.9　典型中心区旅馆酒店建筑规模
数据来源:杨俊宴工作室调研成果

【中心区生产服务功能门槛】当城市中心区由圈核结构升级为轴核结构时,其中心区贸易咨询职能规模至少需要达到 130 万平方米的门槛;旅馆酒店职能规模至少需要达到 30 万平方米的门槛。

(4)中心区基础设施门槛

同样,在中心区层面,轴核结构庞大的集聚规模及集聚强度,需要高效交通系统的有力支撑。而对比圈核结构与轴核结构的实际交通体系,轴核结构中心区的交通体系更加复杂与完善,通过多种交通方式相互协调以及充分利用地上及地下的交通资源,形成立体化、多样化的交通格局。

具体而言,轴核结构中心区的交通系统可以分为两大类别,即道路交通系统及轨道交通系统,其核心原则是将国际或者区域交通流向中心区汇聚,并与中心区内部的轨道-道路交通换乘。在此基础上,轴核中心区通常建设直接的轨道交通与航空、铁路等客运枢纽相连,使各种要素流可以便捷地到达中心区。就两大类别本身来看,道路交通系统又包括输配系统及普通道路,而轨道交通系统则包括地铁、轻行轨道交通(轻轨)、单轨(独轨)交通、有轨电车、高速磁悬浮列车和市郊通勤列车等。

道路交通系统中,输配系统形成"环形+轴线"格局,穿越硬核连绵区构建快速输配路线,并通过与之连接的环形输配轴线向外辐射,连接城市重要交通枢纽(包括国际性交通枢纽),并通过与城市外围高速公路的衔接,连接区域重要城市及重要基础设施,分流中心区穿越式的过境交通。而普通道路系统则呈网络格局,形成配合输配体系的高效道路格局,对中心区内外及快慢交通进行转换。

轨道交通系统主要连接城市内重要交通枢纽和功能片区,以及城市外围区域的重要节点和枢纽地区,并将其向中心区汇聚,在中心区设有核心站点,形成密集分布的轨道交通网络,将大量的人流交通分散到中心区各处,并保证轨道交通站点密度在 0.1 个/平方公里之上。此外,地铁系统往往还连接了城市的一些重要功能片区及居住区,还兼有汇聚城市人流的作用(图 2.10)。

【中心区基础设施门槛】穿越硬核连绵区形成"环形+轴线"的输配体系格局,轨道交通站点密度在 0.1 个/平方公里之上。

综上所述,轴核结构中心区是一种存在于发展水平较高城市中的高度集聚的中心区结

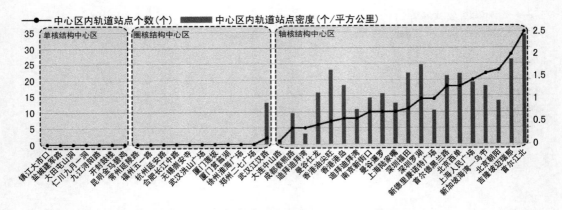

图 2.10　典型中心区内轨道站点个数与密度
数据来源：作者自绘

构形态,形成及发展需要城市及中心区本身都具备高端职能及支撑要素。对不同发展阶段、不同地域的亚洲典型轴核结构中心区案例的量化研究,从城市及中心区两个层面进行归纳,总结了轴核结构中心区形成及发展所必须达到的门槛条件,如表 2.8 所示：

表 2.8　轴核结构中心区的升级门槛条件

门槛大类	门槛小类	门槛条件
城市整体门槛	全球城市等级门槛	中心区所在城市应是亚洲一到四级城市
	国内生产总值门槛	中心区所在城市的市区国内生产总值在 4 000 亿元以上
	城市三产特征门槛	中心区所在城市的市区三产产值在 2 500 亿元以上,中心区所在城市能够聚集全球或者区域级别的高端产业要素
	城市人口规模门槛	中心区所在城市的市区人口规模在 160 万人以上
	城市建设用地规模门槛	中心区所在城市的建成区连绵面积在 275 平方公里以上
	城市基础设施门槛	中心区所在城市拥有国际级别的航空口岸或者港口口岸以及拥有区域级别的铁路或者公路枢纽,且中心区所在城市的轨道交通长度在 70 公里以上
城市中心区发展门槛	中心区首位度门槛	仅有一个主中心区的城市,其中心区建筑与用地首位度均在 0.7 以上;有两个主中心区的城市,两个中心区建筑与用地首位度之和均在 0.7 之上,且中心区首位度较低的两项指标均大于 0.26
	中心区规模门槛	中心区用地规模在 420 公顷之上,中心区建筑规模在 1 100 万平方米之上
	中心区生产服务功能门槛	中心区贸易咨询职能规模在 130 万平方米之上,中心区旅馆酒店职能规模在 30 万平方米之上
	中心区基础设施门槛	穿越硬核连绵区形成"环形＋轴线"的输配体系格局,轨道交通站点密度在 0.1 个/平方公里之上

资料来源：作者整理

2.2 轴核结构中心区的形成特征

轴核结构中心区是中心区发展的一个特殊的发展阶段,在发展机制、空间形态、功能结构等方面具有鲜明的特征。为了对轴核结构的中心区进行深入的了解,从案例入手,总结轴核中心区的发展特性与现状特征。

2.2.1 轴核结构中心区发展特征

轴核中心区的出现虽然都是圈核中心区结构升级的结果,但升级的途径各有不同,硬核发展也呈现连绵化的特征。下文对轴核中心区案例的发展历程进行分析,归纳其影响中心区发展的限制性因素和促进性因素,总结其发展特征(表2.9)。

表 2.9　轴核结构中心区的发展特征

轴核中心区形态	中心区形成特征	影响轴核中心区发展的因素	
		限制性因素	促进性因素
北京朝阳中心区	清末,王府井大街由于地处富户集中区,且靠近使馆区,逐步形成繁华的商业街区;改革开放后,商业设施升级改造,商业区规模扩大,逐步发展成城市零售商业主中心,王府井地区、建国门内地区和三元桥地区由于长安街公共服务设施的连绵和中心区的扩张合并形成轴核中心区	用地方面,中心区西侧为故宫等历史文化遗迹,内部为大型专有用地;纵向方面,历史文化保护对城区内建筑的高度有硬性规定,商业商务设施聚集只能沿着长安街向东侧蔓延	由于中央行政机关布局以及北京站的促进,在21世纪初期建设了大量商务办公设施;地铁1号线和2号线的建设以及城市二环、三环的道路建设提高了周边设施的交通可达性,同时也加强了两个城市中心区之间的联系;城市化进程中大量人口的涌入加速了城市的蔓延以及城市核心区位的扩张
北京西单中心区	清末,西单形成了新型的商业中心;改革开放之后,中央加强宏观调控而新生的金融监管机构,以及一些国家部委需要建设总部,具有区位优势的西二环复兴门地段无疑是最合适的,西单中心区与复兴门中心区由于长安街公共服务设施的连绵合并形成轴核中心区	西单中心区的改造更新由于用地和高度限制,沿着复兴门大街不断西拓	地铁1号线和2号线的建设;金融产业由于规模效应不断聚集

轴核中心区形态	中心区形成特征	影响轴核中心区发展的因素	
		限制性因素	促进性因素
曼谷暹罗中心区 	华喃峰火车站是长期以来曼谷主要的对外交通枢纽，素逸坤路作为主要城市干道直通华喃峰火车站。由于曼谷的历史肌理，连接度高的城市交通干道较少，大部分公共服务设施都聚集于主要交通干道周边。在暹罗中心区逐步发展为以暹罗广场为主核的线形圈核结构中心区，暹罗广场硬核逐步扩张，与原来的叨南里路亚核合并，发展为功能完善的大型硬核	土地政策使得城市土地难以规整化开发，城市公共服务设施零散化分布；此外，随着中心区规模的扩张，中心区内部基础设施配套超负荷运转，最为明显的如交通拥堵和环境质量的下降	城市人口的不断增加，基础设施的不断完善(1999年轻轨的建设提升了中心区的输配能力)，公共服务设施规模效应聚集
曼谷仕龙中心区 	华喃峰火车站是长期以来曼谷主要的对外交通枢纽，仕龙路直通火车站。大部分公共服务设施都聚集于主要交通干道周边。仕龙中心区逐步发展为以河滨硬核为主核的线形圈核结构中心区。原有的拉玛路亚核沿拉玛四世路不断扩张，聚集了大量金融、商务产业，逐步发展为功能完善的主要硬核	土地政策使得城市土地难以规整化开发，城市公共服务设施零散化分布；中心区内部基础设施配套超负荷运转，最为明显的如交通拥堵和环境质量的下降	城市人口的不断增加，基础设施的不断完善(1999年轻轨的建设提升了中心区的输配能力)，公共服务设施规模效应聚集
上海陆家嘴中心区 	1990年，中共中央和国务院决定开发浦东，选址陆家嘴建设中心区。公共服务设施沿世纪大道不断聚集连绵为轴核结构中心区	浦东新区人口密度低，配套公共服务设施不足	城市政策扶持导向，标志性的形象和金融产业的规模聚集效应；地铁2号线等轨道交通及过江通道的建设提升了陆家嘴的交通可达优势；浦东新区的开发建设与人口聚集优化了陆家嘴的核心区位优势

续表 2.9

轴核中心区形态	中心区形成特征	影响轴核中心区发展的因素	
		限制性因素	促进性因素
成都春熙路中心区 	城市核心区位于天府广场,是成都市民传统认知的中心区;1953 年与1996 年城市总体规划均确定天府广场位于春熙路地段的城市中心地位;在这两版规划的促进下,春熙路迅速发展成城市零售商业中心	单中心的交通制约瓶颈,老城中心区的土地资源紧缺	市民心理认知惯性;成都市西部金融中心的地位不断凸显,顺城街金融设施由于规模效应不断聚集,大规模城市改造中老旧建筑的拆除与政府机构搬离提供了土地,城市化进程的加速也导致了城市实体空间的不断扩张和城市中心区建设的不断加强
迪拜扎耶德大道中心区 	迪拜政府开始大规模的建设与计划推动,扎耶德大道硬核不断扩张	人口规模限制中心区发展,物质空间建设与产业经济规模不匹配导致中心区后期发展动力不足	扎耶德大道具有交通可达优势和大片土地资源;标志性建筑物的建设提升了中心区形象;中心区原本优良的滨水景观提供了优质的空间资源;中心区的商业商务产业规模效应;政府设立自由贸易区;国际贸易枢纽之一以及国际航空枢纽为中心区发展提供了优良条件
大连中山路中心区 	日占时期大连火车站建设以及港口的繁荣使青泥洼桥一带迅速发展起来,确定了以大连站为核心的城市空间结构;中山广场主核逐渐与友好广场亚核相连,形成沿中山路发展的线状硬核;中山路向西拓展,与人民广场行政副中心合并	用地资源紧缺,自然地形地貌限制	大连商品交易所的成立,大连逐步成为全球第二大大豆期货市场;城市经济地位提升为中心区内部转型升级提供了优良条件;中心区内商务金融产业由于规模效应自发聚集
迪拜迪拜湾中心区 	迪拜湾自古是迪拜的货运口岸,早期贸易形成商业设施聚集的城市中心区,经过多年的发展和环境改造,逐步成为城市优质滨水空间,迪拜行政中心聚集在南岸,与传统商业中心一起形成依托迪拜湾的线性滨水圈核中心区。迪拜湾北岸硬核形成以及与南北岸联系的加强,逐步连绵成轴核结构中心区	天然水系阻碍两岸联系发展,人口规模限制中心区发展	迪拜的大规模建设计划修建了多条桥梁和地铁,联通了迪拜湾南北两岸,原本北岸的旧城区在城市更新改造下,利用其滨水优势,聚集了大量商务办公、酒店、金融等产业

轴核中心区形态	中心区形成特征	影响轴核中心区发展的因素	
		限制性因素	促进性因素
香港油尖旺中心区	香港油尖旺地段原先以工业区为主，由于地形平坦，人口密度大，且靠近中环，逐步承接了迁出的商业职能转为城市中心区。最初旺角商业以低端零售商业为主，建筑职能以商住混合为主，经过长时间发展，形成了公共服务设施在油麻地、旺角、尖沙咀轨道站点周边聚集的线性圈核结构。中心区逐步依托佐敦道轴向发展，公共服务设施逐步连接各个硬核，形成连绵的线状轴中心区。	用地资源紧缺，自然地形地貌限制，早期未进行规划，原有居住建筑密度高、强度大，改造花费代价大	回归后，广阔的经济腹地与二线城市群促进两岸贸易，旅游急剧增加，城市经济地位提升；沿佐敦道由于直达口岸，具备交通可达优势；利用填海扩大用地资源；由于产业经济转型升级，高端商业商务逐步将低端零售商业驱逐出主要干道；人口高密度聚集
香港港岛中心区	香港开埠初年英国确定中环地区为城市中心地区，20世纪初已经形成了以中环为主核，上环、铜锣湾为亚核的线性圈核结构；港岛中心区规模的扩张以及原中环硬核的扩大，连绵成线形的轴核结构中心区	用地资源紧缺，自然地形地貌限制	大规模的湾仔填海工程；城市经济贸易地位的提升；高密度人口聚集；广阔的经济腹地与二线城市群的促进；产业职能的转型拓展了产业链；大运量公共服务设施连接各个区域中心到城市中心区；城市中心区的形象优势
上海人民广场中心区	上海于开埠建立港口之后确立了以外滩为核心的城市空间结构。中心区规模的扩张，将静安寺吞并进来，并置换外滩、豫园等地区的产业功能，沿着道路逐步连绵在一起，形成了网络轴核中心区[70]	用地资源紧缺，交通制约瓶颈	城市继续向西扩张，核心可达区位西移，城市化进程带来人口聚集，工业企业的迁移带来土地资源，中心区内主要道路的拓宽和地铁的修建为大规模公共设施的交通联络提供了保障

续表 2.9

轴核中心区形态	中心区形成特征	影响轴核中心区发展的因素	
		限制性因素	促进性因素
新加坡海湾—乌节中心区 	新加坡中心区最初形成于新加坡港口附近,开港后贸易大幅增加和人口大量涌入,形成了过度拥挤的单核城市中心区。中央商务区规模的扩张使得其与乌节路逐渐连绵成轴核结构中心区	用地资源紧缺	1990 年代后,新加坡科技密集产业成为经济新的增长点;产业升级带来大量移民涌入,轨道交通建设加强了城市各个地段之间的联系;大型项目的引入带来了新的商业商务发展契机
深圳福田中心区 	1990 年代选址福田建设城市中心区;到 2000 年代中期,福田中心区也形成了围绕中央绿地,以福田中心区西侧商务金融区为主核,北侧市民中心为行政亚核,南侧会展中心亚核的扇形圈核结构中心区;沿金田路形成了新的商务办公硬核,与原有硬核连绵,形成了轴核结构中心区	自然地形限制;大型专有用地限制;城市交通干道隔断	在城市政策扶持导向下,轨道交通两条线相继通车;商务金融产业规模效应;大型基础公共服务设施建设
深圳罗湖中心区 	贸易口岸与深圳站建设带来了罗湖地段中心区商业商务及金融业的繁荣,也在此形成了以东门为主核,国贸与信兴广场为亚核的圈核结构中心区;公共服务设施聚集在深南大道两侧,距离较近的罗湖中心区与华强北中心区逐步连绵到一起	自然地形限制和大型专有用地限制	华强北地段产业升级和功能演替,使工业区发展为城市中心区;轨道交通的建设,使深南大道的城市轴线功能进一步加强,其道路可达优势也进一步提升
首尔德黑兰路中心区 	以筹备 1988 年汉城奥运会为契机,韩国对江南地区进行大规模开发,使江南地区从农田一跃成为韩国最繁华的商业区,公共服务设施聚集于交通可达性好的地段,轴向连绵为网络轴核中心区	"大街区"路网限制	德黑兰中心区的快速发展主要归因于国家政策扶持,丰富的用地资源以及城市基础公共服务设施的集中建设;土地价值整体高昂

续表 2.9

轴核中心区形态	中心区形成特征	影响轴核中心区发展的因素	
		限制性因素	促进性因素
首尔江北中心区	首尔江北地区是近代李氏朝鲜的皇城所在地，并于南大门地区形成了米市等商业区域。中心区规模扩张，相近中心区合并形成轴核结构中心区	自然地形限制；历史文化保护限制；土地资源紧缺	市民心理认知惯性，朝鲜战争后的人口激增和围绕首都的交通建设引起了江北中心区的快速崛起；在奥运会的带动下，首尔地铁建设大大加强了江北中心区与周边的交通辐射能力；建设景观水系，大幅改善了沿线中心区景观风貌
吉隆坡迈瑞那中心区	吉隆坡火车站成为最初公共服务设施发展的聚集地，由于采矿招募了大量华人，华人在巴克生河附近聚集居住，逐渐形成了沿亚答古晋街硬核，与吉隆坡火车站硬核一起构成了线性圈核结构。中心区内新硬核产生与原有硬核一起构成轴核中心区	自然地形地貌限制，人口规模限制	马来西亚解放后，人口聚集以及政治经济的需求促使吉隆坡发展，大量标志性建筑物的建设提升了中心区形象；广阔的经济腹地与二线城市群为中心区商业商务发展提供了支撑；大面积绿化及公园提升了中心区原价值洼地地段的土地价值
南京新街口中心区	南京于民国首都计划时期的道路建设确定了以新街口地区为核心的城市空间结构。沿中山路鼓楼亚核的发展与城市中心区规模扩张将原有湖南路中心区吞并进来	自然地形限制；历史街区限制；大型专用地限制	大运量交通设施建设；人口规模扩张；城市空间价值提升；标志性建筑建设

续表 2.9

轴核中心区形态	中心区形成特征	影响轴核中心区发展的因素	
		限制性因素	促进性因素
新德里康诺特广场中心区 	新德里中心区由英国设计师埃德温·勒琴斯设计,规划确定城市核心区位——康诺特广场为城市商业中心,总统府地段为城市行政中心。公共服务设施聚集在交通可达性高的道路周边,将两个功能不同的中心区联系到一起	历史文化保护高度限制	政府政策扶持;城市人口规模扩张;服务产业规模效应

数据来源:作者整理

　　根据上文可知,中心区的结构升级过程本身包含了向外拓展和内部充实两种发展过程。在中心区从圈核向轴核扩展的这一特殊阶段,可以将这两种发展过程描述为:对外拓展活动,即通过自身扩展合并临近其他中心区使其成为自身的硬核的一部分,并完成中心区的结构升级;内生发展活动,通过中心区原有亚核的扩张升级成为与原有主核等级相近的硬核,打破原有的等级结构,完成中心区的结构升级。中心区内这两种发展类型同时存在,在此消彼长的波动过程中,形成中心区的结构升级历程。

　　通过对上述 20 个典型轴核结构中心区的逐一解析,可以发现每个中心区在外拓和内生的复杂空间形态表象背后都不同程度受到若干因素的影响,并在这些因素的推动下突破圈核结构中心区的框架,形成了轴核结构的城市中心区形态。根据轴核中心区的发展过程,将上述因素进行归纳总结,可将轴核中心区的影响因素分为空间因素、经济因素和社会因素三类。

　　空间因素:城市轴核中心区结构的升级,不管是受到外来因素的影响形成外拓式发展,还是受到自身发展进程的影响形成内生式发展,本质上都受到空间要素的影响。轴核结构中心区的升级空间上是硬核之间改变孤立形成空间联系并整体化的过程。这一过程本质上是中心区内外地段的空间劣势转化为空间优势的结果。在这一阶段,空间要素的作用主要体现在两个方面:首先,空间优势要素使中心区外部某些区位升级,这些空间优势要素包括大运量交通设施节约出行时间成本、滨水岸线资源及优质空间吸引力、国际交通枢纽支撑、丰富的土地资源、大型公共服务设施建设、高交通可达性、空间增值效应等,这些因素不仅加强了中心区整体地位的提升,而且加强了中心区周边劣势地段地位的提升;其次是对空间发展起限制的因素,主要有交通输配能力瓶颈制约、水系山体地貌制约、大型专有用地的割裂以及紧缺土地资源的限制等,这些影响因素限定了轴核中心区的空间发展边界,限制了城市中心区的空间规模扩张上限。在这两种要素的限制下,城市中心区在向外扩张,和内部的硬核相互连绵又相互转化,这些都是空间因素在轴核结构升级过程中的具体体现。

　　经济因素:不管是向外拓展还是内部充实,城市轴核中心区任何状态的改变,或多或少都受到了经济要素的考察,经济要素在轴核中心区结构升级过程中注重的是效益,主要体现在中心区职能的聚集经济之中。在轴核结构中心区形成的过程中,经济要素的作用主要体现在两个方面:首先是城市经济规模的扩张带来中心区经济规模的扩大或者产业类型的升级,如其对中心区影响因素中的国际贸易枢纽支撑、广阔的经济腹地与二线城市群促进,贸易口岸促进等,这种升级使得轴核中心区整体经济价值提升,促进了高端产业的入驻,加强了产业链的拓展,最终体现在中心区内部的聚集与外部的扩散之中;其次是中心区内部产业业态的吸引力和排斥力在硬核区域聚集过程中产生的外部效应,其对中心区的影响因素主要包括产业规模效应的促进或者限制,这类影响促进了轴核中心区内的产业聚集或者扩散,带来中心区的产业升级或者转型。以上这些都是经济要素在轴核结构升级过程中的具体体现。

社会因素:中心区的形成本身是社会活动的产物,轴核中心区结构的产生和发展同样与其中的人流、物流、能流和信息流的汇集与扩散息息相关,也深深地留下了社会活动的烙印。轴核结构中心区的升级在社会系统上是人力、财力、物力、资源等社会要素的重新整合与重新分配,本质上是社会要素向中心区继续集中时对中心区内潜在优势地段的提升。社会要素的影响主要体现在两个方面:首先是自上而下的社会资源分配,包括政府政策扶持或限制,大型节事的拉动,历史文化保护对建设高度、强度等限制,中心区的标志性形象的表达等,这些影响因素是强制性的社会导向和社会资源整合,对轴核中心区的空间结构、发展速度等都有较大的影响;其次是自下而上的社会文化表达和传承,包括历史遗迹或者现代人工建设物的割裂、市民心理认知惯性、历史肌理的影响、高密度人口聚集等,这些自下而上的影响因素通过人流或者其他媒介的汇集,同样影响轴核中心区的发展方向,硬核的连绵程度等空间发展特征,带来中心区的发展升级。

2.2.2 轴核结构中心区现状特征

轴核中心区作为一种特殊的中心区结构类型,反映了中心区发展的较高阶段,因而在硬核形态、阴影区形态、交通体系等方面都具有鲜明的特征,与其他类型的中心区形成了明显的差异。本节所选择的具有典型性的 20 个轴核结构中心区,囊括了从硬核形态、阴影区形态和交通体系等方面,对这些中心区进行分析,可以发现轴核结构中心区所共有的特征要素(表 2.10)。

表 2.10　轴核结构中心区现状特征①

中心区空间形态	阴影区形态	路网结构形态	轨道交通站点分布
北京朝阳中心区	2 404 ha		

① 注:表格内"阴影区形态"栏内深色街区为阴影区,浅色街区为中心区内其他街区;表格内"路网结构形态"栏内线型最宽为主干道,其他道路线型较细;表格内"轨道交通站点分布"栏内圆形黑色点为轨道交通站点在中心区内的空间分布位置,片状深色街区为中心区内硬核,浅色街区为中心区内其他街区。

续表 2.10

中心区空间形态	阴影区形态	路网结构形态	轨道交通站点分布

北京西单中心区　　1 146 ha

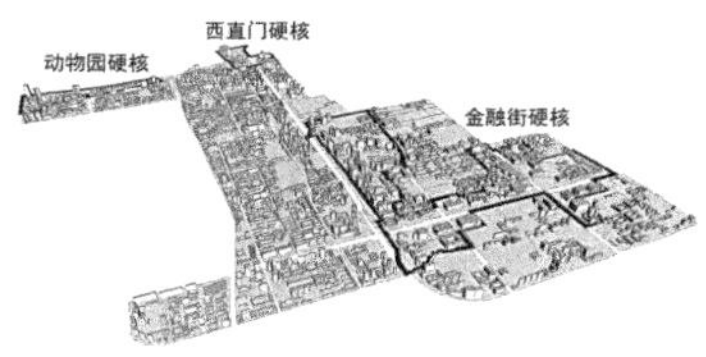

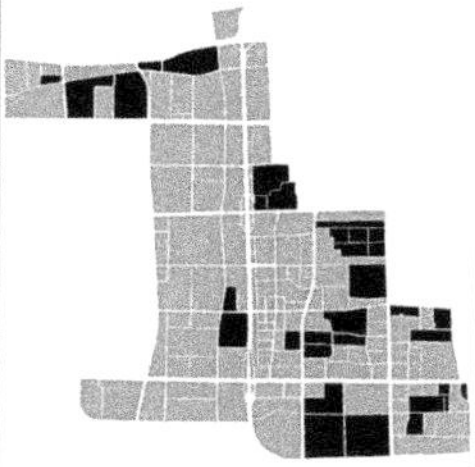

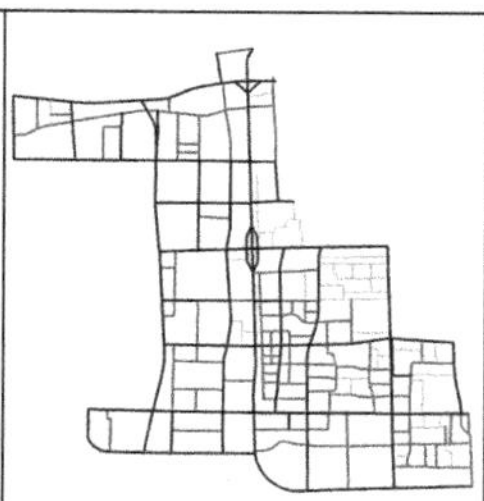

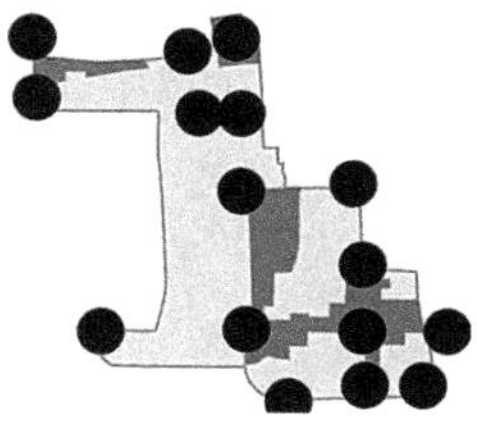

曼谷暹罗中心区　　894 ha

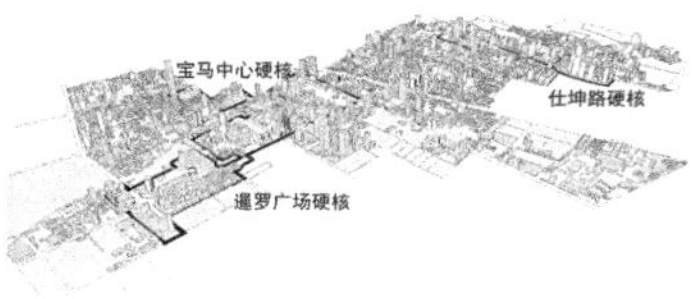

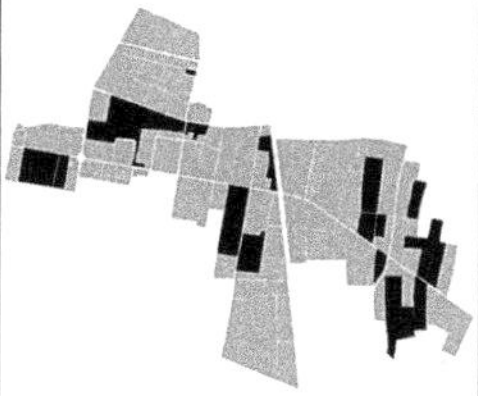

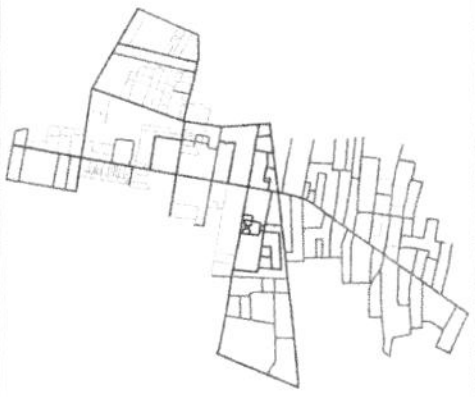

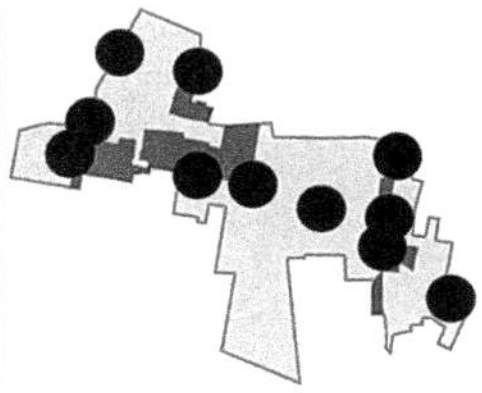

曼谷仕龙中心区　　527 ha

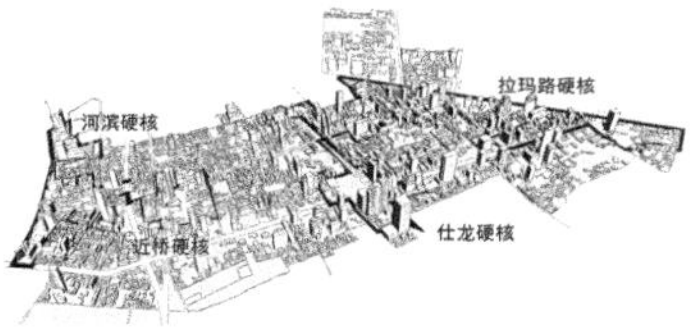

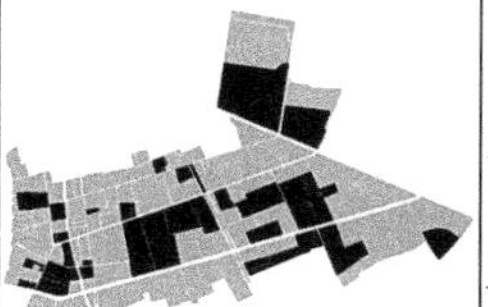

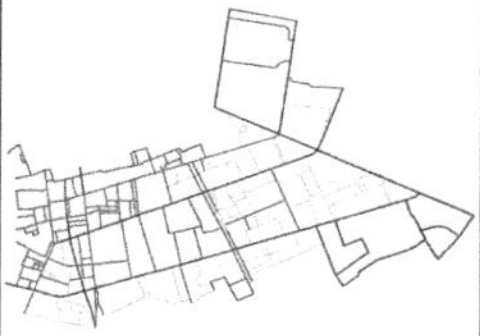

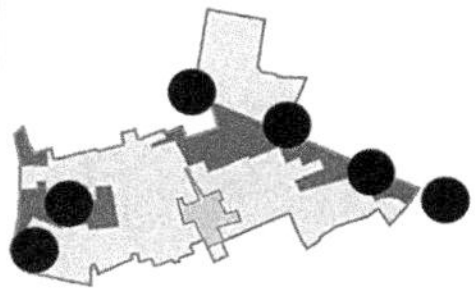

成都春熙路中心区　　731 ha

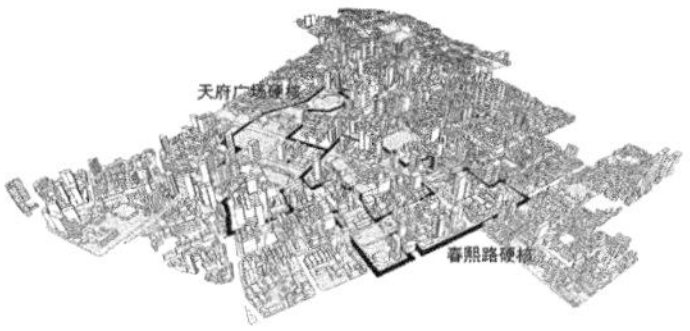

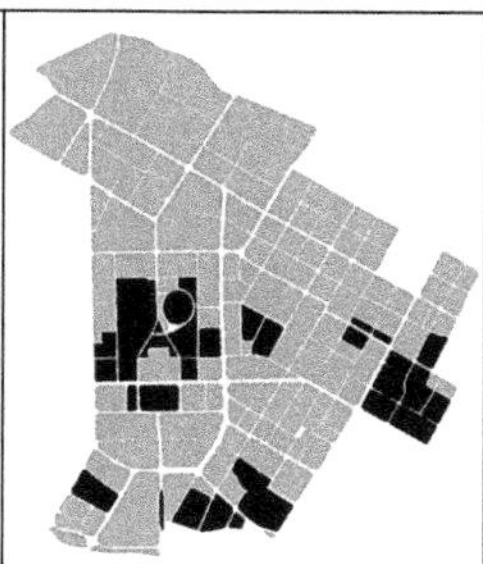

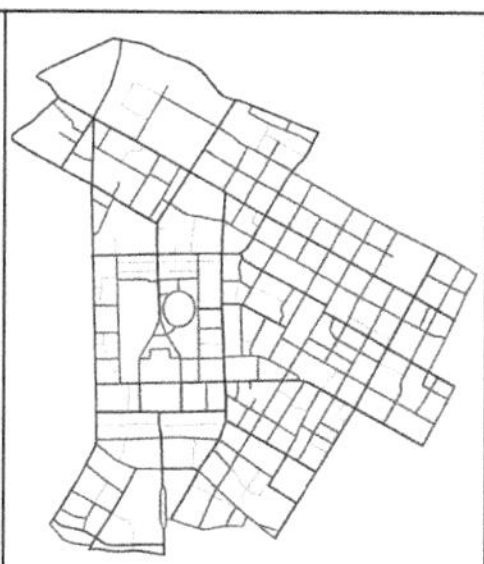

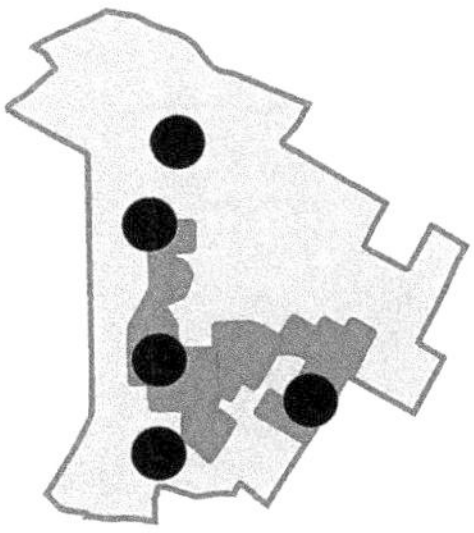

迪拜扎耶德大道中心区　　2 196 ha

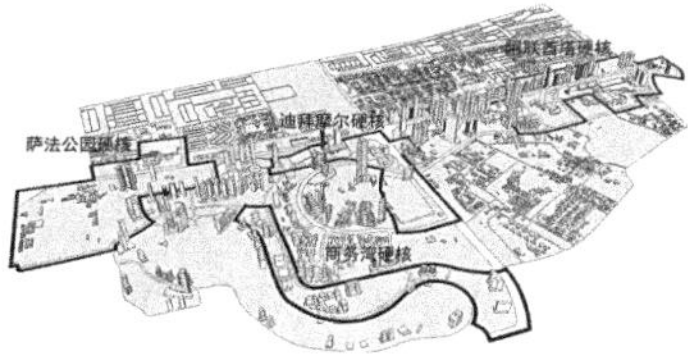

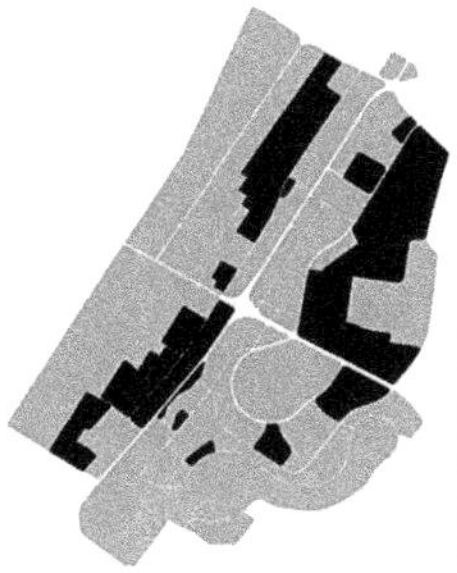

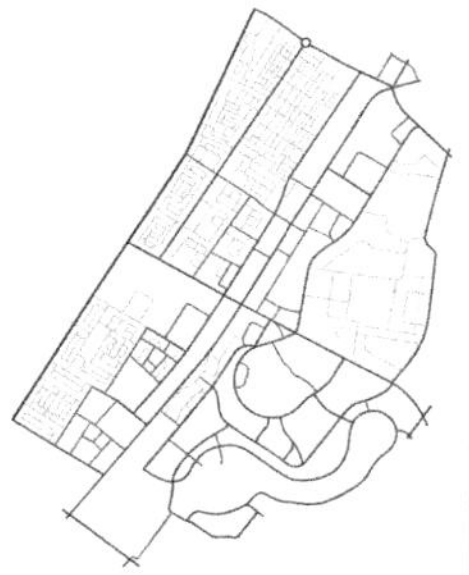

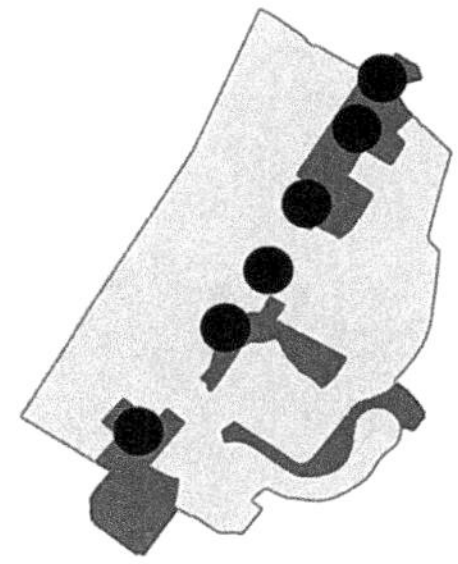

续表 2.10

中心区空间形态	阴影区形态	路网结构形态	轨道交通站点分布
迪拜迪拜湾中心区　1 039 ha			
大连中山路中心区　939 ha			
香港油尖旺中心区　424 ha			
香港港岛中心区　610 ha			
上海陆家嘴中心区　1 111 ha			

续表 2.10

中心区空间形态	阴影区形态	路网结构形态	轨道交通站点分布

上海人民广场中心区　　1 465 ha

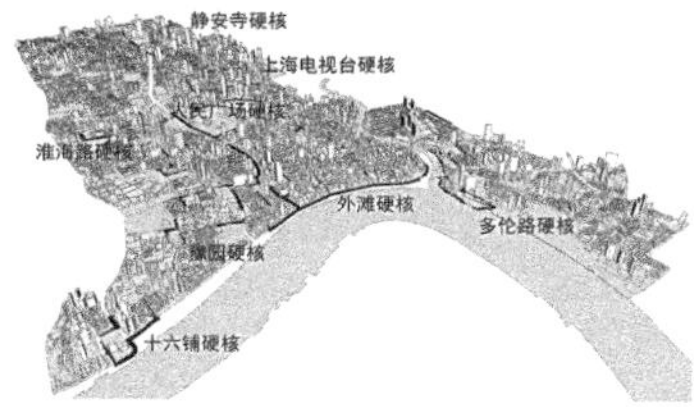

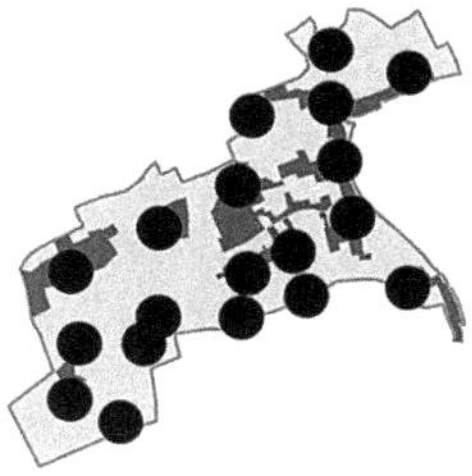

新加坡海湾—乌节中心区　　1 716 ha

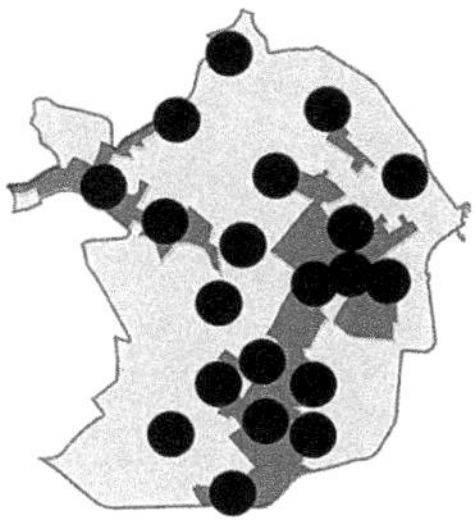

深圳罗湖中心区　　794 ha

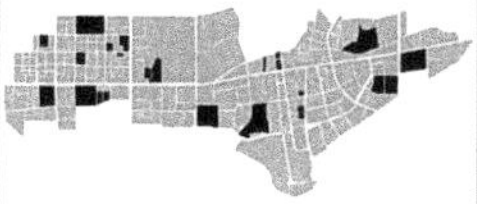

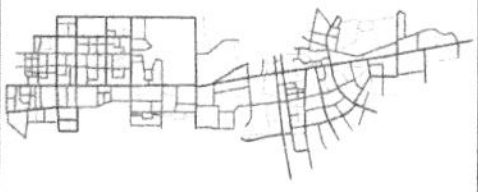

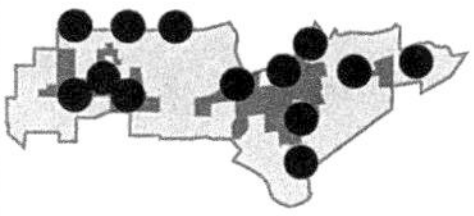

深圳福田中心区　　696 ha

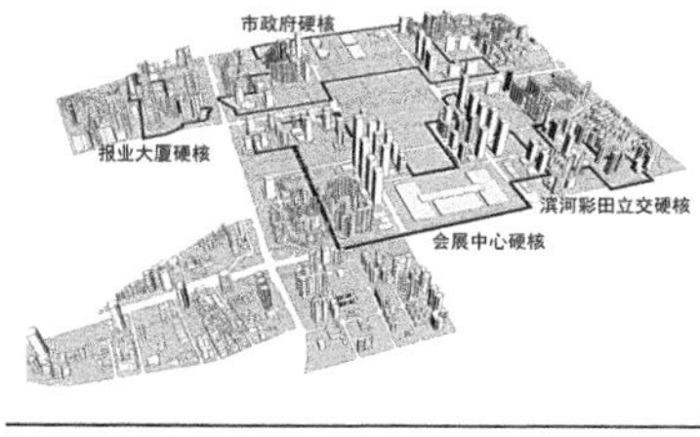

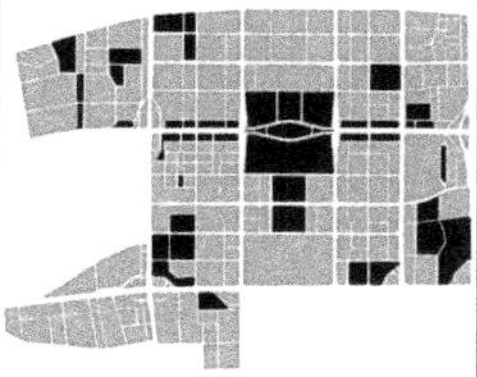

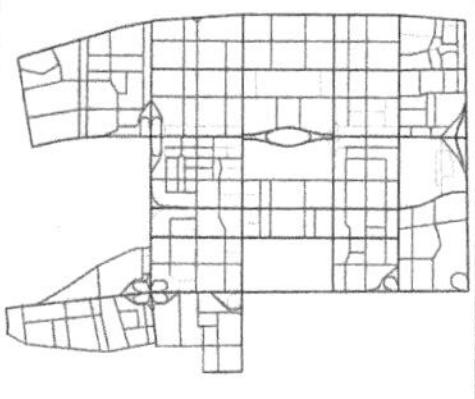

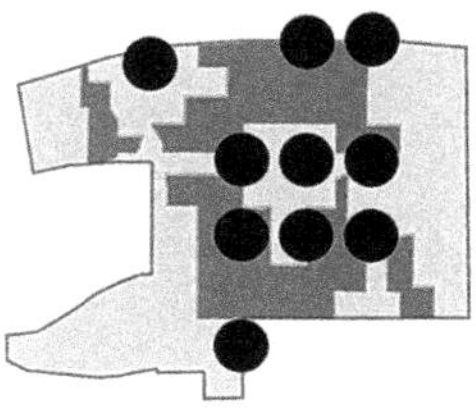

首尔德黑兰路中心区　　1 189 ha

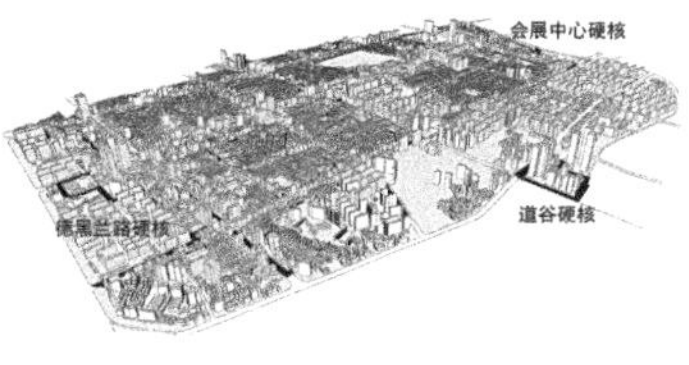

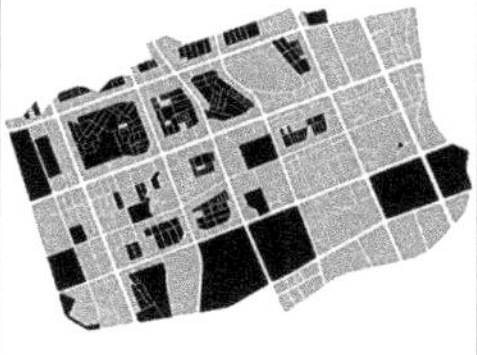

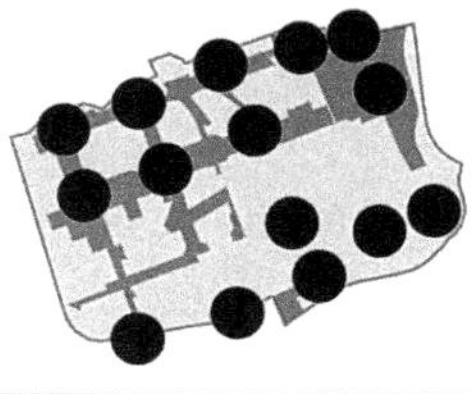

续表 2.10

中心区空间形态	阴影区形态	路网结构形态	轨道交通站点分布
首尔江北中心区		1 434 ha	
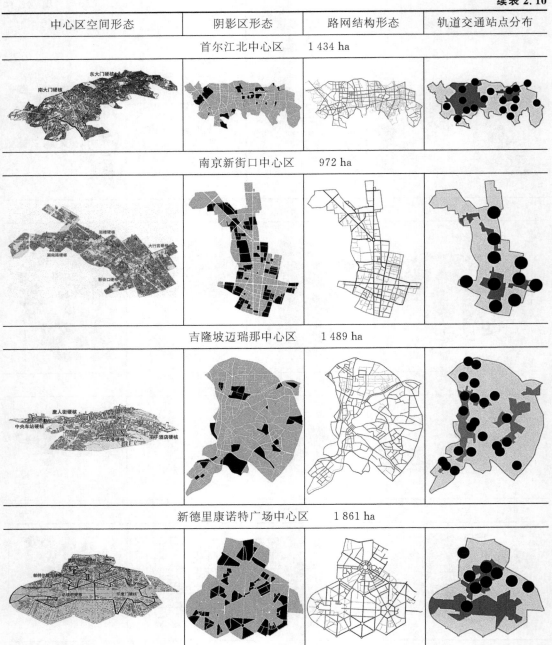			
南京新街口中心区		972 ha	
吉隆坡迈瑞那中心区		1 489 ha	
新德里康诺特广场中心区		1 861 ha	

数据来源:工作室调研成果

　　轴核结构中心区是城市中心区的高级发展阶段,区别于已有的单核结构中心区与圈核结构中心区,其结构要素也发生了根本性的变化,主要体现在以下三个方面:

　　(1) 硬核连绵发展

　　硬核的连绵发展是中心区轴核结构的显著特征之一。在轴核结构中心区内,连绵发展有两种形态:一种是指中心区内所有硬核完全连绵为一个整体,形成整体连绵形态;另一种是指部分硬核沿着主要交通廊道连绵在一起,形成一个整体,而部分硬核则通过主要交通廊道与其他硬核相联系却并不相连,形成跳跃式的发展,也可以称之为局部连绵形态。且硬核之间由于等级及发展屏障消失,呈现出硬核等级扁平化的状态,并从形态上和功能上难以进行有效的区分。硬核连绵发展往往规模及尺度较大,并依托几条重要的交通廊道;同时硬核内各主要职能形成相对集中的分布区域,但从硬核整体来看表现出功能的混合化发展状态,此外,商业、商务以及金融、旅馆等成为硬核内部的主要职能。受中心区发展格局的限制,轴核结构中心区的硬核也有不同的形态格局。轴核结构的硬核由于依托发展轴线,整体呈现出沿轴连绵的形态特征,并在此基础上形成依托单轴发展的形态以及依托多轴发展的形态。

(2) 阴影区消解重生

随着中心区的发展,中心区内部发展水平整体提高,中心区内硬核的扩张,使原圈核结构内的阴影区形态被逐渐打破。而随着硬核的逐步连绵,原阴影区内交通可达性较好的地段在市场经济的作用下,部分非公共服务设施被商业、商务等公共服务设施所替代,成为硬核的一部分。此外,中心区的发展是一个动态的过程,随着中心区土地价值的不断增值,后建设的商业、商务设施土地价值更高,为了减少土地价值增高带来的单位面积经济效益的递减,更新后的阴影区反而会成为硬核中新的高强度开发区,拥有较高的公共服务设施指数。正是这一过程中阴影区内原有的非公共服务设施被强度高的公共服务设施所替代,原圈核结构内分离的硬核才逐渐连绵起来,这一过程也可以看作是阴影区的消解现象。此外,由于亚洲特大城市的轴核结构中心区存在发展速度较快的特征,因此在轴核结构中心区的硬核外围地区,仍然有集中的阴影区及阴影组团存在,这些阴影区多为中心区快速增长所覆盖范围内相对较难更新的老旧区域。

圈核结构中心区向着轴核结构中心区的发展过程,是原有靠近主要干道的可达性较好的阴影区地段在市场经济作用下为硬核的连绵腾挪出宝贵的发展空间的过程,也是非阴影区逐步阴影化的过程,这是中心区轴核结构的重要现象。这一过程中,公共服务设施在硬核强集聚作用的基础上,产生了较强的分散作用,硬核周边优势地段大量聚集公共服务设施,促进了中心区整体公共服务水平提升,而劣势地段的公共服务设施逐步析出,新的阴影区形成,出现"破碎—消解—重生"现象。

(3) 轨道-道路交通体系

轴核结构中心区的建设规模高度集聚,致使人口及交通高强度集聚,形成了巨大的交通输配需求,由此带来的巨大交通量是传统道路交通输配体系所无法解决的。因此,轴核结构中心区出现了明显的交通输配体系逐步由路面交通向大运量交通与道路交通混合发展的趋势。在地面交通的基础上,中心区内城市结构性主干路多采用增加道路网密度的方式,解决中心区的快速集散问题,并根据不同的交通性质将交通进行分流,减缓地面交通压力;同时,大力发展轨道交通,依托轨道交通快速、便捷、安全、准点、大运量的特点,构建轴核结构中心区的轨道-道路输配体系。几乎所有的轴核中心区均在轨道交通建成后发展起来,可以说,轨道交通的发展解决了中心区继续集聚发展的交通瓶颈,并对中心区的持续发展起到了强有力的带动作用。就轴核结构中心区来看,虽然部分中心区轨道交通发展仍处于初步阶段,但是依然承担了主要的人流集散功能,这也是轴核结构中心区交通输配体系的重要组成部分。轨道-道路共轴交通体系是主要的发展趋势,其中,主干道与轨道交通共同构成的重要交通廊道已成为轴核结构中心区交通输配体系的主要支撑结构，部分也成为轴核结构中心区的主要轴线，并主导中心区的结构形态发展框架。

2.3 轴核结构中心区发展指标

轴核中心区内部存在不同的发展阶段，在中心区刚进入轴核结构时期，发育程度相对较低，硬核规模较小，硬核连绵度较低；而中心区经过一段时期的发育进入轴核结构的高级阶段，随着硬核规模扩大出现明显的硬核连绵发育特征。中心区轴核结构是一个体系化发展模式，在对中心区进行调研的过程中发现，轴核结构的发育成熟程度是影响轴核结构的关键。中心区结构总体而言包括硬核组成的硬核体系、硬核间发育滞后的阴影区以及连接硬核的交通输配廊道等要素，对于轴核中心区而言，比较硬核、阴影区和输配体系的发展特征可以较好地反映不同中心区的发育程度差异。因此，本节从轴核结构中心区典型案例着手，分别选择硬核规模、等级结构、聚集程度、交通连通程度等指标作为反映中心区发展水平的评价指标，对各个中心区进行评价分析，揭示轴核结构发展的特征规律，进而优化提升中心区发育水平。

2.3.1 硬核规模指标

硬核是轴核中心区的重要特征，因此硬核空间规模是反映轴核中心区发展的重要指标。通常来说，较大空间规模的硬核往往发育程度较高。本节对典型轴核结构中心区的总用地面积和总建筑面积进行分析，数据如表 2.11 所示。

表 2.11 轴核结构中心区硬核用地面积与建筑面积

中心区名称	硬核总用地面积(ha)	硬核总建筑面积(万 m²)	中心区名称	硬核总用地面积(ha)	硬核总建筑面积(万 m²)
香港港岛	184	1 388	南京新街口	187	619
新加坡海湾—乌节	422	1 225	北京西单	262	566
北京朝阳	454	1 229	大连中山路	219	561
上海人民广场	450	1 169	深圳福田	180	556
首尔德黑兰路	366	1 078	香港油尖旺	124	544
首尔江北	465	890	迪拜扎耶德大道	470	507
上海陆家嘴	502	885	曼谷暹罗	162	453
吉隆坡迈瑞那	279	659	新德里康诺特广场	650	420
深圳罗湖	251	643	成都春熙路	103	278
曼谷仕龙	155	633	迪拜迪拜湾	321	254

资料来源：工作室调研成果

从表格中数据可以看出以下两点规律：

一是大部分城市中心区内硬核的建筑规模比用地规模更能反映轴核结构的发育程度。

从案例中心区来看,香港港岛中心区硬核的建筑规模较大,在案例中心区中排行首位,硬核连绵程度高,处于轴核结构中心区中发育程度较高的阶段,但是其硬核用地面积较低,在案例中心区中排在中下游位置。这也说明了在中心区硬核当中,开发强度具有明显的差别,香港港岛中心区、新加坡海湾—乌节中心区等用地资源相对紧缺的城市中心区,与其他中心区相比,在空间载体方面具有明显的高强度开发特征。此外,不同的中心区侧重的产业类型所对应的空间形态特征不完全相同,高强度开发特征可以从一个侧面反映出该中心区内部侧重商务办公、金融保险等高端服务产业的发展。

二是从整体上说,从单核结构到圈核结构再到轴核结构,中心区的发育程度与中心区的硬核建筑规模大小一直保持较强的相关特征。硬核的建筑规模越大,反映该中心区内的公共服务设施规模越大,即该中心区的公共服务设施的聚集能力越强。当然在一定的特殊情况下,硬核规模也会出现一定的波动,但不会影响到其整体的发展趋势。但由于城市自然及人文因素的影响,大部分轴核结构中心区的硬核建筑规模总量集中于 300 万平方米到600 万平方米之间。其规模总量一旦高于 800 万平方米,公共服务设施的聚集由于其"正效应"的影响,聚集能力越来越强,其硬核规模之间的差距逐步增大(图 2.11)。

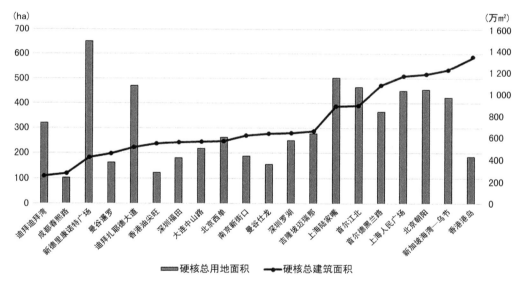

图 2.11　轴核结构中心区硬核规模
资料来源:作者自绘

2.3.2　硬核等级指标

在圈核结构发展为轴核结构的过程中,需要经历"轴亚核发育—主亚核结构消解"的过程来突破硬核体系的等级化,形成每个硬核职能更为综合、规模更为均质的硬核体系。而在轴核结构中心区往更高等级中心区发展的过程中,由于公共服务设施沿主要交通廊道不断聚集,原有的相对均质的硬核体系逐步瓦解,部分新的优势地段的硬核逐步连接在一起,形成了新的大硬核。在这一发展阶段中,部分处于劣势地段而与大硬核脱离的硬核由于中心区优势不断溢出,也将逐步与大硬核连绵发展,最终形成完全连绵的中心区。由圈核结构的初级阶段发展为轴核结构的高级阶段的过程是一个螺旋上升的过程,在这一过程中硬核系统的等级结构出现了一个先下降再上升的过程,其中中心区在等级结构的最低点进入轴核结构,而在轴核结构中等级结构又逐步上升,因此中心区硬核系统的等级特征成为反映轴核中心区发育程度的重要指标。所以,选择中心度作为衡量其结构发育成熟的指标之一。

中心度又称中心性(centrality),一个地点的中心度可以理解为该地点对围绕它周围地区的相对意义的总和[72]。简单地说,即该地点所发挥的辐射周边地区能力的强弱。将其运用到公共服务设施聚集核心——硬核上面,即为该硬核所起的中心服务职能作用的大小。衡量中心度较为简易的方法,即对其空间建设规模在整个硬核体系内部所占比重加以衡量,所占比重越大则其中心度越高。首位硬核在硬核体系内部发挥着重要的"龙头"作用,不论是在用地规模还是建设规模方面均处于领先地位。因此,本小节主要通过对各中心区内部首位硬核空间规模中心度的分析比较,试图探索其中规律。故而所谓首位硬核空间规模中心度,即为首位空间规模与中心区内硬核体系整体空间规模的比值(公式 2-1)。

$$硬核等级中心度 = \frac{首位硬核空间规模\ P_1}{硬核体系整体空间规模\ P_2} \qquad (公式\ 2\text{-}1)$$

表 2.12 典型轴核结构中心区硬核等级中心区

中心区	最大硬核建筑规模（万 m²）	建筑规模中心度	最大硬核用地（ha）	用地规模中心度
北京朝阳	471	0.35	198	0.44
北京西单	462	0.82	205	0.78
成都春熙路	185	0.67	53	0.52
大连中山路	383	0.68	132	0.60
迪拜迪拜湾	112	0.44	135	0.42
迪拜扎耶德大道	315	0.62	165	0.35
吉隆坡迈瑞那	377	0.57	138	0.50
曼谷仕龙	386	0.61	84	0.54
曼谷暹罗	243	0.54	110	0.68
南京新街口	327	0.53	89	0.47
上海陆家嘴	441	0.50	151	0.30
上海人民广场	404	0.35	132	0.29
深圳福田	323	0.50	111	0.44
深圳罗湖	333	0.60	103	0.57
首尔德黑兰路	788	0.73	250	0.68
首尔江北	792	0.89	372	0.80
香港港岛	1261	0.91	167	0.91
香港油尖旺	326	0.60	78	0.63
新德里康诺特广场	175	0.42	234	0.36
新加坡海湾—乌节	952	0.78	318	0.75

数据来源：作者计算

从表2.12中的数据可以看出以下两点规律：

一是大部分城市中心区内硬核的建筑规模中心度均比用地规模中心度大,这也说明了与其他硬核相比,在空间载体方面首位硬核具有明显的高强度开发特征。不同的产业类型所对应的空间形态特征不完全相同,如传统商业强调的是低密度开发、传统风貌的保持;会议展览产业强调的则是建筑内部大空间、大跨度;商务办公、金融保险等高端服务产业强调的则是高强度、纵向发展。首位硬核的高强度开发特征可以从一个侧面反映出中心区内部商务办公、金融保险等高端服务产业的集聚程度明显高于其他硬核。该结论也可以通过市场经济条件下服务产业空间区位选择的结果得到论证,虽说首位硬核内部由于产业过度竞争而导致集聚"负效应"的出现,但是其作为中心区内部规模最大、配套设施最完善的硬核也为高端服务产业的发展提供了更优越的平台。由于商务办公、金融保险等高端服务产业以其强大的盈利能力为依托,使得其能够逐渐占据城市中良好的区位而在首位硬核内部进行空间集聚,从而导致建筑规模中心度的升高(图2.12)。

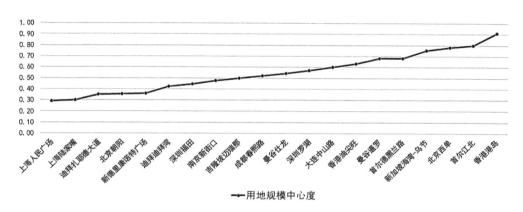

图 2.12　轴核结构中心区硬核规模中心度
资料来源:作者自绘

二是整体上来说,在单核结构阶段,中心区硬核体系中心度保持稳定,从圈核结构初期发展到轴核结构阶段,中心区的硬核体系中心度呈现出逐步下降到保持稳定的状态;而从轴核结构初期发展至轴核结构的成熟阶段,中心区硬核体系中心度呈现出逐渐上升然后保持相对稳定的总体趋势。随着服务产业的分离与再集聚,硬核之间的连绵使得首位主中心的中心度出现了明显的上升,各个硬核之间连绵的速度越快,首位硬核的中心度上升越明显。由于首位硬核发展后期受到集聚"正效应"的影响,势必会对其空间规模拓展速率产生积极影响,从而导致了中心度的持续上升。当然在一些特殊情况下,硬核体系中心度同样会出现一定程度的反弹与波动,如政府主导下的中心区大规模建设等,但不会影响到等级体系中心度逐渐上升的总体发展趋势。由于城市规模、经济总量等条件的限制,不同中心区硬核等级体系中心度的上升过程会遇到不同的瓶颈制约,但硬核等级化发展使得其能够承载众多高端服务职能,发挥硬核体系发展"引擎"的核心作用,因此轴核结构中心度的上升一直保持一个稳定的趋势。

2.3.3　硬核聚集指标

在轴核中心区轴核结构升级的过程中,硬核形态的连绵是其重要特征,因而可以用硬核的连绵度作为反映硬核聚集和结构发育的重要指标。

在轴核结构中心区的硬核体系中硬核数量较多,且单个硬核的规模相较于圈核结构的中心区都较大,在中心区的土地利用上,部分轴核结构中心区的硬核已粘连在一起共同形成一个新的复合型大硬核,使公共服务设施用地聚集强度得到提升。轴核结构中心区的硬核之间的空间距离突破了圈核结构模式的距离门槛限制,中心区整体上呈现出硬核连绵的特征。

硬核连绵度指数[73]指的是相互粘连的硬核用地面积在轴核连绵结构中心区硬核总用地面积中所占的比值,其反映了硬核在土地利用上的集中连绵性程度。高度的用地连绵是轴核结构中心区的高级形态与发展方向,在连绵度指数较高的几个硬核组合而成的复合型大硬核之内各服务职能在空间上融合互动,使硬核内的产业链得以完善,同时也促进了中心区内的"职住分离"。硬核数量较多但连绵度指数较低的轴核结构中心区硬核体系不稳定,新增的公共服务设施在各硬核之间的选址布局随机性大(公式 2-2)。

轴核连绵结构中心区硬核连绵度指数计算公式[①]:

$$d = \frac{\sum_{i=1}^{n} m_i}{M}$$　　　　（公式 2-2）

d——连绵度指数;m_i——粘连在一起的硬核中第 i 个硬核的用地面积;
n——粘连在一起的硬核数量;M——中心区硬核总用地面积。

表 2.13　轴核结构中心区硬核连绵度指数

中心区	连绵度指数	中心区	连绵度指数
成都春熙路	100.00%	上海人民广场	70.51%
新德里康诺特广场	100.00%	曼谷仕龙	68.80%
北京朝阳	98.44%	曼谷暹罗	68.00%
首尔德黑兰路	97.40%	香港油尖旺	63.40%
香港港岛	90.80%	大连中山路	60.20%
首尔江北	80.00%	深圳罗湖	56.90%
北京西单	78.20%	吉隆坡迈瑞那	49.70%
新加坡海湾—乌节	75.30%	南京新街口	47.34%
迪拜迪拜湾	71.65%	深圳福田	40.90%
上海陆家嘴	71.31%	迪拜扎耶德大道	35.16%

数据来源:作者计算

---

①　注:在中心区内各硬核之间的边界都不粘连时,以用地规模最大的硬核作为计算公式中的分子。

从表2.13中的数据可以看出以下规律:典型轴核结构中心区硬核用地连绵度之间相差较大,成都春熙路中心区和新德里康诺特广场中心区的硬核用地连绵度指数为100%,已经出现了硬核全部连绵在一起的现象;而部分中心区的硬核用地连绵度指数较低,50%以下的指数要低于部分圈核结构中心区主核用地在硬核总用地面积所占的比值。出现这一情况主要有两个原因:一是中心区内的自然地理特征。部分中心区内高低起伏的自然地形使硬核之间难以连绵。二是中心区的发展特征。在轴核结构的初级阶段,某几个原先的亚核规模扩大但在空间上仍未和其他硬核相粘连,这种情况下原先用地规模最大的硬核在比值上有所下降。

结合轴核结构中心区的典型案例,不难发现以下几点能促进硬核连绵的特征:

一是明确的发展轴线。即硬核沿某一条轴线性较强的交通输配轴发展布局,公共服务设施在选址布局上有所侧重,在硬核与硬核之间散布了较多的公共服务设施,在中心区进入轴核连绵结构模式的过程中,硬核的规模快速扩张,硬核之间的地段原先就有公共服务设施分布,在空间集聚上具有一定的基础,这部分用地快速地融入硬核范围之内,使若干个硬核在空间上得以连绵。

硬核用地连绵度指数较高的上海陆家嘴和香港港岛(图2.13)两个中心区内都拥有较为明确的发展轴线,上海陆家嘴中心区内的五个硬核沿世纪大道线型展开。尤其是轴核结构中心区出现沿发展轴线的轨道交通廊道,会有利于硬核用地连绵度的提升。轴核结构中心区往往用地规模较大,硬核之间的距离已经突破了圈核结构模式中的步行距离门槛,在这种情况下需要有地铁等轨道交通对中心区内的出行进行交通上的支撑,轨道交通站点作为公共服务设施聚集的触媒点,使中心区内的硬核得以依托其选址发展。一般而言,中心区硬核内轨道交通站点设置较为密集,空间距离大多在500~1 000米之内,如此密集布局的交通站点使得依托站点发展的硬核在规模扩张之后容易在空间上形成连绵。在轨道交通的支撑下,站点周围的地区改造建设意愿大,对于硬核之间的阴影区消解有良好的作用。

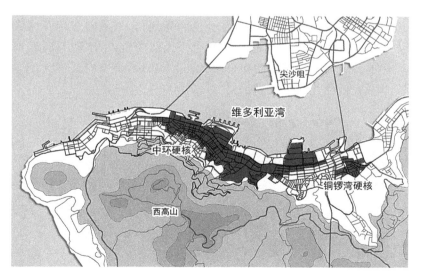

图2.13　香港港岛中心区景观面与硬核布局
图片来源:杨俊宴工作室绘制

　　二是大型的景观面。在同等交通条件下，公共服务设施在中心区内选址时倾向于布置在景观最好的地段。当中心区濒临水体、大型绿地较近且可建设用地较多时，硬核趋向于沿大型景观周边布局，在硬核规模扩张之后相互粘连在一起。这种模式的中心区拥有良好的景观环境，连绵在一起的硬核容易形成高低起伏的优美天际轮廓线。香港港岛中心区濒临维多利亚湾布置，其中中环硬核沿水岸线型展开，与其后面的山体共同组成高低起伏优美的城市天际轮廓线(图2.14)。新加坡海湾—乌节中心区内的海湾硬核、迪拜迪拜湾中心区的硬核以及深圳福田中心区的硬核均沿大型景观展开，可见优良景观面促进了硬核在用地上的连绵发展。

图2.14　香港港岛中心区天际轮廓线
图片来源：作者绘制

　　三是多个空间距离接近的标志物。中心区内的标志物有历史建筑、雕塑、景观道等，往往具有较高的心理认知度。轴核结构中心区是区域中心城市，其中心区内的标志物在区域范围内都有较高的认知度，公共服务设施围绕其布局，能够提高公共服务设施的辨识度。当中心区内有多个标志物且在空间距离上相距较近时，围绕其发展的公共服务设施易在空间上出现连绵现象，粘连形成一个大型硬核。如首尔江北中心区拥有南大门和东大门两个硬核(图2.15)，其中南大门硬核具有悠久的发展历史，用地功能完善、产业链丰富、空间形式多样，成为中心区内最主要的硬核，其用地连绵度数值超过80%。围绕南大门硬核具有众多的城市历史地标，硬核北侧为韩国历史上的行政核心景福宫，硬核南侧为重要历史建筑、韩国的第一号国宝南大门。与中国北京故宫前的前门大街形制相似，景福宫向南有直通南大门的轴线型道路——世宗大道，由于景福宫与南大门这两个城市节点在空间距离上较近，通过城市用地的逐步拓展，形成以世宗大道为骨架，自景福宫连绵至南大门的复合型硬核结构(图2.16)。其中，硬核结构的核心为世宗大道中央的光华门广场，作为硬核内的聚集核心，其周边围绕着多个政府部门和公司、银行总部；围绕南侧的南大门建筑则形成了南大门市场，吸引了大量传统商业聚集。

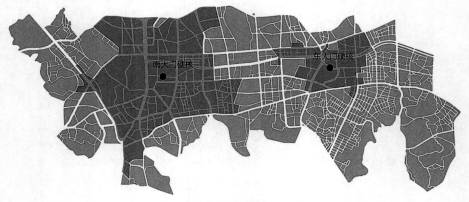

图2.15　首尔江北中心区标志性聚集核心
图片来源：杨俊宴工作室绘制

图 2.16 南大门硬核内世宗大道和南大门
图片来源:杨俊宴工作室拍摄

此外,也有要素阻碍了轴核结构硬核之间的连绵:

首先是"大街区"模式的用地结构。大型街区是阻碍轴核结构内硬核连绵的主要原因之一,公共设施往往需要沿交通条件最好的城市轴线周边布局,并容易形成连绵现象,但当沿轴两侧的街区尺度较大时,沿轴两侧街区的地块开发以沿道路表皮开发为主,内侧则难以得到开发。这是因为在公共服务设施用地对沿轴地区内用地进行替换时,相较于"大街区"内部的地块,公共服务设施更倾向于沿轴线两侧表层地块发展。但是,随着中心区整体价值的提升,"大街区"内部的土地价值升高,而其交通优势并没有随着土地价值的提升而升高,因此,随着硬核之间的连绵发展,"大街区"内部逐步成为硬核周边的"阴影区",并且如果不提升其可达优势,在今后的发展中将其消解也存在一定的难度。北京朝阳中心区是典型的"大街区"中心区,建外—建内大街是一条重要的发展轴线,但轴线两侧的街区尺度较大,公共服务设施沿路表皮布置,王府井硬核与国贸硬核彼此间并不连绵。

其次是自然地貌等因素的分隔。部分轴核结构中心区由于城市地貌地势等原因而使硬核间彼此不连绵,导致最大硬核用地占各硬核总用地面积比值下降,而在实际的空间体验中此类中心区的公共服务设施较为连续。这些地势地貌的主要类型为山体、大型绿地和水面等,此类中心区虽然硬核连绵度有所降低,但中心区内环境良好,且在空间感受上绿地两侧的硬核仍然连绵在一起。新加坡海湾—乌节中心区的海湾硬核和乌节硬核两者的公共服务设施较为连续,但这两个硬核彼此之间并不直接连绵在一起,两个硬核之间的街区布置了多个公园等大量的城市绿地,为中心区密集的商业商务空间提供了开敞空间。此外,迪拜迪拜湾中心区北岸和南岸硬核中迪拜河的阻碍、深圳福田中心区中大型绿地的阻碍,都对硬核的连绵产生了一定的消极作用。

2.3.4 中心区交通指标

在城市中心区圈核结构发展阶段,城市路网在交通输配方面发挥了重要的作用,但在城市中心区向轴核结构发展的阶段,轨道交通等大运量交通工具在交通输配中逐步起到了最为核心的作用。本节对既有轴核中心区的临街面长度①、道路荷载②、路网密度、平均街区大小③以及轨道交通站点密度进行测算，并与轴核结构中心区的现状发展特征进行比较，发现轨道交通站点密度这一指标在各个交通指标中最能反映轴核结构中心区的发育程度。

表 2.14　轴核结构中心区交通指标数据表 *

中心区名称	临街面长度 （km /km²）	道路荷载 （m² /km²）	路网密度 （km /km²）	平均街区 大小（ha）	轨道站点密度 （个 /km²）
北京朝阳	84.6	11.5	7.1	7.68	1.3
香港港岛	131.4	19.7	20.1	0.91	1.3
新加坡海湾—乌节	101.2	10.2	10.1	3.52	1.3
上海人民广场	87.1	11.2	11.4	2.57	1.4
吉隆坡迈瑞那	110.6	12.2	10.0	4.35	1.9
首尔德黑兰路	80.2	11.1	14.9	1.39	1.5
首尔江北	88.2	9.4	14.9	1.49	2.4
深圳罗湖	100.2	14.8	10.3	2.97	1.8
北京西单	82.6	8.6	8.4	5.54	1.6
曼谷暹罗	104.0	13.2	10.3	4.65	1.1
大连中山路	143.8	9.1	14.5	1.79	0.1
香港油尖旺	128.9	16.4	16.6	1.12	1.7
上海陆家嘴	78.5	9.1	7.5	6.37	0.9
深圳福田	114.0	9.8	13.3	2.19	1.6
曼谷仕龙	118.9	17.4	11.7	3.13	1.1
迪拜扎耶德大道	71.12	6.81	7.96	5.16	0.2
迪拜迪拜湾	76.62	7.49	9.93	4.04	0.8
成都春熙路	110.63	12.22	11.86	3.25	0.7
南京新街口	80.27	13.07	11.00	3.06	1.0
新德里康诺特广场	108.45	5.60	10.18	7.43	0.8

资料来源：杨俊宴工作室整理

从表 2.14 中的数据可以发现以下规律：

一是在中心区路网层面，各项指标与轴核中心区的发育程度关联主要反映在路网形态上，棋盘格路网主导下的中心区，如果道通覆盖率较高并且为正交棋盘格路网主导下的中心区，平均街区大小在 2 公顷左右，则路网的输配效率较高。香港港岛中心区是小街区密路

---

① 临街面长度是发挥城市中心区经济效益的重要指标。
② 道路荷载表达的是中心区道路的负荷量，反映了中心区的容积率和覆盖率。
③ 平均街区大小指的是中心区各街区面积之和/中心区总街区数。

网的典型中心区,这一类路网有利于公共服务设施的连绵发展;而中心区的路网形态呈现
出"大疏大密"布局结构时,交通输配效率较低。一般而言,有些中心区的路网基本上以两
种形式存在——稀疏、稠密。但是稀疏与稠密之间出现了大量的联结断层现象,路网密集
区交通压力容易向外部疏解,道路稀疏的地区所产生的交通压力则很难向稠密地区转移,
这就形成了两个极值。曼谷仕龙、曼谷暹罗以及吉隆坡迈瑞那都是路网稠密中心区,此类
中心区的公共服务设施集中于路网稠密处连绵发展;而低密度路网——大街区路网模式的
中心区可达性差,内部的交通流无法快速得到疏散,上海陆家嘴、北京朝阳、北京西单均为
这一类城市中心区。

　　二是在城市轨道交通层面,中心区内部的轨道站点密度与轴核中心区的发育程度关联
较为密切(图 2.17)。在圈核结构中心区阶段,几乎所有的圈核结构中心区内都没有轨道交
通线路及站点。而发育程度越高的轴核结构城市中心区,其轨道交通站点密度就越高,且
大部分轴核结构城市中心区内的轨道交通站点密度集中于 0.5～2 个/平方公里之间。这是
由于大运量的轨道交通设施提高了轨道站点周边的可达性,能够给中心区的人群提供快速
且高效的聚集特征,人群的聚集带来了公共服务设施的聚集,公共服务设施的聚集促使中
心区硬核规模的增加与中心区结构的改变,也促使轴核结构中心区的进一步发展与完善。

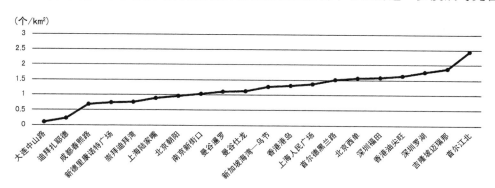

图 2.17　轴核结构中心区硬核轨道交通站点密度
资料来源:作者自绘

2.3.5　中心区发展指标综合评价分析

　　轴核结构中心区发展指标包括四个,分别是硬核规模指标、硬核等级指标、硬核聚集指
标、中心区交通指标等四项指标,对城市中心区分别从规模层面、等级层面、空间层面及交
通层面进行深入剖析。具体技术方法与计算如下:

　　中心区发展指标分别体现了轴核结构中心区的不同层面的发展程度,在单项分析的基
础上,将四项指标标准化,并用统计平均数法根据回收专家意见采用无权重叠加方式对中
心区发展指标进行综合比较分析,逐步对城市中心区的发展层级进行综合评价分析。其相
关概念及公式如下(公式 2-3):

　　总指标评价值定义:　　$O = t_1 G_标 + t_2 Z_标 + t_3 L_标 + t_4 J_标$　　　　　　　(公式 2-3)

式中:O——中心区发展指标综合评价值;

$G_标$——中心区规模指标标准化数值;

$Z_标$——中心区硬核等级中心度标准化数值;

$L_标$——中心区硬核聚集连绵度标准化数值;

$J_标$——中心区轨道交通站点密度标准化数值;

$t_1 \sim t_4$——各项指标相对应的权重。

通过对 20 个中心区的四项指标进行量化分析,将所得数据进行标准化无权重叠加得到了中心区的综合发展标准值,数值处于 0~400 之间(表 2.15)。通过对中心区综合发展的聚类分析,将其分为四个档次。

表 2.15　中心区发展指标综合评价分析表

标准值分档评价	中心区名称	硬核中心度标准值	硬核连绵度标准值	轨道交通站点密度标准值	硬核规模标准值	综合发展标准值
第一档:大于 250,且四项指标均大于 50	香港港岛	100	86	52	100	338
	首尔江北	97	69	100	56	312
	首尔德黑兰路	68	96	60	73	297
	新加坡海湾—乌节	77	62	50	86	275
第二档:三项指标大于 50,且最高指标值与最低指标值之差大于 50	北京西单	84	66	63	27	240
	北京朝阳	2	98	51	82	233
	上海人民广场	0	55	54	81	190
第三档:低于 200,至少两项指标低于 50,且最高指标值与最低指标值之差小于 50	深圳罗湖	45	34	71	34	184
	香港油尖旺	45	44	66	26	181
	曼谷仕龙	47	52	44	33	176
	吉隆坡迈瑞那	40	26	73	36	175
	上海陆家嘴	27	56	34	56	173
	曼谷暹罗	34	51	43	17	145
	南京新街口	33	20	40	32	125
第四档:至少有两项指标低于 30,且最高指标值与最低指标值之差大于 50	成都春熙路	57	100	25	2	184
	新德里康诺特广场	13	100	28	15	156
	深圳福田	28	9	63	27	127
	大连中山路	60	39	0	27	126
	迪拜迪拜湾	17	56	28	0	101
	迪拜扎耶德大道	50	0	5	22	76

数据来源:作者计算

1）第一档：成熟均衡发展层级

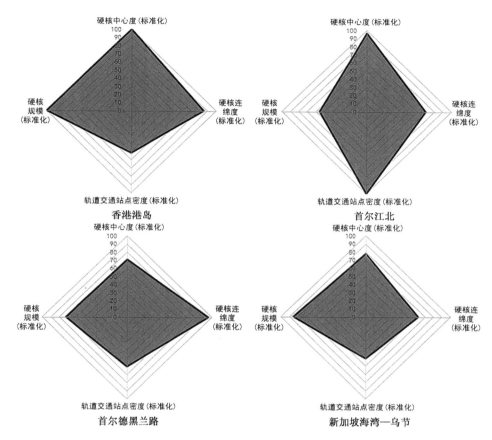

图2.18 成熟发展层级中心区指标雷达图
资料来源：作者自绘

第一档内中心区的中心区发展综合标准值大于250，且四项指标均大于50。有香港港岛、首尔江北、首尔德黑兰路、新加坡海湾—乌节等4个中心区，综合发展数值分别为338、312、297、275。

此档次内的中心区处于成熟发展层级，中心区综合发展水平较高。硬核规模较大，聚集了大量公共服务设施；首位硬核等级性高，能吸聚高端职能公共服务设施，起到发展引擎作用；硬核连绵程度高，公共服务设施连绵形成新的大型公共服务设施群；轨道交通路网发达，中心区内轨道交通站点密度高，促进了人群的大量流动，带来了较多的人气，促进了商业积聚。从图2.18中可以看出，成熟发展层级中心区，其标准值分布较为均衡且其中心区的整体发展水平较高。其中，香港港岛中心区的综合能力最优，其中有两项指标值均为100，是轴核中心区发展的高级阶段。

2）第二档：成熟非均衡发展层级

第二档内发展综合标准值三项指标大于50，且最高指标值与最低指标值之差大于50。有北京西单、北京朝阳、上海人民广场等3个中心区，综合发展数值分别为240、233、190（图2.19）。

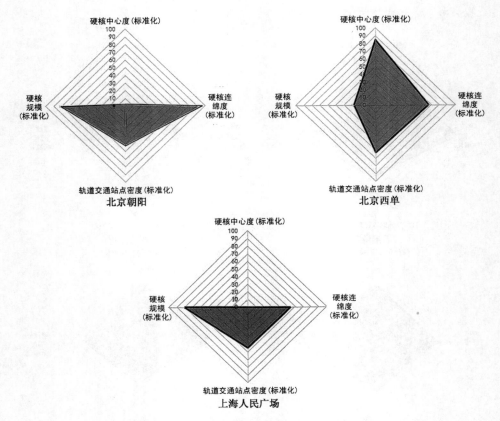

图 2.19　成熟非均衡层级中心区指标雷达图
资料来源:作者自绘

　　此档次内的中心区处于成熟发展层级,但某一项发展指标较差,其余三项发展指标较好。北京西单中心区中心度、连绵度及以交通三项指标均在 60 以上,综合发展数值为 240,但由于其硬核规模较小,导致其硬核规模指标较弱,综合发展水平尚未成熟。上海人民广场中心区是国内规模较大的城市中心区,其硬核规模、连绵度及以交通指标均较为成熟,但由于其中心区内大小街区混合发展的模式以及历史成因,硬核发展形成多个小硬核专业发展的特征,如外滩硬核以酒店及文化为主,豫园硬核以传统商业为主等,硬核之间缺乏等级性,导致其硬核等级指标较弱。

　　3) 第三档:均衡非成熟发展层级

　　第三档内发展综合标准值均低于 200,至少两项指标低于 50,且最高指标值与最低指标值之差小于 50。有深圳罗湖、香港油尖旺、曼谷仕龙、吉隆坡迈瑞那、上海陆家嘴、曼谷暹罗、南京新街口等 7 个中心区,综合发展数值分别为 184、181、176、175、173、145、125(图 2.20)。

　　此档次内的中心区尚未发展成熟,各项指标发展均属中流,均衡发展,无较大差别。这类中心区各项指标值大都集中于 30~70 之间,中心度、连绵度、硬核规模及交通均处中游,正处于均衡往成熟层级轴核结构中心区发展的阶段。

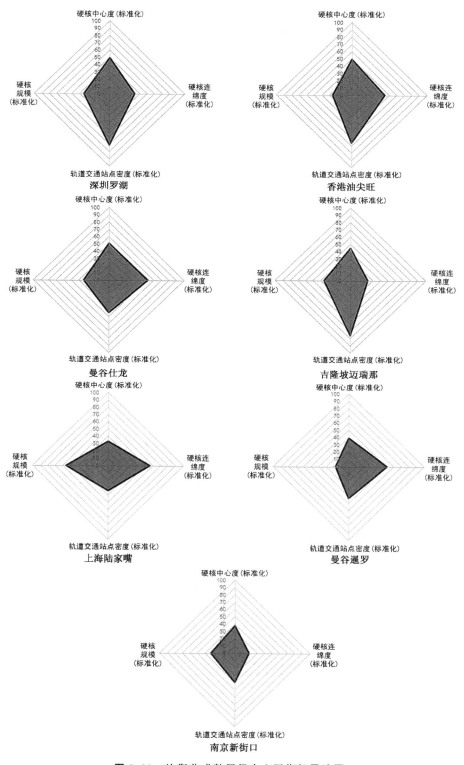

图 2.20 均衡非成熟层级中心区指标雷达图

资料来源：作者自绘

4) 第四档:非成熟非均衡发展层级

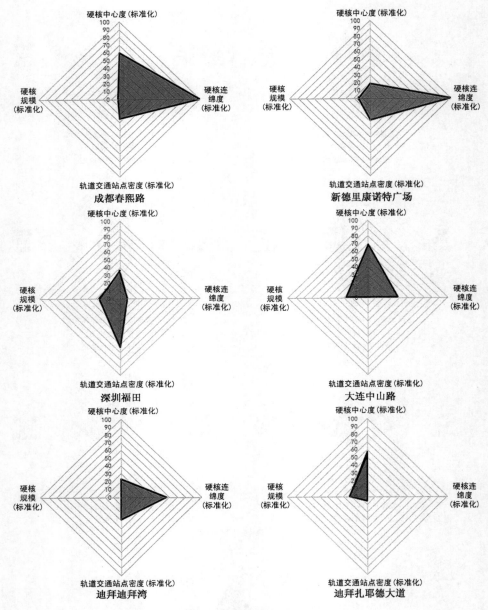

图 2.21 非均衡非成熟层级中心区指标雷达图
资料来源:作者自绘

第四档内至少有两项指标低于30,且最高指标值与最低指标值之差大于50。有成都春熙路、新德里康诺特广场、深圳福田、大连中山路、迪拜迪拜湾,迪拜扎耶德大道等6个中心区,综合发展数值分别为184、156、127、126、101、76(图 2.21)。

综合分析,此类中心区处于非均衡发展层级,各个发展指标较为参差不齐,发展水平较低,这类中心区往往某一类指标较为突出,但有一类指标较低,形成不均衡的发展格局。如深圳福田中心区是综合性的换乘中心,其轨道交通站点密度较大,但是由于其大面积的绿化,各个硬核之间的连绵较为困难,导致其不均衡发展的特征。

2.4 中心区轴核结构的发展特征

根据轴核中心区的发展指标的划分,发现轴核中心区的发展层级反映了中心区发展的不同特征。本节从轴核中心区的特征解析入手,发掘不同类型中心区发展的一般规律。其中,轴核结构中心区硬核在从圈核结构模式发展而成的过程中,各硬核的新生和规模扩大有一定的时序性,呈现出几种不同的硬核用地规模等级关系,将其归类可分为"金字塔式"等级结构、"梯形式"等级结构和"均质式"三种等级结构,不同的硬核用地规模等级呈现出不同的特征[73]。这三种等级结构类型在四类轴核结构中心区中均有出现(图2.22,图2.23)。

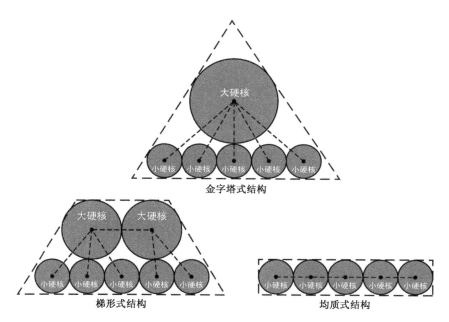

图 2.22 轴核结构中心区硬核体系结构模式
图片来源:杨俊宴工作室绘制

1)"金字塔式"结构模式

"金字塔式"等级结构的轴核结构中心区的硬核体系中有一个硬核的用地规模明显大于其他硬核。规模最大的硬核多是由圈核结构中心区的主核发展而来,硬核的扩张和新的服务设施的进驻主要在主核内,主核内的用地经历了多次的重建。这种"金字塔式"的结构可以分解为两种:一种是一个大硬核只对应一个或者两个小硬核的"金字塔式"。这种结构的中心区在成熟均衡型轴核结构与成熟非均衡型轴核结构中均有出现,说明经历长时间的发展,轴核结构的大部分硬核已经连绵成一个规模更大、功能更为复合的新硬核,是轴核结构发展的高级阶段,也是轴核结构向更高等级结构转化的必然阶段。另外一种是一个大硬核对应多个小硬核的"金字塔式"。这种结构的中心区在成熟非均衡型中心区以及均衡非成熟型中心区中均有出现，在均衡非成熟型中心区中较为常见。这一结构中的大硬核往往由圈核结构中心区的主核发展而来，而这些小硬核往往由中心区吞并的其他中心区的原有硬核或者由轨道交通的建设促进产生的硬核发展而来，这种类型的中心区通过加强硬核间的空间优势，在将来会向第一种类型的"金字塔式"结构模式发展。

2）"梯形式"结构模式

"梯形式"结构模式的轴核结构中心区中有多个规模较大的硬核，在原有大硬核内用地出现饱和之后，其他区位条件较好的硬核得以快速地发展。这类结构模式的中心区在成熟非均衡型轴核中心区、均衡非成熟型轴核中心区与非成熟非均衡型轴核中心区中均有出现，是多数轴核结构中心区的中级发展阶段，但并不是轴核结构发展的必经阶段。大多硬核的体系结构往往是不稳定的，公共服务设施选址布局的随机性大，在经过一定的发展过程之后，公共服务设施会偏向聚集于某一大硬核的内部或周边，形成"金字塔式"结构模式。

3）"均质式"结构模式

"均质式"结构模式是轴核结构中心区发展的初级状态。圈核结构中心区在经历亚核成长导致等级结构扁平化后出现多个硬核等级结构近似的模式，这种结构模式只存在于非成熟非均衡型轴核结构中心区中。这类结构模式中心区等级化差异小，硬核之间分工明确，且往往基础服务设施建设不完善，由于中心区发展的溢出效应，往往形成中心区内"均好"的空间发展优势，但是随着中心区的进一步发展、基础公共服务设施的进一步完善、新的空间优势地段的形成，公共服务设施选址布局的随机性逐步被向优势硬核集中所取代，"均质式"结构模式的轴核中心区将逐步发展为"金字塔式"结构模式或"梯形式"结构模式的中心区。

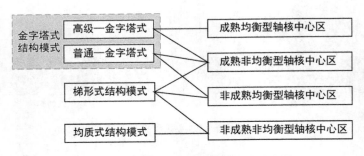

图 2.23 轴核中心区等级结构模式对应图
资料来源：作者自绘

2.4.1 成熟均衡型轴核中心区

以香港港岛中心区、首尔江北中心区、首尔德黑兰路中心区、新加坡海湾—乌节中心区为代表的成熟均衡型轴核中心区是轴核中心区发展的较高级形态。该类型中心区均产生于具有全球影响力的世界大都市，就亚洲轴核中心区的发展现状来看，香港、首尔、新加坡均为亚洲名列前茅的全球性城市，在 GAWC 全球城市等级评定中，基本都处于 Alpha 以上级别。城市具有突出的经济实力，在周边也形成了较强的金融辐射力。此外，这些城市的人口密度较高,有支撑公共服务设施发展的人群。同时,这些城市由于人均收入较高,具有旺盛的公共服务消费需求和较强的消费能力,因此能够支撑较为丰富完善的公共服务设施的聚集。可以说,高等级的全球城市是成熟的轴核中心区形成的重要基础(表2.16)。

表 2.16 成熟均衡型轴核中心区所在城市特征

城市中心区	城市	全球城市等级	市区人口密度(人/平方公里)	人均GDP(元)	第三产业GDP(亿元)
香港港岛	香港	Alpha+	6 507	236 242	158
新加坡海湾—乌节	新加坡	Alpha+	7 516	434 339	155
首尔德黑兰路	首尔	Alpha-	16 134	404 452	352
首尔江北					

数据来源:作者整理

同时,从中心区自身特征来看,亚洲既有的成熟均衡型轴核中心区都位于城市的核心区位,具有完善的中心区发展的空间环境。一方面,中心区发展的基础设施完善,包括地铁、轻轨等大运量公共交通设施,主干道、次干道、支路等道路交通设施,以及通信网络、信息网络等数字化基础设施。另一方面,中心区得到充足的社会投资,拥有大量的高层公共建筑,可以容纳大规模和多样化的公共服务职能。最后一方面,这些中心区都受到土地资源的制约,因此在有限的空间内,最大化地发挥公共服务设施聚集的作用,中心区和其硬核系统能够得以充分发育,这也是轴核中心区能够较为均衡发展的前提。

从此类型轴核结构中心区的硬核结构特征来看,主要是"金字塔型"硬核等级结构模式,成熟均衡型轴核中心区的金字塔型结构模式主要有以下几点特征:其一是硬核数量少,连绵特征强。不同于一般"金字塔型"结构模式,成熟均衡型的轴核中心区内的硬核数量较少。港岛中心区与首尔江北中心区均为2个硬核,新加坡海湾—乌节中心区与首尔德黑兰路中心区有3个硬核,这是由于一些规模较小的硬核已经经历了与大硬核空间上的连绵融合,形成较大的连绵硬核。其二是首位硬核中心度强。香港港岛中心区的硬核中心度最高,为0.91;其次是首尔江北中心区,为0.80;再

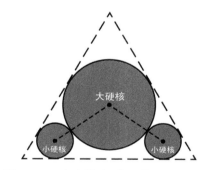

图 2.24 "金字塔式"高级等级结构模式
资料来源:作者自绘

次是新加坡海湾—乌节中心区,为0.75;最后,最低的首尔德黑兰路中心区为0.68。一般情况下,规模最大的硬核是由原圈核结构阶段的主核发展而来,具有职能综合化、高端化等优势特征。在轴核结构阶段新一轮的公共服务设施聚集过程中,高端公共服务设施更容易聚集在原有的主核内部,而低端公共服务设施则被更替并重新聚集于原有主核的周边,从而更容易与其他小型硬核连绵在一起。硬核体系经历了多轮这样的更替,其规模与强度都得到提升。相对于中心区内其他硬核,该硬核不断扩张与连绵,加强了硬核的紧凑度,拉开了与其他硬核的等级与差距,成为中心区公共服务设施的聚集引擎,为中心区结构形态的进一步发展提供了可能(图2.24)。

2.4.2　成熟非均衡型轴核中心区

成熟非均衡型轴核中心区以北京西单中心区、北京朝阳中心区和上海人民广场中心区为代表。与成熟均衡型轴核中心区相同，该类型中心区均产生于具有全球影响力的世界大都市，就亚洲轴核中心区的发展现状来看，北京与上海均为亚洲名列前茅的全球性城市，在GAWC 全球城市等级评定中，都处于 Alpha 以上级别。城市的经济实力、人口密度等也能够支撑丰富完善的公共服务设施的聚集（表 2.17）。

表 2.17　成熟非均衡型轴核中心区所在城市特征

城市中心区	城市	全球城市等级	市区人口密度（人/平方公里）	人均GDP（元）	第三产业GDP（亿元）
北京西单	北京	Alpha＋	1 022	148 181	14 844
北京朝阳	北京	Alpha＋			
上海人民广场	上海	Alpha＋	2 646	156 446	13 301

数据来源：作者整理

从中心区自身特征来看，成熟非均衡型轴核中心区都位于城市的核心区位，具有完善的中心区发展的空间环境。其共性特征基本与成熟均衡型轴核中心区一致，但这些中心区在以往的发展过程中，很少受到土地资源的制约，因此在充足的土地空间内，其聚集效应并未发挥其最大化作用，硬核高强度聚集水平不足，导致其分散发展，这是该类型轴核中心区发展的主要共性特征。

此外，对于该类型的中心区，中心区发展存在一定的制约性因素，这些制约性因素使中心区的发育呈现非均衡的特征。

北京西单中心区因为历史文化保护因素，高层公共建筑建设量不足，这使得西单中心区硬核结构发育面积较小。西单中心区是由传统中心发展而来，经政策推动形成现代城市中心区。西单中心区位于北京故宫的西侧，首先，由于周边历史文化保护建筑及街区的历史风貌限制，西单中心区内硬核的建筑高度被严格限定；其次，西单中心区内有大量历史文化保护街区与建筑，这些建筑的存在严格限制了硬核的发展。因此，西单中心区的硬核规模指标远低于其他指标。北京朝阳中心区同西单中心区一样受到历史文化保护因素的影响，降低了首位硬核的中心度。

上海人民广场中心区由于历史发展时间长，由多个小中心区合并而成，其独特的历史发展导致中心内形成了数量众多的硬核，专业分工明确，其首位硬核中心度远低于其他指标。人民广场中心区一部分区域在历史上曾作为租界，因此造就了沿江商务商业街区"窄道路、密路网"的道路网格局，也为今天人民广场中心区的高强度、高密度开发提供了重要的基础设施支持，而在人民广场中心区的西侧，其"宽道路，大街区"的路网格局又增加了其硬核向西扩张的难度。在经历了长时间的发展之后，人民广场中心区逐渐发展为集金融办公、贸易咨询、商业、文化娱乐、行政和居住等城市功能于一体的城市综合主中心。由于人民广场中心区的综合性质，其产业呈现多样化特征，而不同产业对于场所空间需求的不一致，导致中心区空间呈现出相对丰富的一面。

从此类型轴核结构中心区的硬核结构特征来看，北京西单中心区与成熟均衡型的轴核结构中心区依然属于少硬核的"金字塔型"硬核等级结构模式。在三个硬核当中,金融街硬核规模与等级远大于动物园硬核与西直门硬核。而上海人民广场中心区则属于普通的"金字塔型"硬核等级结构模式,上海人民广场硬核的中心度虽然较低,但依旧是中心区内规模最大、首位度最高的硬核,其用地规模达到 131.6 公顷,其他八个硬核的空间规模最大的为上海静安寺硬核,用地规模为 76.3 公顷,最小为东平路硬核,规模仅为 10.1 公顷。而北京朝阳中心区属于"梯形"硬核等级结构模式,在四个硬核当中,王府井与国贸硬核的等级与规模远远大于其他硬核。

2.4.3　均衡非成熟型轴核中心区

均衡非成熟型轴核中心区是轴核中心区发展的中低级阶段,以深圳罗湖中心区、香港油尖旺中心区、南京新街口中心区为代表。该类中心区包括两种类型:第一种位于全球大都市内,是城市中较为次要的中心区,这些中心区服务于城市部分片区,覆盖范围具有一定的局限性;另一种位于二线城市的核心地区,这些中心区所在城市经济实力有限,金融辐射能力不足,消费能力弱于前两类中心区,因此无法支撑硬核中心区的充分发育(表 2.18)。

表 2.18　均衡非成熟型轴核中心区所在城市特征

城市中心区	城市	全球城市等级	市区人口密度(人/平方公里)	人均GDP(元)	第三产业GDP(亿元)
深圳罗湖	深圳	High sufficiency	1 555	467 749	820
香港油尖旺	香港	Alpha+	6 507	236 242	1 579
曼谷仕龙	曼谷	Alpha−	5 905	175 518	797
吉隆坡迈瑞那	吉隆坡	Alpha	6 584	542 112	720
上海陆家嘴	上海	Alpha+	2 646	156 446	1 330
曼谷暹罗	曼谷	Alpha−	5 905	175 518	797
南京新街口	南京	High sufficiency	976	124 600	436

数据来源:作者整理

从中心区自身特征来看,均衡非成熟型轴核中心区存在以下两点特征:第一,中心区发展的基础设施尚未完善,地铁、轻轨等大运量公共交通设施建设密度尚缺,但主、次干道等道路交通设施以及数字化基础设施建设基本完善。第二,中心区得到的社会投资有限,这意味着可建设的公共服务设施水平低于成熟型的轴核结构中心区。

较为典型的均衡非成熟型轴核中心区为南京新街口中心区。新街口中心区是一个迅速成长的轴核中心区,南京市是长三角地区的一个区域中心城市,新街口中心区是南京唯一的主中心,通过几十年持续的建设形成了围绕新街口小四环的中心区圈核结构。21 世纪以来,由于新街口建设强度升高、土地资源日趋紧张、地价攀升,中心区面临迫切的扩张要求,地铁 1 号线的建设加强了中心区南北向的空间联系,鼓楼地区若干超高层公共建筑的建设使该地区纳入中心区硬核,并连接了原有湖南路副中心,使新街口中心区形成了"小四环—鼓楼—湖南路"的轴核结构。南京新街口中心区的新街口硬核由原有圈核中心主核发育而来,相对其他硬核,规模及职能上具备一定的等级性。此外,中心区的轨道交通建设密度与城市经济水平、人口密度以及中心区建设力度等要素相匹配,因此各项指标标准化值之间相差不大,是一个均衡发展的中心区。

从此类型轴核结构中心区的硬核结构特征来看,基本为"金字塔型"结构模式与"梯形"结构模式。深圳罗湖中心区、香港油尖旺中心区、曼谷仕龙中心区、曼谷暹罗中心区与南京新街口中心区都属于"金字塔型"结构模式,除曼谷暹罗中心区外,其他中心区都有较多小硬核。同样说明在这一阶段,小硬核尚未被大硬核连绵,轴核结构中心区发育尚未成熟。吉隆坡迈瑞那中心区与上海陆家嘴中心区则属于"梯形"硬核等级结构模式,迈瑞那中心区硬核的唐人街硬核与双塔硬核规模较大,中央车站硬核与王子酒店硬核的规模较小;而上海陆家嘴中心区有三个较大的硬核,分别是陆家嘴硬核、世纪广场硬核与博览中心硬核,梯形的不稳定结构促使中心区向成熟型轴核结构中心区发展。

2.4.4 非成熟非均衡型轴核中心区

非成熟非均衡型轴核中心区是轴核中心区发展的低级阶段,以成都春熙路中心区、深圳福田中心区、大连中山路中心区等为代表,该类中心区大部分位于国内外二线城市,或顶级城市的次要中心区,城市经济实力有限,金融辐射能力相对不足,形成的轴核结构中心区往往刚由圈核结构中心区发展而来,无法支撑轴核结构的充分发育(表2.19)。

表 2.19 非成熟非均衡型轴核中心区所在城市特征

城市中心区	城市	全球城市等级	市区人口密度(人/平方公里)	人均GDP(元)	第三产业GDP(亿元)
成都春熙路	成都	High sufficiency	6 507	236 242	158
新德里康诺特广场	新德里	Alpha—	7 516	434 339	155
深圳福田	深圳	Beta—	1 554	467 749	820
大连中山路	大连	Sufficiency	1 173	163 107	258
迪拜迪拜湾	迪拜	Alpha+	1 786	174 948	274
迪拜扎耶德大道					

数据来源:作者整理

该类型中心区空间发展限制较大,且在中心区的发展过程中出现了一些较强的限制性要素,造成轴核结构发展较为不均衡,且各个中心区的限制性要素不一致,包括高层建筑建设量不足、地铁设施建设量不足、商业设施不足、道路设施不足等要素都可能导致轴核结构发育不足。

大连中山路中心区因为地形因素与城市人口因素限制,难以修建轨道交通,缺乏大运量的输配系统使得公共服务设施的聚集力度不足,导致中心区硬核发育面积较小;成都春熙路中心区则由圈核结构中心区发育而来,硬核的空间规模相对较小;新德里康诺特广场是低密度发展的城市中心区,由于政策的限制,各个硬核分工明确,公共服务设施平面扩张,导致其硬核中心度较小,此外,由于新德里经济水平较弱,无法投资充足的公共服务设施,因此硬核规模较小;深圳福田中心区是深圳市的两个主中心之一,一方面由于其对公共服务设施的投资有限,因此其硬核规模较小,另一方面由于规划划定的大规模绿地造成了硬核之间的隔离,因此,降低了硬核之间的连绵度;迪拜湾中心区是迪拜的两个主中心之一,由于迪拜城市人口有限,且由于政策扶持,大量的社会投资转向扎耶德大道中心区,迪拜湾中心区的规模扩张受到了严重的影响;扎耶德大道中心区是迪拜的另外一个城市主中心,由于基础服务设施建设缺乏,轨道站点密度较小,站点之间距离较远,公共服务设施的聚集受到影响,因此,其硬核的连绵度较低。

从此类型轴核结构中心区的硬核结构特征来看,成都春熙路中心区、新德里康诺特广场中心区、迪拜扎耶德大道中心区、迪拜迪拜湾中心区的轴核结构中心区类型属于"均质型"硬核等级结构模式,深圳福田中心区属于"梯形"硬核等级结构模式,而大连中山路中心区则是唯一一个属于"金字塔"硬核等级结构模式的中心区。这说明,在轴核中心区发展的较低级阶段,大部分中心区以"均质型"硬核等级结构模式存在,部分中心区以"梯形"硬核等级结构模式存在。

3 亚洲特大城市轴核结构中心区形态特征解析

在轴核结构的发展过程中,由于巨大的规模和复杂的业态联动发展,服务功能脱离了单纯的"主核-亚核"体系,逐步出现连绵化的硬核连绵区,原有"主核-亚核"用地性质方面的错位逐步趋同,服务产业在空间上呈现多斑块状或网络状分布,输配道路依托多轴线逐步形成纵横交错的网络,最终形成轴核结构的空间模式。在轴核结构中心区的界定及等级划分的基础上,从形态特征层面进一步深化,分别对其空间形态特征、交通特征和职能特征进行量化研究。

本章将首先从空间形态角度展开研究,利用 GIS 分析技术对亚洲典型轴核结构中心区大量形态数据进行处理和空间形态统计,从空间形态最基本的密度、强度及高度三个要素展开,探索轴核结构中心区空间形态的聚集特征和变化趋势;其次从交通层面进行梳理,从路网结构特征、路网输配特征和轨道交通特征三个方面入手,分析轴核结构中心区交通设施的布局特征,以及不同交通发展模式对于中心区形态发展的影响;再次从职能特征层面入手,分析轴核结构中心区在公共服务设施密度和用地职能分布格局方面的形态特征;最后对这些形态特征的变化进行总结,勾勒轴核结构中心区空间发展的阶段和路径,进而解释轴核结构中心区发展的深层次规律。

3.1 轴核结构中心区空间形态解析

中心区往往是城市中高层建筑的密集区域,并拥有城市中最高的标志性建筑,空间形态特征明显。在极核结构中心区内,高层建筑集聚的力度更大,也拥有更多的高层建筑。那么,不同高度形态的建筑分布是否具有一定的规律性?形成的中心区整体高度形态又有哪些特征?本节从中心区建筑的高度形态及其空间形态变化规律、街区的高度形态等多个方面进行分析,研究轴核结构中心区的高度形态规律。

中心区作为城市最为核心的区域,往往聚集了城市中最多、最密集的高层建筑,通常也拥有城市中最具有标志性的建筑空间形态。在轴核结构中心区中,建筑建设的规模更大、力度更强,那么,轴核结构中心区空间形态发展是否也具有一定的规律性?形成的中心区空间形态又具有何种特征?本节将中心区空间形态解构为最基本的街区密度、街区强度与街区高度三个反映空间形态的核心指标,从以下三个层面解析中心区在轴核阶段空间形态的特征。

3.1.1 密度分布格局

建筑密度指标代表单位土地面积的建筑占地率,反映单位地块范围内的空地率和建筑密集程度,具体指单位地块内所有建筑的基底总面积之和与单位地块用地总面积之比。建筑密度一方面可以通过建筑覆盖率和空地率反映城市土地的利用效率(高建筑密度表示城市土地集约利用程度高),另一方面也意味着其他用地类型的比重减少,如城市绿地公园、广场等开放空间。一般而言,中心区由于所处地段地价高昂、寸土寸金,每一公顷的土地都必须加以充分利用,因而建筑密度日益攀升。但同时中心区日益严重的"城市病",如交通拥挤、住房紧张和环境污染等问题,在一定程度上又与建筑密度密切相关。

在建筑密度方面,轴核结构中心区相对于圈核结构中心区有了更多的变化。首先,体现在中心区整体建筑密度的提升上。例如,为了充分利用土地,商业临街面、商业综合体、大型商业街区等建筑形式广泛出现,轴核结构中心区硬核土地利用效率大幅提升,进一步提高建筑密度。其次,随着中心区硬核向轴核结构发展,具有高密度特征的街区范围扩大,这也进一步改变了中心区的密度分布格局。为了研究在轴核结构形成过程中密度分布格局的发展特征,本节将对北京朝阳中心区等20个国内外典型轴核结构中心区的建筑密度格局进行分析(表3.1,图3.1)。

表 3.1　典型轴核结构中心区的平均建筑密度

中心区名称	平均建筑密度	中心区名称	平均建筑密度
曼谷仕龙中心区	42.47%	新加坡海湾—乌节中心区	29.84%
南京新街口中心区	39.11%	吉隆坡迈瑞那中心区	28.74%
上海人民广场中心区	38.99%	大连中山路中心区	28.63%
香港油尖旺中心区	38.90%	北京朝阳中心区	26.15%
曼谷暹罗中心区	38.11%	新德里康诺特广场中心区	25.90%
首尔江北中心区	36.69%	北京西单中心区	24.24%
香港港岛中心区	36.67%	成都春熙路中心区	23.09%
首尔德黑兰路中心区	32.92%	深圳福田中心区	22.38%
深圳罗湖中心区	31.70%	上海陆家嘴中心区	18.89%
迪拜迪拜湾中心区	30.54%	迪拜扎耶德大道中心区	12.96%

资料来源:作者整理

从表3.1与图3.1来看,所选20个典型轴核结构中心区的平均建筑密度在12.96%～42.47%之间,最高值42.47%为曼谷仕龙中心区,最低值12.96%为迪拜扎耶德大道中心区,50%的样本中心区平均建筑密度在30%以上,75%的样本中心区平均建筑密度在25%以上,这说明相比圈核结构中心区,轴核结构中心区在建筑密度指标上又有了较大的提升。同时,从轴核结构中心区建筑密度指标的差异中可以发现中心区的不同功能类型对建筑密度指标高低的影响。在同等条件下,高建筑密度就意味着有较高的街区临街面,由于商业、文化、娱乐等生活型服务业对于街区临街面有着更高的要求,所以以曼谷仕龙、南京新街口、上海人民广场、香港油尖旺和首尔江北中心区为代表的以商业、文化、娱乐为主导职能的中心区平均建筑密度较为突出;相对而言,商务、金融、保险、咨询等生产型服务业对街区临街面的要求较低,所以迪拜扎耶德大道、上海陆家嘴、深圳福田中心区等新建商务型中心区的建筑密度则较不突出，这也是在轴核结构中心区内部平均建筑密度指标形成较大差异的原因。

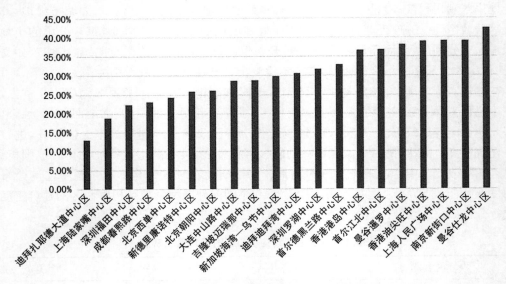

图 3.1　典型轴核结构中心区的平均建筑密度
资料来源：作者自绘

　　在轴核结构中心区平均建筑密度提升的大背景下，其空间密度的变化在空间上是否均衡？中心区内不同街区间建筑密度的差异是在扩大，还是在缩小？在硬核发展的同时，中心区内建筑高密度地区的聚集态势是在加强，还是在削弱？这些问题涉及轴核结构中心区空间形态布局的基本趋势，因此使用 GIS 软件结合 SPSS 的技术方法对轴核结构中心区的密度格局进行分析。本节具体的工作思路是比较第 2 章中所涉轴核结构中心区综合发展标准值 O 与建筑密度的空间相关性分析的全局 G 系数 Z Score 两者进行相关性分析。其中，轴核结构中心区综合发展标准值 O 表示中心区硬核的发育完善程度，O 值越高，表示中心区硬核发育越完善，反之则表示中心区硬核发育水平较低。同时以建筑密度数值的空间自相关性分析的全局 G 系数 Z Score 表示中心区内街区建筑密度空间格局的布局模式特征。空间自相关是指同一个变量在不同空间位置上的相关性，是空间单元属性值聚集程度的一种度量。全局 G 系数是衡量空间自相关的重要指标[74]，Getis 和 Ord 于 1992 年提出了全局 G 系数，以 G 系数的高低反映空间变量的聚集程度。也可以对 G 系数进行标准化得到 Z Score，正的 Z Score 表示存在高值聚集，数值越高则表示高值聚集越明显；相反，负的 Z Score 表示存在低值聚集。因此，若随着轴核结构中心区综合发展标准值 O 的升高，Z Score 数值发生相对应的升高（或降低），则表示轴核结构中心区发展过程中存在高建筑密度街区布局的聚集（或扩散）趋势。表 3.2 表示通过量化计算获得的 20 个样本轴核结构中心区的中心区综合指标 O 与 Z Score 的数值。

$$G(d) = \frac{\sum_{n}^{i} \sum_{n}^{j} W_{ij}(d)\, x_i\, x_j}{\sum_{n}^{i} \sum_{n}^{j} (d)\, x_i\, x_j} \qquad (\text{公式 3-1})$$

$$Z(G) = \frac{G(d) - E(G(d))}{\sqrt{Var(G(d))}}$$ （公式 3-2）

表 3.2 城市密度与轴核结构中心区的发展完善程度的关联性

中心区名称	轴核结构中心区指标	Z Score	中心区名称	轴核结构中心区指标	Z Score
香港港岛中心区	338	14.17	曼谷仕龙中心区	176	3.29
首尔江北中心区	322	18.42	吉隆坡迈瑞那中心区	175	−3.82
首尔德黑兰路中心区	297	18.67	上海陆家嘴中心区	173	4.73
新加坡海湾—乌节中心区	275	−1.77	新德里康诺特广场中心区	156	4.73
北京西单中心区	240	3.24	曼谷暹罗中心区	145	6.8
北京朝阳中心区	233	−0.2	深圳福田中心区	127	3.94
上海人民广场中心区	190	12.81	大连中山路中心区	126	−0.35
成都春熙路中心区	184	−10.54	南京新街口中心区	125	−0.18
深圳罗湖中心区	184	3.61	迪拜迪拜湾中心区	101	4.09
香港油尖旺中心区	181	3.18	迪拜扎耶德大道中心区	76	0.77

数据来源：杨俊宴工作室量化调研

使用 SPSS 软件对样本轴核结构中心区的 O 值与全局 G 系数的 Z Score 数值进行 Pearson 相关性分析（表 3.2）。在统计学中，皮尔逊相关系数（Pearson correlation coefficient）是用于度量两个变量 X 和 Y 之间的相关性（线性相关），其值介于 −1 与 1 之间。相关系数是：0.8~1.0 为极强相关，0.6~0.8 为强相关，0.4~0.6 为中等程度相关，0.2~0.4 为弱相关，0.0~0.2 为极弱相关或无相关。此处，Pearson 相关分析用于进一步观察中心区的密度聚集趋势。20 个城市中心区相关性数据是 0.529，但是考虑到极值因素的影响，因此，在剔除了新加坡海湾—乌节中心区、成都春熙路中心区的数值后，经相关性分析检验，Pearson 数值为 0.711，为强相关。这表明随着轴核结构中心区硬核发育程度的提升，中心区的密度分布格局的聚集趋势进一步加强，即意味着在中心区整体建筑密度提升的同时，高密度街区互相集聚形成更大的高密度区域，同时中心区内密度等级进一步拉开，中心区的密度格局进行加速聚集整合。

由于轴核结构中心区发育过程中，最突出的形态变化即是轴核结构的形成和成熟。那么，密度格局的空间变化与中心区轴核结构的形态又具有何种关联？表 3.3（参见彩图附录）以不同深浅的颜色表示中心区内街区的建筑密度高低，各个轴核结构中心区中的深色区域代表其中的高密度街区，浅色区域代表其中的低密度街区，红色轴线代表轴核结构中心区的轴核结构。通过比较深色街区的布局与红色轴线形态之间的空间关联，可以解读轴核结构中心区建筑密度分布与轴核结构之间的关系。

表 3.3 典型轴核结构中心区的建筑密度格局

中心区名称	首尔江北中心区	首尔德黑兰路中心区
中心区面积	1 433.8 ha	1189.1 ha
建筑密度分布		

中心区名称	新加坡海湾—乌节中心区	迪拜迪拜湾中心区
中心区面积	1 715.7 ha	1 039.1 ha
建筑密度分布		

中心区名称	香港港岛中心区	深圳罗湖中心区
中心区面积	610.4 ha	794 ha
建筑密度分布		

续表 3.3

中心区名称	新德里康诺特广场中心区	吉隆坡迈瑞那中心区
中心区面积	1 860.8 ha	1 489.5 ha
建筑密度分布		

中心区名称	曼谷仕龙中心区	迪拜扎耶德大道中心区
中心区面积	527.4 ha	2 196 ha
建筑密度分布		

中心区名称	曼谷暹罗中心区	北京朝阳中心区
中心区面积	894.1 ha	2 403.8 ha
建筑密度分布		

中心区名称	上海人民广场中心区	北京西单中心区
中心区面积	1 465.2 ha	1 145.7 ha
建筑密度分布		
中心区名称	上海陆家嘴中心区	香港油尖旺中心区
中心区面积	1 110.7 ha	424.2 ha
建筑密度分布		
中心区名称	深圳福田中心区	大连中山路中心区
中心区面积	696.4 ha	939.4 ha
建筑密度分布		

续表 3.3

中心区名称	成都春熙路中心区	南京新街口中心区
中心区面积	731.3 ha	566.3 ha
建筑密度分布		

资料来源：作者自绘

从表 3.3 中可以看出，对于大部分轴核结构中心区而言，黑色街区所代表的高建筑密度街区基本布局于中心区内轴核结构，深灰色的建筑密度较高的街区也主要出现在轴核结构的周边，浅色的建筑密度较低的街区主要出现在轴核结构以外或轴核间的间隙地区。这说明总体上建筑密度的空间聚集是向轴核结构集中的，建筑密度的分布格局的聚集化发展与轴核结构形态存在显著的关联性。这种特征以首尔江北、首尔德黑兰路、新加坡海湾—乌节、上海人民广场、香港油尖旺等高等级轴核结构中心区尤为突出，轴核结构周边普遍被高建筑密度的街区所占据，高密度街区分布格局基本与轴核结构的空间形态一致。以香港油尖旺中心区为例，中心区平均建筑密度为 38.90%。其中，数量最多的建筑密度在 0.6～0.7 的街区，占 33.0% 的比重；其次为建筑密度在 0.5～0.6 街区，比重达 26.9%；建筑密度大于 0.7 的街区占 10.1%；建筑密度小于 0.1 的街区占 9.4%。在具体布局中，建筑密度小于 0.3 的低密度街区主要分布在中心区边缘的京士柏、九龙等地区；建筑密度在 0.3～0.5 的中密度街区的分布规律与低密度街区相似，主要在香港理工大学、旺角东、尖东等地区硬核外围地区；从建筑密度在 0.5～0.7 的中高密度街区开始，建筑的分布出现明显的变化，即向中心集中，主要集中分布在弥敦道两侧 3～4 个街区组成的狭长硬核范围内，并在佐敦道、太子等地形成簇群状聚集；建筑密度大于 0.7 的高密度街区则更加集聚，绝大部分都集中在支撑中心区轴核骨架的弥敦道道路两侧，且全部分布于硬核以内。从整体而言，街区密度分布基本形成轴穿散点的分布特征，存在明显的轴状高密度街区分布区域，沿弥敦道轴核空间向南北延伸，街区密度由中心的轴核结构向外围地区逐渐降低，轴核系统周边以高密度及中高密度街区为主，并在硬核核心位置出现较为集中的簇群，外围地区则以低密度和中低密度街区为主，中心区边缘地区街区密度最低。

从香港油尖旺、首尔德黑兰路等案例中可以看出，较为成熟的轴核结构中心区其街区密度的分布呈现出"多簇群沿轴圈层分布"的格局。高密度街区呈簇群状分布在硬核中心，中高密度街区则沿轴核系统的轴状空间两侧分布，低密度及中低密度的街区主要分布在轴核结构外围的边缘地区，形成圈层格局。这说明成熟型的轴核结构中心区整体上形成了较为清晰的以硬核为核心、轴状空间为骨架的圈层状密度分布规律。

同时，也应该指出以新德里康诺特广场、曼谷暹罗、南京新街口等为代表的较低等级轴核结构中心区，其建筑密度布局与轴核结构形态的关联性则没有前一类显著。以南京新街口中心区为例，中心区平均建筑密度为 39.11%。其中，数量最多的建筑密度在 0.4～0.5 的街区，占 33.0% 的比重；其次为建筑密度在 0.3～0.4 的街区，比重达 23.6%；建筑密度大于 0.7 的街区占 6.2%；建筑密度小于 0.3 的街区占 13.9%。在具体布局中，建筑密度小于 0.3 的低密度街区主要分布在南京大学、鼓楼、金陵中学、南京饭店等地区；建筑密度大于 0.7 的高密度街区分布呈多个簇群状分布在金陵饭店、珠江路、丹凤街等硬核地区；建筑密度在 0.5～0.7 的中高密度街区主要零散分布在中山南路、珠江路等各个硬核地区外围；而其他地区主要由街区密度在 0.3～0.5 的中高密度街区组成。从整体而言，南京新街口街区密度分布基本上形成围绕各个硬核的多簇群分布模式，密度高但没有明显的轴状分布特征，高密度街区主要分布在硬核地区，中高密度街区主要分布在硬核边缘和周边地区，中低密度街区和低密度街区则分布在远离硬核的中心区边缘地区。

从南京新街口、曼谷暹罗等中心区案例可以看出，较低等级轴核结构中心区其街区密度分布呈现"多簇群无轴圈层分布"的格局。高密度街区分布在硬核中心，以硬核为核心，中高密度、中密度、低密度街区密度逐层跌落。这说明在轴核结构中心区的初级阶段，密度布局还较多地保留圈核结构阶段的圈层结构，没有形成对应的轴状分布特征。随着轴核结构的成熟，密度格局向轴核的集中是一个渐进的过程，逐渐由围绕点状主核与亚核的圈层布局模式向围绕轴状硬核连绵区的扩散衰减模式转变，在中心区内形成以轴核为骨架的密度格局。

3.1.2 强度分布格局

街区强度通常使用容积率表示，是反映土地使用强度的一项指标，同时它也是评价城市土地开发利用合理程度的重要指标，是一个无量纲的正值。容积率的使用最早见于 1917 年美国纽约市颁布的土地分区管理法，此后，英、日等国也将其用于城市规划的用地管理。美、日等地区称容积率为 Floor Area Ratio（FAR），英国、香港地区则用 Plot Ratio（PR）表示。在我国，《城市规划基本术语标准》中对容积率的定义为："容积率为一定地块内，总建筑面积与建筑用地面积的比值。"[75] 中心区的容积率显著受到经济因素的影响，从开发商的角度出发，增加容积率，可以增加建筑面积，起到稀释地价的作用，即可以减少楼面地价，进而降低开发成本。但根据边际收益递减原则，随着容积率的增大，虽然利润也在增加，但边际收益呈下降趋势，而边际成本却在逐渐增长。当容积率达到定量时，房产开发的边际收益将小于边际成本，在这时多开发一平方米的建筑将出现亏损，所以说，房产开发存在理论上的最佳值，超过这个值对于房产商来说是得不偿失的。因此，中心区的容积率并不会无限制地提升，而是随着中心区等级的发展，尤其是地价等资源的集中，而呈现不同等级的容积率变化[76]（表 3.4）。

表 3.4 典型轴核结构中心区的平均街区容积率

中心区名称	平均街区容积率	中心区名称	平均街区容积率
香港港岛中心区	6.73	新加坡海湾—乌节中心区	2.13
香港油尖旺中心区	5.10	北京朝阳中心区	2.09
深圳罗湖中心区	3.09	首尔江北中心区	1.95
曼谷仕龙中心区	3.02	北京西单中心区	1.78
南京新街口中心区	2.64	成都春熙路中心区	1.75
首尔德黑兰路中心区	2.55	吉隆坡迈瑞那中心区	1.73
深圳福田中心区	2.54	上海陆家嘴中心区	1.66
上海人民广场中心区	2.48	迪拜迪拜湾中心区	1.60
曼谷暹罗中心区	2.43	迪拜扎耶德大道中心区	0.85
大连中山路中心区	2.14	新德里康诺特广场中心区	0.81

资料来源:作者整理

在街区强度层面,轴核结构中心区作为中心区的高级阶段,在更高的地价、更发达的基础设施和更大规模的公共服务设施需求的驱动下,通常具有更高的街区容积率。为了研究在中心区轴核结构形成过程中容积率分布格局的发展特征,对北京朝阳中心区等20个国内外典型轴核结构中心区的容积率格局进行分析(图 3.2)。

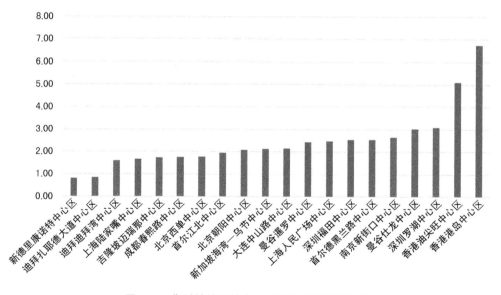

图 3.2 典型轴核结构中心区的平均街区容积率
资料来源:作者自绘

从表 3.4 与图 3.2 来看,所选 20 个典型轴核结构中心区的平均街区容积率在 0.81～6.73 之间,最高值 6.73 为香港港岛中心区,最低值 0.81 为新德里康诺特广场中心区,60% 的样本中心区平均街区容积率在 2.0 以上,这说明轴核结构中心区具有高容积率的特征。

轴核结构中心区容积率的提升，一方面表现在原有中心区内大量高层建筑、超高层建筑的建设，进一步拉升了核心区域的容积率；另一方面则表现在中心区硬核生长带来的高容积率街区范围的扩大。同时，从轴核结构中心区街区平均容积率的差异中可以发现中心区的不同功能类型对建筑强度指标高低的影响。以香港港岛、油尖旺和深圳罗湖等中心区为代表的山水型中心区格外突出，由于中心区周边受山水环境影响，发展空间受限，这进一步加强了中心区提升容积率的要求；而迪拜扎耶德和迪拜湾、上海陆家嘴、新德里康诺特等中心区的街区容积率则较不突出。

为了进一步探讨轴核结构中心区街区强度空间格局的变化趋势，研究其聚集或疏散的特征，本小节使用 GIS 软件，对轴核结构中心区综合发展标准值 O 与街区容积率的空间自相关分析的全局 G 系数 Z Score 之间进行回归分析。其中，使用轴核结构中心区发展指标 O 表示中心区硬核的发育完善程度，以空间自相关性分析的全局 G 系数 Z Score 表示中心区内街区容积率空间格局的模式特征（表 3.5）。正的 Z Score 表示容积率分布存在高值聚集，数值越高则表示高值聚集越明显；相反，负的 Z Score 表示存在容积率低值聚集。因此，若随着轴核结构中心区综合发展标准值 O 的升高，Z Score 数值发生相对应的升高（或降低），则表示轴核结构中心区发展过程中存在高容积率街区布局的聚集（或扩散）趋势。表 3.5 表示通过量化计算获得的 20 个样本轴核结构中心区的中心区综合指标 O 与 Z Score 的数值。

表 3.5　容积率与轴核结构中心区的发展完善程度的关联性

中心区名称	轴核结构中心区指标 O	Z Score	中心区名称	轴核结构中心区指标 O	Z Score
香港港岛中心区	338	10.36	曼谷仕龙中心区	176	−0.33
首尔江北中心区	322	4	吉隆坡迈瑞那中心区	175	−2.14
首尔德黑兰路中心区	297	1.72	上海陆家嘴中心区	173	10.05
新加坡海湾—乌节中心区	275	−1.57	新德里康诺特广场中心区	156	6.39
北京西单中心区	240	8.04	曼谷暹罗中心区	145	0.89
北京朝阳中心区	233	1.09	深圳福田中心区	127	3.45
上海人民广场中心区	190	10.09	大连中山路中心区	126	0.41
成都春熙路中心区	184	−7.81	南京新街口中心区	125	0.41
深圳罗湖中心区	184	3.52	迪拜迪拜湾中心区	101	3.46
香港油尖旺中心区	181	1.22	迪拜扎耶德大道中心区	76	−0.75

数据来源：杨俊宴工作室量化调研

使用 SPSS 软件对样本轴核结构中心区的 O 值与全局 G 系数 Z Score 数值进行 Pearson 分析，得出 20 个城市的相关性为 0.256，因为有极值的影响，所以在剔除了新加坡海湾—乌节中心区、成都春熙路中心区的数值后，经相关性分析检验，其余的 Pearson 数值为 0.396，为中等程度相关。分析的结果验证了样本轴核结构中心区的 O 值与全局 G 系数 Z Score 数值之间的正向关联性，表明随着轴核结构中心区硬核发育程度的提升，中心区的高容积率街区分布格局的聚集趋势进一步加强。这意味着在中心区整体容积率提升的同时，高容积率街区互相集聚形成更大的高容积率区域，同时中心区内容积率等级进一步拉开，中心区的强度格局进行加速聚集整合。

表3.6(参见彩图附录)以不同深浅的颜色表示中心区内街区的建筑强度高低，各个轴核结构中心区中的深色区域代表其中的高容积率街区，浅色区域代表其中的低容积率街区，红色轴线代表轴核结构中心区的轴核结构。通过比较深色街区的布局与红色轴线形态之间的空间关联，可以解读轴核结构中心区街区强度分布与轴核结构之间的关系。

表 3.6　典型轴核结构中心区的建筑强度格局

中心区名称	首尔江北中心区	首尔德黑兰路中心区
中心区面积	1 433.8 ha	1 189.1 ha
建筑强度分布		
中心区名称	新加坡海湾—乌节中心区	迪拜迪拜湾中心区
中心区面积	1 715.7 ha	1 039.1 ha
建筑强度分布		
中心区名称	香港港岛中心区	深圳罗湖中心区
中心区面积	610.4 ha	794 ha

建筑强度 分布		
中心区名称	新德里康诺特广场中心区	吉隆坡迈瑞那中心区
中心区面积	1 860.8 ha	1 489.5 ha
建筑强度 分布		
中心区名称	曼谷仕龙中心区	迪拜扎耶德大道中心区
中心区面积	527.4 ha	2 196 ha
建筑强度 分布		
中心区名称	曼谷暹罗	北京朝阳中心区
中心区面积	894.1 ha	2 403.8 ha

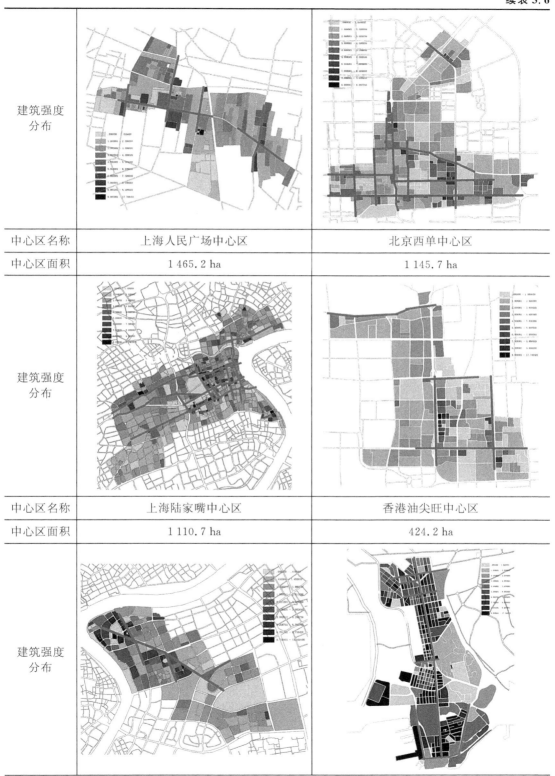

建筑强度 分布		
中心区名称	上海人民广场中心区	北京西单中心区
中心区面积	1 465.2 ha	1 145.7 ha
建筑强度 分布		
中心区名称	上海陆家嘴中心区	香港油尖旺中心区
中心区面积	1 110.7 ha	424.2 ha
建筑强度 分布		

续表 3.6

中心区名称	深圳福田中心区	大连中山路中心区
中心区面积	696.4 ha	939.4 ha
建筑强度分布	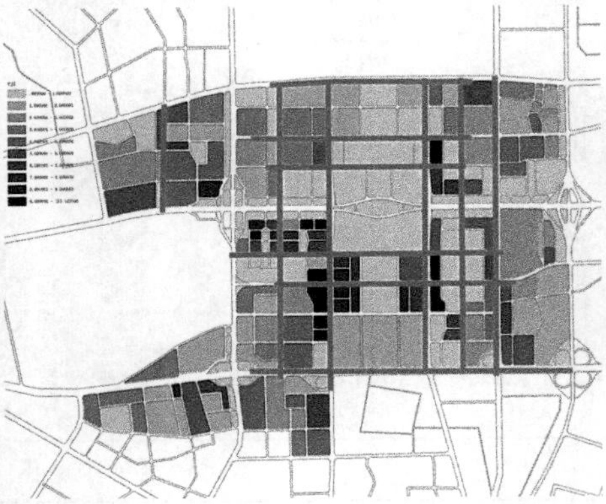	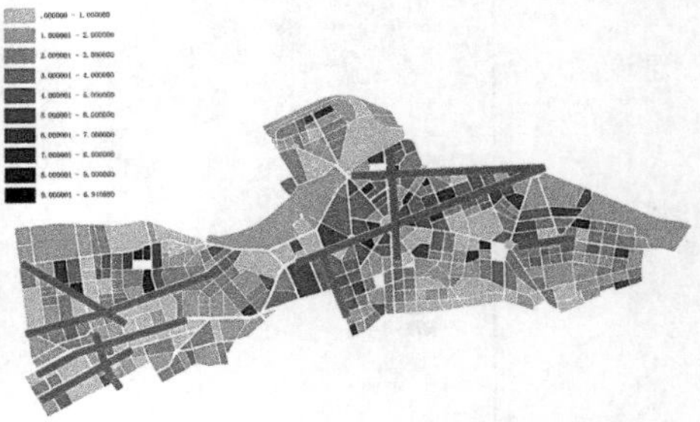
中心区名称	成都春熙路中心区	南京新街口中心区
中心区面积	731.3 ha	566.3 ha
建筑强度分布	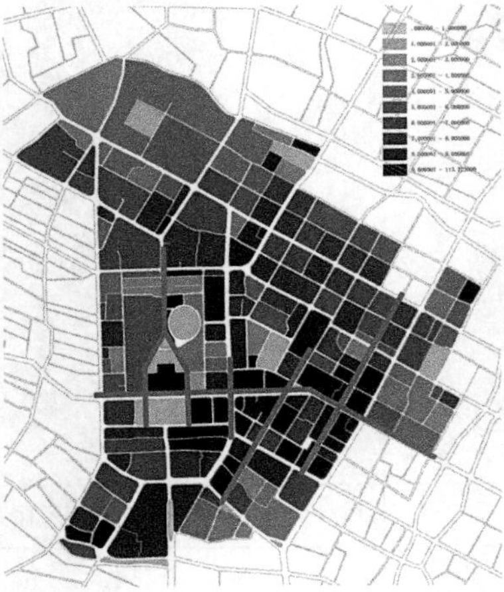	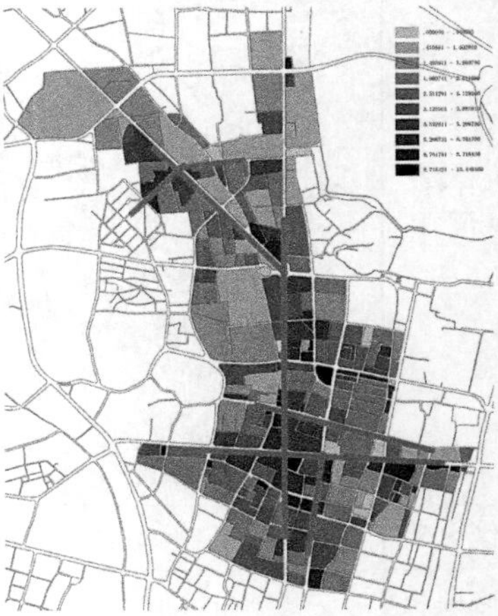

资料来源：作者自绘

从表 3.6 中可以看出，对于大部分轴核结构中心区而言，黑色街区所代表的高容积率街区基本布局于中心区内轴核结构，深灰色的容积率较高的街区也主要出现在轴核结构的周边，浅色的容积率较低的街区主要出现在轴核结构以外或轴核间的间隙地区。这说明整体上容积率的空间聚集是向轴核结构集中的，容积率的分布格局的聚集化发展与轴核结构形态存在显著的关联性。这种特征以首尔德黑兰路、新加坡海湾—乌节、吉隆坡迈瑞那、曼谷仕龙、北京西单等大部分轴核结构中心区比较突出，轴核结构周边普遍被高建筑密度的街区所占据，高密度街区分布格局基本与轴核结构的空间形态一致。以首尔德黑兰路中心区为例，中心区平均街区容积率为 2.55，其中数量最多的容积率在 2～3 的街区，占 37.4% 的比重；其次为容积率在 1～2 的街区，比重达 29.9%；容积率在 3～4 之间的街区，比重为 13.2%；容积率在 4 以上的街区，比重占 15.4%；而容积率低于 1 的街区比重最低，为

4.0%。在具体布局中,容积率大于 4 以上的街区分布高度聚集,全部分布在德黑兰路、江南大道等支撑中心区轴核骨架的道路两侧;容积率在 3~4 之间的街区主要集中在德黑兰路、江南大道、驿三路等轴核骨架的周边街区;容积率在 2~3 之间的街区主要集中在德黑兰路和驿三路之间硬核外围;而容积率在 2 以下的街区都分布在轴核骨架之间的空隙和中心区外围。总体而言,街区容积率分布形成沿轴圈层衰减的分布特征,容积率分布的簇群特征已不明显,同时存在明显的轴状高容积率分布区域,容积率由中心的轴核结构向外围逐层降低,轴核系统周边以高容积率和中高容积率街区为主,轴核空间之间和边缘则以中低容积率街区为主,中心区边缘地区容积率最低。

从首尔德黑兰路、上海陆家嘴、曼谷仕龙中心区等案例中可以总结出,较为成熟的轴核结构中心区其街区容积率的分布呈现"沿轴圈层分布"的格局。高容积率街区高度集中在轴核空间周边,中容积率街区则沿轴核系统的轴状空间两侧分布,低容积率的街区主要分布在轴核结构外围的边缘地区,形成圈层格局。这说明成熟型的轴核结构中心区整体上形成了较为清晰的以轴核系统为骨架的圈层状强度分布规律。

同时,新德里康诺特广场、迪拜迪拜湾等低等级轴核结构中心区的关联性则没有前一类显著。以新德里康诺特广场中心区为例,中心区平均容积率为 0.81,街区容积率最高值为 12,其中 71.1% 的街区容积率都在 1 以下,20.0% 的街区容积率在 1~2 之间,剩余8.9% 的街区容积率在 2 以上。从空间分布来看,容积率在 2 以上的街区呈零星簇群状态分布在中心区硬核,尚未形成轴状连绵形态,而容积率的分布也与轴核系统的空间形态关联较弱。同时,类似的现象也出现在迪拜迪拜湾中心区的容积率空间分布上。新德里康诺特广场、迪拜迪拜湾等低等级轴核结构中心区强度格局所呈现出的这种布局特征,说明在轴核结构中心区的发育中,在初期阶段强度格局还具有圈核结构阶段的圈层结构形态,但随着轴核结构的发展,强度格局逐渐向轴核形态转变,形成围绕轴状硬核连绵区的强度布局形态,中心区内形成以轴核为骨架的强度格局。

3.1.3　高度分布格局

高度形态作为中心区城市形态在垂直层面的外在表达,反映了中心区物质环境建设的历史累积,是容纳中心区各种社会活动的平台,是中心区整体风貌和形象展示的重要窗口,是塑造城市整体空间形态的重要手段,也是城市各类涉及空间形态研究的重要内容。高度形态不仅仅是中心区开发的经济性指标,还是中心区景观重要的美学指标。自 19 世纪末以来,西方国家先后开展的城市美化运动、Zoning 法规制度等,都在不同程度上对城市高度进行了严格的控制,其核心思想是如何通过城市高度形态的设计和调控,提高城市形态的美学效果。

在中心区进入轴核结构阶段后,随着城市服务产业的快速发展和土地价值的持续提升,中心区城市高层建筑不断累积和聚集,在形成现代都市景观的同时,中心区的城市整体空间风貌发生快速的变化,高层建筑布局无序、视觉景观紊乱、城市特色丧失等困扰各国中心区发展的问题在一定程度上与高度形态息息相关。为了研究在中心区轴核结构形成过程中高度形态格局的发展特征,对北京朝阳中心区等 20 个国内外典型轴核结构中心区的高度空间格局进行分析(表 3.7,图 3.3)。

表 3.7   典型轴核结构中心区的平均建筑高度

中心区名称	平均建筑高度（m）	中心区名称	平均建筑高度（m）
香港港岛中心区	69.8	成都春熙路中心区	25.6
香港油尖旺中心区	47.0	首尔德黑兰路中心区	21.3
深圳福田中心区	43.8	曼谷仕龙中心区	19.8
上海陆家嘴中心区	29.9	上海人民广场中心区	18.7
深圳罗湖中心区	29.7	曼谷暹罗中心区	17.7
北京朝阳中心区	28.9	迪拜迪拜湾中心区	16.9
新加坡海湾—乌节中心区	28.6	南京新街口中心区	14.8
大连中山路中心区	27.6	迪拜扎耶德大道中心区	14.0
吉隆坡迈瑞那中心区	25.9	首尔江北中心区	13.6
北京西单中心区	25.6	新德里康诺特广场中心区	9.1

数据来源：杨俊宴工作室量化调研

从表 3.7 与图 3.3 来看，所选 20 个典型轴核结构中心区的平均建筑高度差距较大，在 9.1～69.8 米之间，最高值 69.8 米为香港港岛中心区，最低值 9.1 米为新德里康诺特广场中心区，60% 的样本中心区平均建筑高度在 20 米以上，但样本之间差异较大，较典型的香港港岛、油尖旺、福田中心区等平均高度在 40 米以上，远高于其他中心区，形成了以高层建筑为主体的中心区景观；而上海陆家嘴、深圳罗湖、北京朝阳等中心区平均建筑高度在 15～30 米之间，虽有部分高层建筑，但不构成中心区建筑景观的主体；最后一部分是以南京新街口、迪拜扎耶德大道、首尔江北、新德里康诺特为代表的中心区，平均高度在 15 米以下，建筑

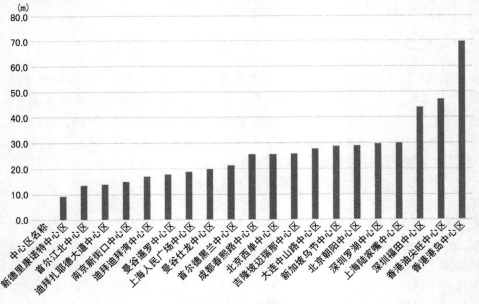

图 3.3   典型轴核结构中心区的平均建筑高度
资料来源：作者自绘

景观以中低层建筑为主体。这说明轴核结构中心区的空间景观形态差异很大,一部分中心区形成了以高层建筑为主体的高度结构,但同时也有少数比例中心区在进入轴核阶段仍旧保持着以中低层建筑为主体的形态风貌,形成较大的形态差异。

为了探讨轴核结构中心区建筑高度空间格局的变化趋势,研究其聚集或疏散的特征,本小节使用 GIS 软件,对轴核结构中心区综合发展标准值 O 与建筑高度空间自相关分析的全局 G 系数 Z Score 之间进行回归分析。其中,使用轴核结构中心区发展指标 O 表示中心区硬核的发育完善程度,以空间自相关性分析的全局 G 系数 Z Score 表示中心区内建筑高度空间格局的模式特征(表 3.8)。正的 Z Score 表示容积率分布存在高值聚集,数值越高则表示高值聚集越明显;相反,负的 Z Score 表示存在容积率低值聚集。因此,若随着轴核结构中心区综合发展标准值 O 的升高,Z Score 数值发生相对应的升高(或降低),则表示轴核结构中心区发展过程中存在高层建筑布局的聚集(或扩散)趋势。表 3.8 表示通过量化计算获得的 20 个典型轴核结构中心区的中心区综合指标 O 与 Z Score 的数值。

表 3.8　建筑高度与轴核结构中心区的发展完善程度的关联性

中心区名称	轴核结构中心区总和发展指标 O	Z Score	中心区名称	轴核结构中心区总和发展指标 O	Z Score
北京朝阳中心区	233	5.67	上海人民广场中心区	190	−12.37
北京西单中心区	240	−1.2	深圳福田中心区	127	−4.41
成都春熙路中心区	184	−3.11	深圳罗湖中心区	184	−7.03
大连中山路中心区	126	13.72	首尔德黑兰路中心区	297	−35.67
迪拜迪拜湾中心区	101	−4.62	首尔江北中心区	322	0
吉隆坡迈瑞那中心区	175	4.01	香港港岛中心区	338	3.07
曼谷仕龙中心区	176	20.35	香港油尖旺中心区	181	3.32
曼谷暹罗中心区	145	5.27	新德里康诺特广场中心区	156	12.03
南京新街口中心区	125	0	新加坡海湾—乌节中心区	275	4.03
上海陆家嘴中心区	173	−9.81	迪拜扎耶德大道中心区	76	0.12

数据来源:作者计算

使用 SPSS 软件对样本轴核结构中心区的 O 值与全局 G 系数 Z Score 数值进行分析,经相关性分析,20 个样本中心区的相关性数据为 −0.243,负相关性极弱或无相关。结果表明,与街区强度、密度不同,轴核结构中心区的高度形态空间布局差异较大,并没有出现明显的聚集或扩散的运动趋势。

从上文的分析来看,空间形态的三个主要指标——密度、强度和高度在轴核结构中心区空间聚集的发展过程中,变化特征有所不同。街区密度、街区强度指标的空间分布格局在轴核结构中心区发展过程中出现了明显的集聚化特征,高强度、高密度的街区相互整合、联系,形成孔洞连绵化的聚集簇群;与此同时,建筑高度指标在这个过程中,并没有发生明显的聚集化过程。由于街区密度、街区强度指标主要受到中心区开发过程中经济要素的驱动，而高度指标受到经济要素的影响则相对较小，更多的是受到空间美学、交通等其他因素的影响，这间接说明空间集聚过程的主要影响因素是经济因素。经济因素对轴核结构中心区空间聚集的影响机制主要体现在随着中心区等级的升级和承担功能的提升，中心区地价快速增加，开发商不得不通过增加建筑容积率和覆盖率来起到增加建筑面积和稀释地价的作用，这是引起轴核结构中心区街区的形态变化在街区强度和密度方面特别凸显的原因。

3.1.4　小结

中心区在脱离圈核结构阶段进入轴核结构阶段之后，在强有力的经济发展驱动下，进行建筑建设和中心区扩张，通过一系列空间形态的聚集化过程，完成中心区空间形态布局模式的转变。在这个空间运动过程中，空间形态的高度集聚化是轴核结构中心区空间形态发展的主要特征。这种运动过程的发生，更多的是因为受到中心区发展的经济因素的影响，即中心区所占据的城市突出的地缘优势和丰富的发展资源，使其土地价格持续攀升，促使中心区通过高强度和高密度的空间增长，来使中心区寸土寸金的土地资源得以高效集约利用，这使得中心区在进入轴核阶段之后在强度与密度指标上发生了显著的增长和空间集聚过程。同时，由于高度指标并非直接受到经济因素的驱动，所以轴核结构中心区在高度方面的聚集特征并不显著。

轴核结构中心区的空间集聚化运动，体现了中心区在进入高级阶段之后对空间资源的一种整合过程。在圈核结构阶段，有限的发展资源如交通设施、资金和设施都高度集中于主核区域，一定程度上限制了主核周边及亚核的发展。而进入轴核结构阶段之后，一方面中心区得到了更充足的发展资源，有了更高的发展动力，另一方面，经济活动过度集中于主核带来的交通拥堵、竞争等负面效应，这也促使主核产业向周边迁移。在这样的动力驱动下，原有的主核和亚核的产业沿主要空间廊道相向扩展，并最终形成了一个连绵化的形态集聚区。

形态集聚区：中心区内高强度、高密度街区集聚发展的区域，主要由高层建筑和大型公用建筑构成，形态集聚区拥有大量丰富的公共空间，为中心区提供了产业活动发生的主要平台，因而是中心区内重要的空间组成部分，往往位于硬核区域内。

轴核结构中心区空间形态集聚区向中心区的轴核结构区域聚集。城市空间形态格局向轴核的集中是一个渐进的过程，较低等级的轴核结构中心区还具有圈核结构阶段形态布局特征，形态集聚区往往围绕硬核呈簇群状分布，原"主核-亚核"空间范围内具有中心区最高的街区强度和街区密度，围绕簇群状的形态集聚区，街区强度和密度呈现圈层状递减，形态格局形成"簇群圈层式"的布局模式。随着轴核结构的成熟，空间形态向轴核结构集中，在中心区内形成以轴核为骨架的形态结构，形态格局逐渐向轴核形态转变，形态集聚区的范围扩大，并沿空间轴线呈现带状形态，街区强度和密度以轴核为中心，向轴线两侧圈层状递减，形态格局形成"轴状圈层式"的布局模式，中心区内形成以轴核为骨架的强度形态格局。这使得轴核结构中心区的聚集特征相对于圈核结构中心区更加凸显。在上海人民广场、首尔德黑兰路等高等级中心区中，轴核结构所在区域在空间形体上都出现了容积率和建筑密度的高度集聚，表现为沿轴核空间的高容积率街区和高密度街区，并在轴核节点地区尤其突出。在轴核结构中心区的发育中，这种非均衡发展一方面使中心区硬核与其他基质地区的空间形态差异更加凸显,另一方面使得中心区硬核得以快速连绵整合,形成一体化的硬核连绵区。这种连绵化的硬核形态发展打破了主亚核的圈层结构,形成该阶段中心区空间发展的主要形态特征。

轴核结构中心区高度集聚化的结果就是中心区硬核空间形态的快速整合,空间形态上从孤立零散的斑块化簇群向孔洞连绵化簇群转变,空间等级上从差异明显的"主核-亚核"的强等级结构向主亚核解体的弱等级结构转变,空间景观上从均质化的建筑群形态向兼具高强度、高密度的大型超高层建筑群转变。

3.2 轴核结构中心区交通特征解析

在城市空间增长过程中,交通因素发挥着重要的作用,伴随着城市中心区由一个单一的公共设施聚集核心区拓展为主核与亚核体系及其轴环连线所组成的圈核结构中心区,并在此基础上继续拓展,公共设施面状聚集形成了更趋成熟的轴核结构中心区,中心区的交通形态也在同步发生着变化。轴核结构中心区的交通形态具有什么样的特征?其与轴核结构中心区的空间结构形成什么样的互动关系?为了回答这些问题,本节从路网结构、路网输配和轨道交通特征等三个方面进行解析。

3.2.1 路网结构特征

影响中心区结构发展的诸多因子中,城市路网结构及道路可达性是重要因素之一。中心区整体交通网络结构是经济活动运行与土地利用分布的基础,道路可及性则决定了中心区各地段与城市的联系内容、强度和方向等等,只有当中心区具有良好的总体路网结构时,才能与整个城市的空间骨架相融合,发挥最大的社会效益,并且以良好的状态持续发展。因此,讨论轴核结构中心区的总体路网结构特征及其对轴核结构中心区形态的影响关系,对了解轴核结构中心区结构的形成具有重要的研究价值。

空间句法(space syntax)理论是研究城市道路空间结构和可达性分布的重要工具之一。"空间句法"理论由 Bill Hillier 于 20 世纪 70 年代提出,其理论的核心观点是城市空间与空间的社会属性存在高度相关性,城市空间的社会性功能可以通过对城市空间的分析加以解释和优化,从而提供了从空间系统内部认知城市社会功能布局的有效手段。该理论认为,城市空间的所有社会功能取决于其中的行为主体的运动流,人们使用空间的先决条件是感知并到达空间,行为主体到达空间的难易程度会影响空间的使用频率,因此,空间社会职能的等级分化并不完全依赖于自身的尺度或其他自然属性,而是它与其他空间之间的连接组织关系[68]。这为城市中心区的结构发展提出了空间层面的理论解释,即街道活力的本质来源于街道结构,与城市存在特殊连接组织关系的街道拥有较好的可达性,进而吸引商业及服务设施的聚集,构成了中心区硬核等核心节点发展的原动力。

在应用层面,该方法将空间形态具体化,开发出一套可以量化空间元素的数值,如空间连接值(connectivity value)、集成度(integration)、智能度(intelligibility)等,使空间组成能够在计算机辅助之下应用于空间的分析与设计。其中,集成度指标由于对空间系统中具有关键空间整合力的区域具有较高的区分度,已广泛应用于分析预测城市系统中人流与车流、土地的价值、城市交通中的可达性分析。集成度反映了一个单元空间与系统中所有其他空间的集聚或离散程度。如果空间系统中集成度高,则表示该空间在系统中的便捷程度高;反之,空间处于不便捷的位置。集成度(I_i)的计算公式为[77]:

$$I_i = (n-2)/2 \cdot (\overline{D}-1) \qquad (公式 3-3)$$

其中,深度值 D 指在一个空间系统中某一单元空间到其他空间的最小连接数,n 则代表集成度分析的空间范围。集成度分析依据分析范围可以分为全局集成度和局部集成度。全局集成度表示节点与整个系统内所有节点联系的紧密程度,称为 $n-x$ 集成度;而局部集成度是表示某节点与其周边一定深度值内的节点间联系的紧密程度,通常计算深度值为 3。

本书以空间句法理论为基础,考察北京朝阳中心区等 20 个国内外典型轴核结构中心区路网系统的集成度特征,探讨路网结构对轴核结构中心区形态发展的影响。集成度数值通过使用 Axwoman 4.0 软件分别计算样本中心区的局部集成度(local integration)指标,n 取值为 3,并将中心区轴线根据局部集成度数值高低采用从蓝色到红色的渐变色,依次代表局部集成度从低到高,并且为了更清晰地显示集成度峰值的分布情况,将集成度分布前 10% 的道路轴线作为集成核在图中高亮显示。最后,将所有样本中心区的局部集成度分布图、集成核分布图与中心区轴核系统图汇总于表 3.9(参见彩图附录)。

表 3.9 轴核结构中心区局部集成度分布图、集成核分布图与中心区轴核系统图

中心区名称	局部集成度	空间句法集成核	中心区轴核系统
北京朝阳中心区			
北京西单中心区			

续表 3.9

中心区名称	局部集成度	空间句法集成核	中心区轴核系统
上海人民广场中心区			
上海陆家嘴中心区			
香港港岛中心区			
香港油尖旺中心区			
首尔江北中心区			

中心区 名称	局部集成度	空间句法集成核	中心区轴核系统
首尔 德黑 兰路 中心区			
迪拜 扎耶德 大道 中心区			
迪拜 迪拜湾 中心区			
新德里 康诺特 广场 中心区			
深圳 罗湖 中心区			

中心区名称	局部集成度	空间句法集成核	中心区轴核系统
吉隆坡迈瑞那中心区			
曼谷仕龙中心区			
新加坡海湾—乌节中心区			
深圳福田中心区			
曼谷暹罗中心区			

中心区名称	局部集成度	空间句法集成核	中心区轴核系统
南京新街口中心区		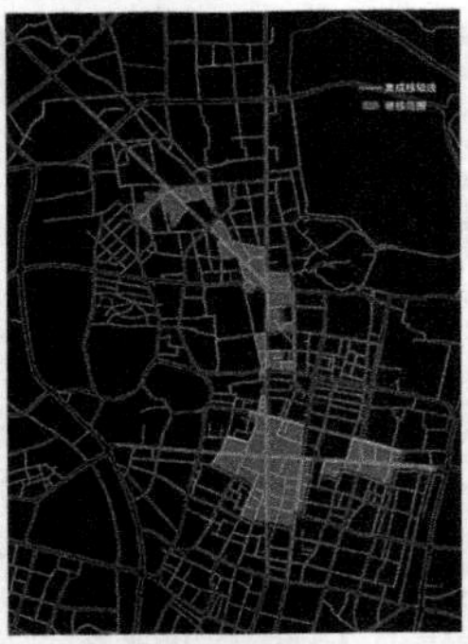	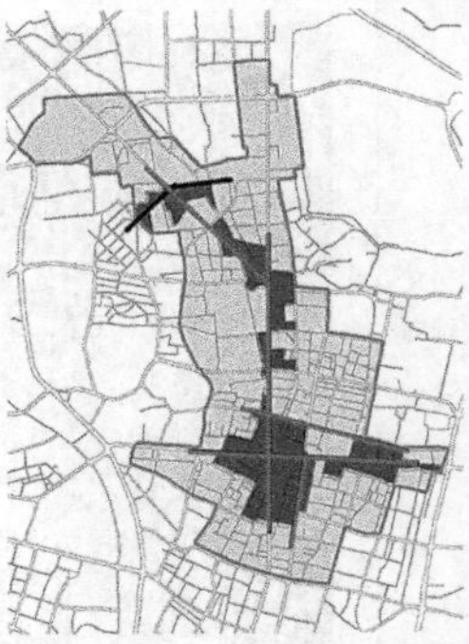
成都春熙路中心区		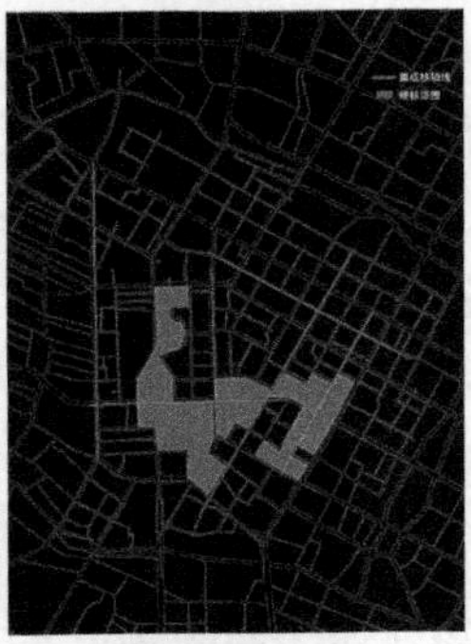	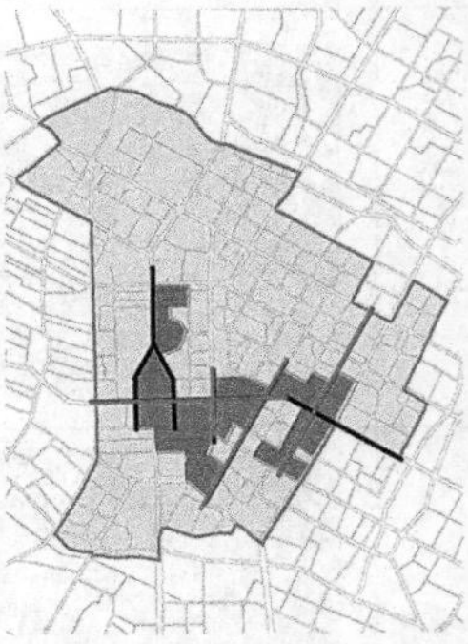
大连中山路中心区			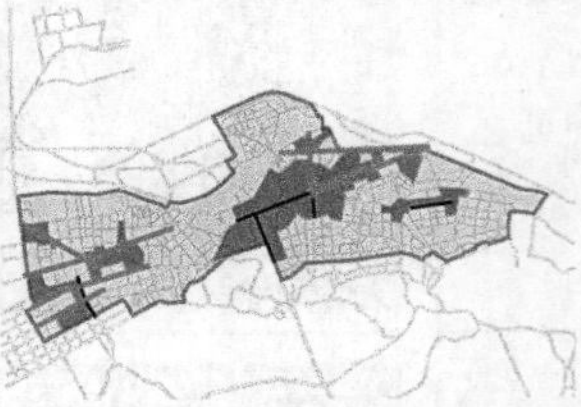

资料来源:作者自绘

　　表 3.9 中,灰色区域为中心区硬核范围,在中心区轴核系统图中红色轴线为中心区硬核轴线与集成核轴线的重叠部分,黑色轴线为中心区硬核轴线不与集成核轴线重叠的部分。可以看出,轴核结构中心区空间句法集成核与硬核轴线具有高度的相关性,所有中心区(20个)都至少有 4 条硬核轴线与集成核轴线重合,45%的中心区(9 个)都有 10 条以上硬核轴线与集成核轴线重合,这表明轴核结构中心区的硬核轴线分布与道路网络总体结构具有高度相关性,硬核轴线具有高集成度的特点,中心区中集成度最高的空间轴线往往成为轴核系统的空间发展轴。

　　进而,我们可以从轴核系统和其道路网络集成核的匹配程度入手,将轴核结构中心区分为若干类型。在表 3.10 中,以与集成核重合的硬核轴线数量与硬核轴线总数量作为硬核轴线匹配度指标。其中,曼谷仕龙和暹罗、北京西单和朝阳、上海陆家嘴中心区匹配度较高,匹配度均超过 75%,说明以上中心区的轴核系统具有较强的空间轴向性;而迪拜扎耶德大道和迪拜湾、香港油尖旺、首尔江北中心区匹配度较低,匹配度均低于 50%,说明以上中心区的轴核系统空间轴向性较弱。

表 3.10 轴核结构中心区硬核轴线与集成核轴线匹配度

中心区名称	硬核轴线总数量	与集成核重合的硬核轴线数量	硬核轴线匹配度
曼谷仕龙中心区	6	6	100.00%
曼谷暹罗中心区	6	5	83.33%
北京西单中心区	5	4	80.00%
北京朝阳中心区	12	9	75.00%
上海陆家嘴中心区	4	3	75.00%
南京新街口中心区	7	5	71.43%
新德里康诺特广场中心区	10	7	70.00%
首尔德黑兰路中心区	15	10	66.67%
深圳罗湖中心区	9	6	66.67%
深圳福田中心区	12	8	66.67%
大连中山路中心区	11	7	63.64%
香港港岛中心区	8	5	62.50%
上海人民广场中心区	12	7	58.33%
成都春熙路中心区	7	4	57.14%
新加坡海湾—乌节中心区	10	5	50.00%
吉隆坡迈瑞那中心区	12	6	50.00%
首尔江北中心区	11	5	45.45%
迪拜迪拜湾中心区	7	3	42.86%
香港油尖旺中心区	9	3	33.33%
迪拜扎耶德大道中心区	5	1	20.00%

数据来源：作者计算

那么从此入手，可以将轴核结构中心区分为如下两个类型：

（1）强轴型中心区

中心区硬核轴线匹配度大于50%的中心区为强轴型中心区，包括曼谷仕龙和暹罗、北京西单和朝阳等中心区在内的大部分轴核结构中心区均属于此类型。强轴型中心区的特点是中心区硬核围绕中心区最为核心的空间轴线产生，硬核与城市的联系紧密，硬核形态具有较强的轴向性，且中心区各个部分联系紧密。空间轴线作为硬核的核心空间，不仅成为硬核发展的基础，也引导了硬核空间发展的方向。

强轴型中心区以北京西单中心区为典型（图3.4）。中心区内动物园硬核、西直门硬核、金融街硬核沿二环、复内大街、西外大街等轴线线性展开，中心区道路结构中的核心轴线不仅承担着道路系统的骨架作用，也成为中心区公共服务活动的核心空间。

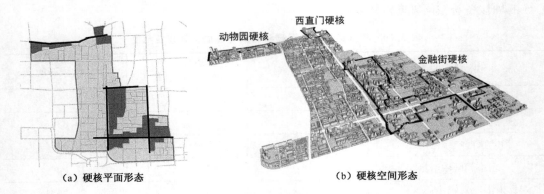

（a）硬核平面形态　　　　　　　　（b）硬核空间形态

图 3.4　北京西单中心区硬核形态

资料来源：作者自绘

　　强轴型中心区内硬核形态与中心区内具有较大空间整合力的轴线具有较大的同构性，因而硬核得以借助空间轴线进行连绵化发展。由于硬核的连绵化本身就是轴核结构中心区阶段的重要特征，因而强轴型中心区在空间发展上具有更大的优势，有利于发展较大规模的硬核系统。同时，中心区内高集成度的轴线往往也是与城市联系最紧密的城市主要干道，硬核系统与这些道路协同发展，也有利于中心区与城市间的资源交换，因而有利于轴核结构中心区的发展。

　　（2）弱轴型中心区

　　中心区硬核轴线匹配度小于 50％的中心区为弱轴型中心区，迪拜扎耶德大道和迪拜湾、香港油尖旺、首尔江北等中心区均属于此类型。弱轴型中心区的空间特征包括两种：一种是中心区硬核由于各种特殊历史原因，并未位于中心区的核心区位，而偏于一隅发展（如迪拜扎耶德大道中心区、首尔江北中心区）；另一种是硬核初始发端于中心区的核心区位，但由于滨水景观等因素的吸引，而脱离中心区的空间轴线发展（如香港油尖旺中心区、迪拜迪拜湾中心区）。

　　弱轴型中心区以香港油尖旺中心区为典型（图 3.5）。中心区内弥敦道纵贯南北，是中

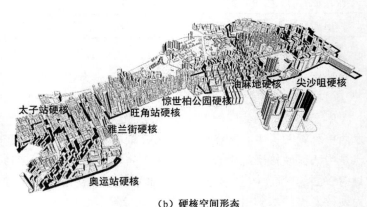

（a）硬核平面形态　　　　　　　　（b）硬核空间形态

图 3.5　香港油尖旺中心区硬核形态

资料来源：作者自绘

心区的核心空间轴线,但受到中心区南侧滨水景观资源的吸引,尖沙咀硬核并未沿弥敦道轴线向北发展,而是沿着滨水空间向东西方向线性展开,弥敦道沿线的油麻地硬核与旺角站硬核均发展较弱,难以形成强有力的硬核轴线。

弱轴型中心区并非没有强有力的空间轴线,而是空间轴线与硬核发展并不处于一种叠合同构的状态。在这种情况下,硬核难以借助空间轴线进行大规模的蔓延,因而会先表现出围绕原有主核与亚核周边主要道路的团块状硬核蔓延。这种由路网结构特征引发的中心区硬核发展差异,往往使中心区在进入轴核系统阶段的初期,就表现出截然不同的形态差异。

3.2.2 路网输配特征

中心区内的交通路网是一个复杂的输配系统,与中心区内产业发展紧密结合,发挥着重要作用。在对单核、圈核结构中心区的研究中发现,路网输配体系的综合效率是中心区发展的关键要素。作为中心区发展的高级阶段,轴核结构中心区的交通路网更加复杂。本节选取 20 个典型轴核结构中心区案例,对其路网密度指标进行计算,在此基础上研究轴核结构中心区交通路网的输配能力与中心区形态发展的关系(表 3.11)。

表 3.11　轴核结构中心区道路路网密度数据表

	中心区名称	建筑面积 (万 m²)	用地面积 (ha)	路网密度 (km/km²)
高密 路网 中心区	香港港岛中心区	3 111	610	20.1
	香港油尖旺中心区	1 599	424	16.6
	首尔德黑兰路中心区	2 410	1 189	14.9
	首尔江北中心区	2 196	1 434	14.9
	大连中山路中心区	1 602	939	14.5
	深圳福田中心区	1 467	696	13.3
	南京新街口中心区	2 138	972	13.0
	成都春熙路中心区	1 708	731	12.7
	迪拜迪拜湾中心区	1 250	1 039	12.1
	曼谷仕龙中心区	1 328	527	11.7
	上海人民广场中心区	2 874	1 465	11.4
	深圳罗湖中心区	2 023	794	10.3
	曼谷暹罗中心区	1 732	894	10.3
	新加坡海湾—乌节中心区	2 923	1 716	10.1
	吉隆坡迈瑞那中心区	2 666	1 490	10.0

中心区名称		建筑面积 （万 m²）	用地面积 （Ha）	路网密度 （km/km²）
低密 路网 中心区	迪拜扎耶德大道中心区	1 645	2196	9.0
	新德里康诺特广场中心区	1 103	1 861	8.5
	北京西单中心区	1 748	1 146	8.4
	上海陆家嘴中心区	1 483	1 111	7.5
	北京朝阳中心区	4 219	2 404	7.1

资料来源：作者整理

从表 3.11 中可以发现，样本中心区路网密度差异比较大：最高值为 20.1 km/km²（香港港岛中心区），除此之外路网密度较高的中心区还包括香港油尖旺中心区、首尔德黑兰路中心区、首尔江北中心区、大连中山路等中心区；最低值为 7.1 km/km²（北京朝阳中心区），除此之外路网密度较低的中心区还包括迪拜扎耶德大道中心区、新德里康诺特广场中心区、北京西单中心区、上海陆家嘴中心区。

根据路网密度的高低，可以把样本中心区分为以下两个类型：

（1）高密路网中心区

路网密度大于 10.0 km/km² 的中心区为高密路网中心区，包括香港港岛中心区、香港油尖旺中心区、首尔德黑兰路中心区、首尔江北中心区、大连中山路中心区、深圳福田中心区、南京新街口中心区、成都春熙路中心区、迪拜迪拜湾中心区、曼谷仕龙中心区、上海人民广场中心区、深圳罗湖中心区、曼谷暹罗中心区、新加坡海湾—乌节中心区、吉隆坡迈瑞那中心区。这些中心区路网密度比较高，街区较小，平均街区面积大部分在 4 公顷以下。

轴核结构中心区硬核蔓延生长的主要空间是城市道路，由于高密路网所具有的均质网络化特征，路网在可达性上往往较为均衡，所以硬核在发展初期往往倾向于团块化发展。另一方面，由于高密路网中心区拥有更密集的道路网络，因而硬核可以更便捷地向周边发展连绵，有利于形成更大规模的硬核连绵区。典型的高密路网中心区如首尔德黑兰路和江北中心区、上海人民广场中心区都形成了较大的硬核连绵区，因而高密路网中心区在空间发展上具有更大的优势，有利于发展较大规模的硬核系统。

（2）低密路网中心区

路网密度小于 10.0 km/km² 的中心区为低密路网中心区，包括迪拜扎耶德大道中心区、新德里康诺特广场中心区、北京西单中心区、上海陆家嘴中心区、北京朝阳中心区。这些中心区路网密度较低，街区较大，平均街区面积大部分在 4 公顷以上。

低密路网中心区相较于高密路网中心区，路网更稀疏，往往硬核内只有少数几条道路可供向外拓展的空间依托，所以低密路网中心区的硬核形态更倾向于带状发展。同时由于路网密度较低，所以低密路网中心区发展成为连绵化的大型硬核系统比高密路网中心区更加困难。

为了进一步了解道路密度与轴核结构中心区轴核结构发展的关系，分别对样本中心区内的路网密度分布进行研究（表 3.12，参见彩图附录），表中深红色区域表示高路网密度区域，绿色区域表示低路网密度区域，蓝色区域为中心区外围，黑色线条为轴核结构中心区硬核轴线。

表 3.12 轴核结构中心区硬核轴线与集成核轴线匹配度

北京朝阳中心区	北京西单中心区	上海人民广场中心区	上海陆家嘴中心区
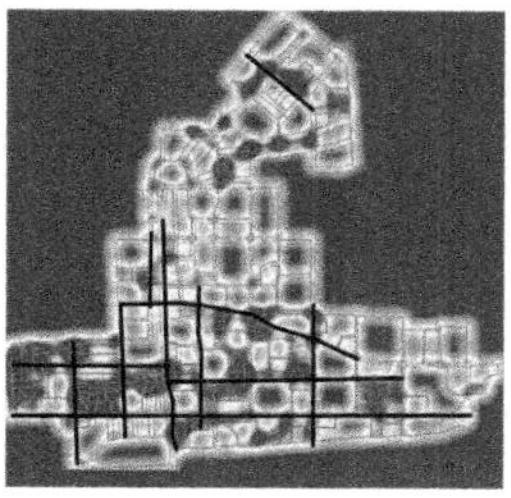	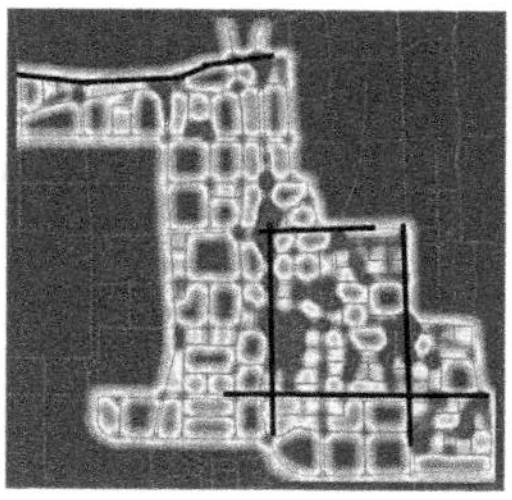	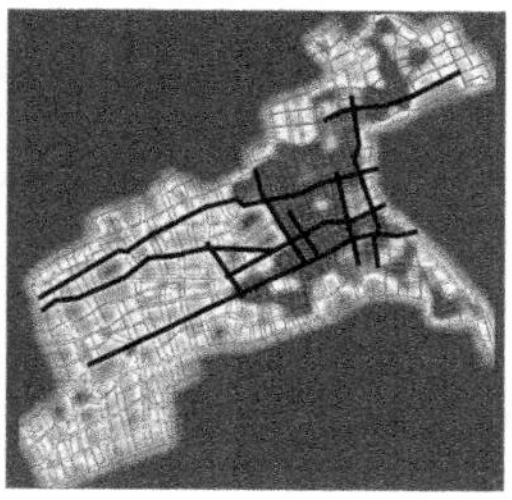	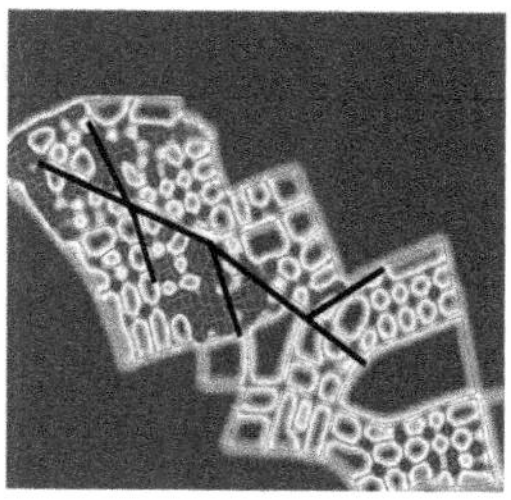
香港港岛中心区	首尔江北中心区	深圳罗湖中心区	大连中山路中心区
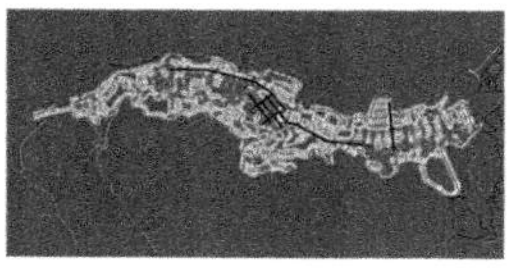	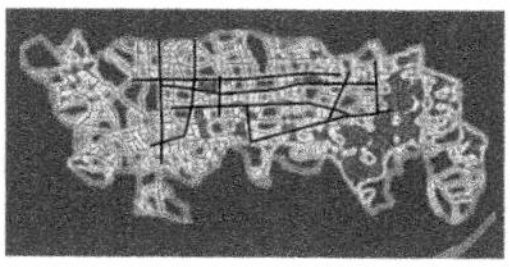		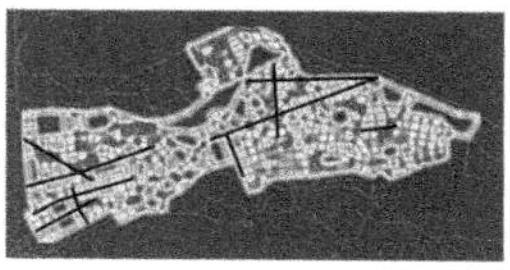
迪拜迪拜湾中心区	吉隆坡迈瑞那中心区	新加坡海湾—乌节中心区	新德里康诺特广场中心区
	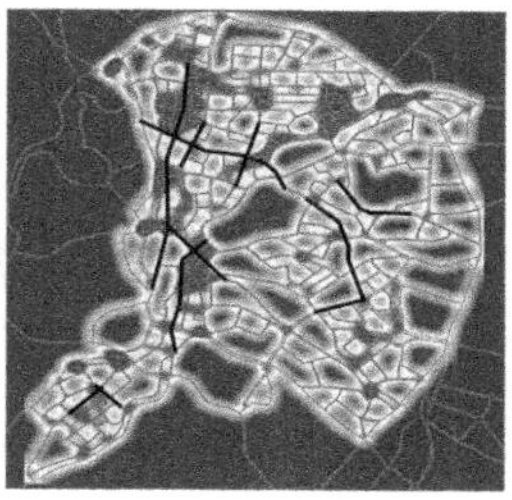	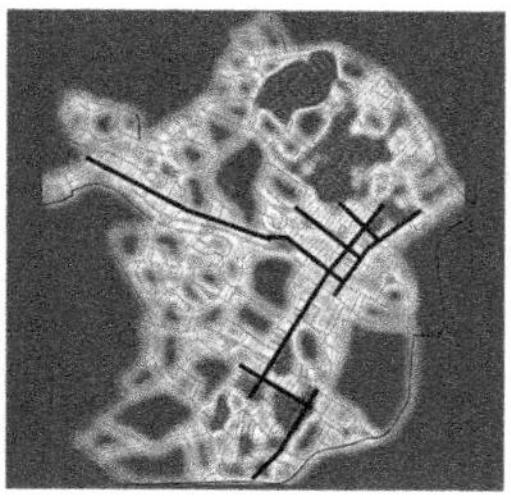	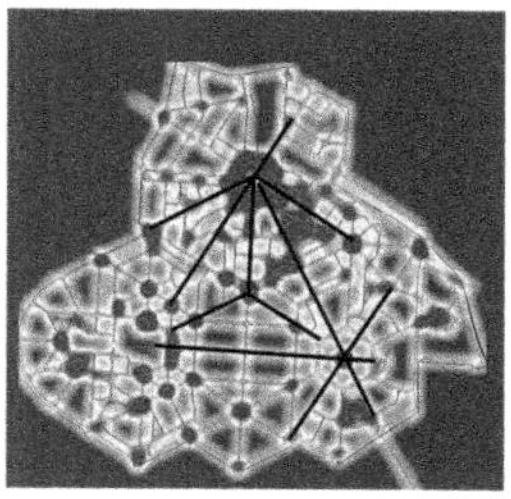
香港油尖旺中心区	迪拜扎耶德大道中心区	南京新街口中心区	成都春熙路中心区
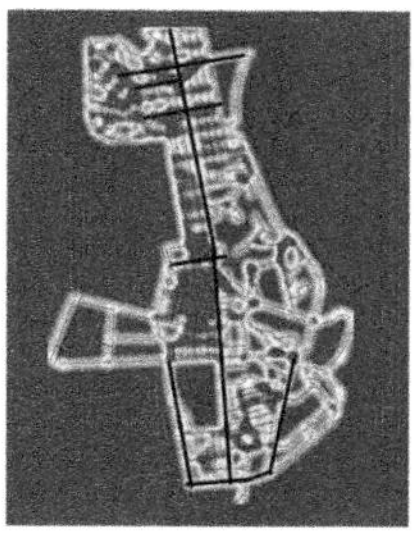	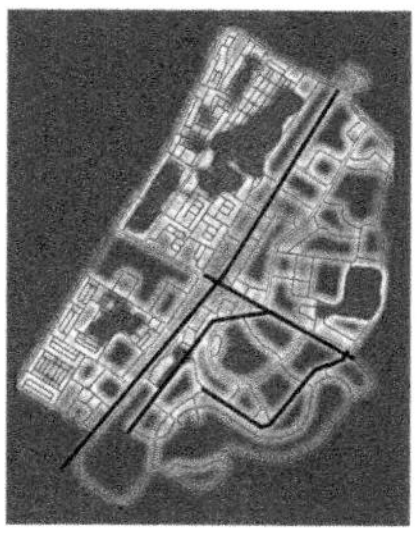	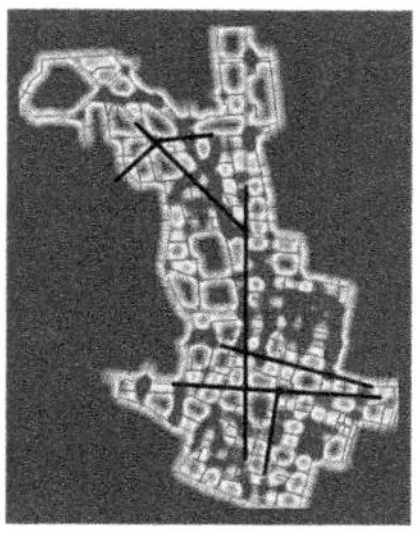	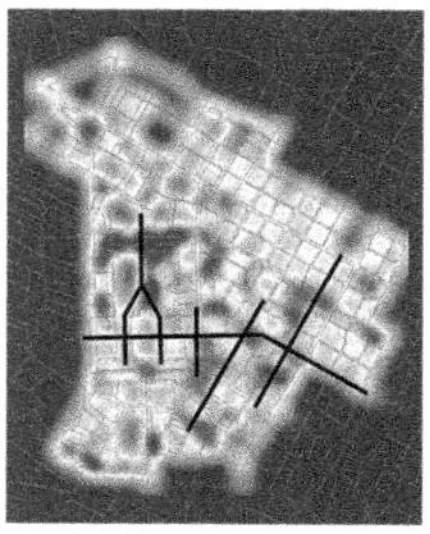
首尔德黑兰路中心区	深圳福田中心区	曼谷仕龙中心区	曼谷暹罗中心区
	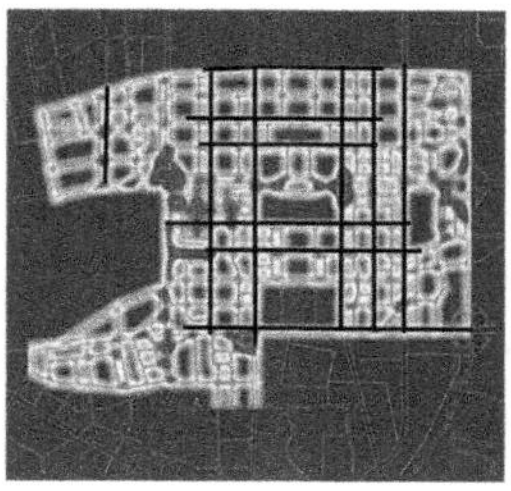	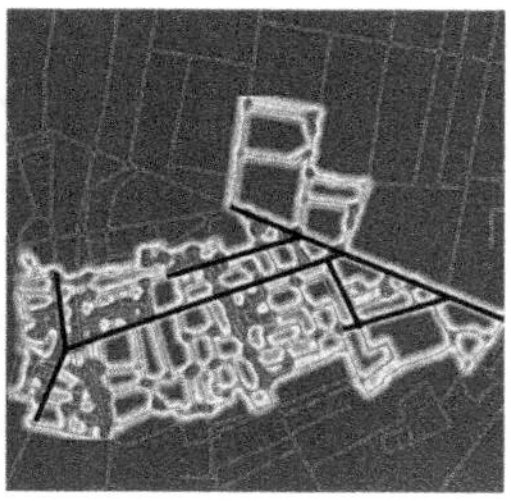	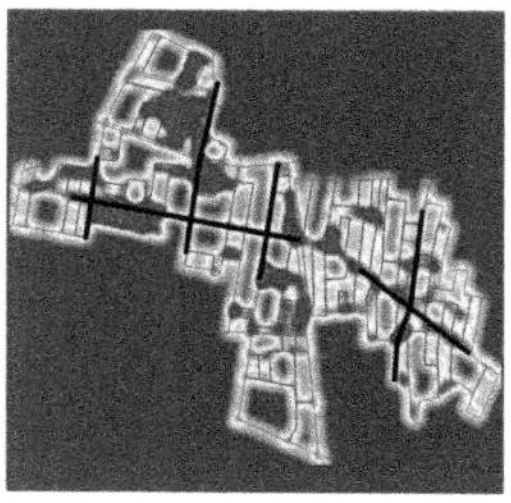

资料来源：作者自绘

从表 3.12 中可以发现，与单核、圈核结构中心区不同，轴核结构中心区的硬核形态与其路网密度分布的关系并不完全相同，部分中心区如新德里康诺特广场中心区、北京西单中心区、上海陆家嘴中心区、北京朝阳中心区，其硬核形态与路网密度分布较为一致，而另一部分中心区如上海人民广场中心区、深圳罗湖中心区、深圳福田中心区等，其硬核形态部分位于高路网密度区域，但也有大量硬核轴线位于中低路网密度区域。因此，可将中心区分为：

(1) 强网中心区

强网中心区即中心区硬核形态发展与交通路网密度分布具有较高关联性的中心区，包括北京朝阳中心区、北京西单中心区、上海陆家嘴中心区、深圳罗湖中心区、吉隆坡迈瑞那中心区。

(2) 弱网中心区

弱网中心区即中心区硬核形态发展与交通路网密度分布具有较低关联性的中心区，包括上海人民广场中心区、香港港岛中心区、首尔江北中心区、新德里康诺特广场中心区、大连中山路中心区、迪拜迪拜湾中心区、新加坡海湾—乌节中心区、香港油尖旺中心区、迪拜扎耶德大道中心区、南京新街口中心区。

从中我们可以发现有趣的现象，即硬核形态发展与交通路网密度分布关联性较高的强网中心区多数是低密路网中心区，而关联性较低的弱网中心区多数是高密、中密路网中心区。这说明了一个重要的结论：路网输配能力是影响轴核结构中心区形态发展的重要因素，但是随着中心区路网的建设，中心区内部各地段交通输配能力的差异减小，路网输配要素对轴核结构中心区结构发展的影响力逐渐减弱。

3.2.3 轨道交通特征

面对全球严峻的土地短缺和生态污染问题，城市轨道交通或具有城市轨道交通服务特性的 BRT 系统在未来大城市中心区城区的主导地位已经凸显。作为一种快速、大运量的交通方式，轨道交通从其问世以来，就表现出对城市中心区土地开发的导向作用。已有研究表明，轨道站点地区的可达性和人流集中的优势在空间上会吸引原先的城市中心向站点地区的空间转移。这种现象可以根据区位理论进行解释，轨道站点作为交通区位优势地区，解决了城市中心区高强度开发所带来的常规交通难以满足的可达性需求，提供对城市中心区发展必需的基础设施支撑。这种支撑尤其表现在对中心区的零售商业功能的促进上，由于轨道交通站点的人流量充足，可以为商业中心带来充足的商业客流，从而促进商业产业的发展，使轨道站点周边成为公共服务功能集中和高强度开发的地区[78]。因此，对于轴核结构中心区这样一个处于人口高强度聚集、经济活动高速运转、空间高效率利用的区域，轨道交通网络对中心区空间结构和土地利用的发展有重要影响。

为了研究轨道交通对轴核结构中心区形态结构的影响，本小节对 20 个典型轴核结构中心区的轨道站点(包含地铁、轻轨等具有大运量交通服务特性的交通系统)进行梳理，在此基础上研究轴核结构中心区轨道交通建设与中心区形态发展的关系(表 3.13)。

表 3.13 轴核结构中心区轨道站点空间分布图

北京朝阳中心区	北京西单中心区	上海人民广场中心区	上海陆家嘴中心区
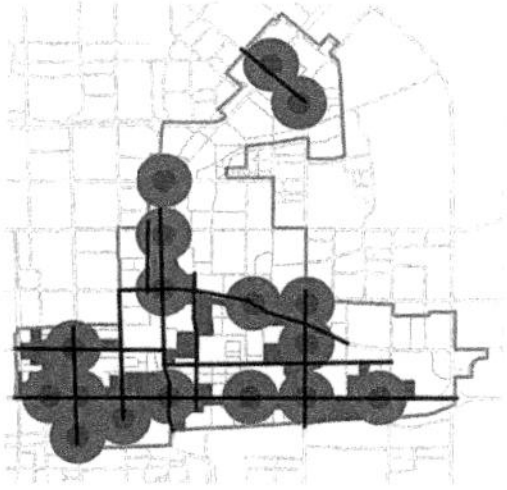	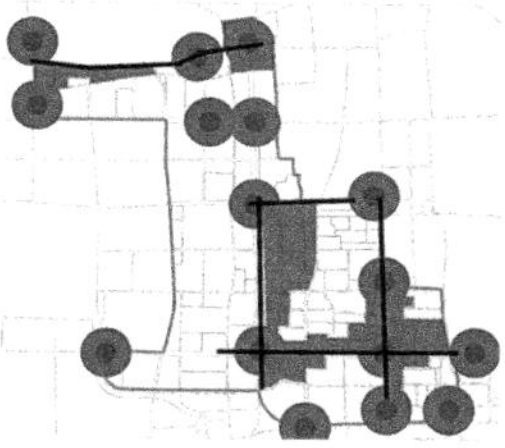	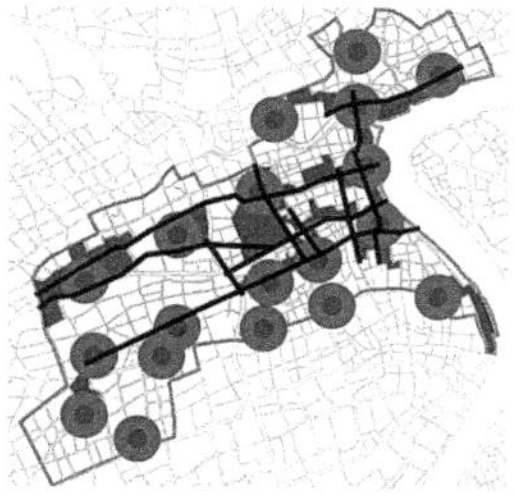	
香港港岛中心区	首尔江北中心区	深圳罗湖中心区	大连中山路中心区
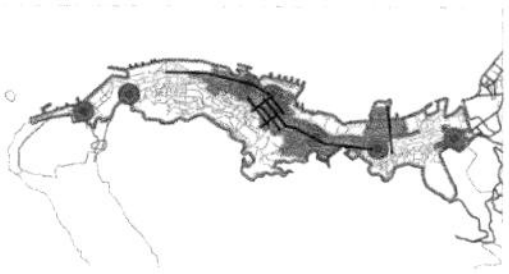	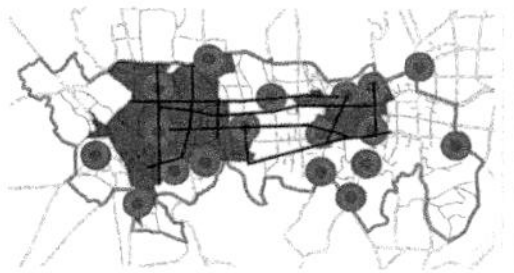		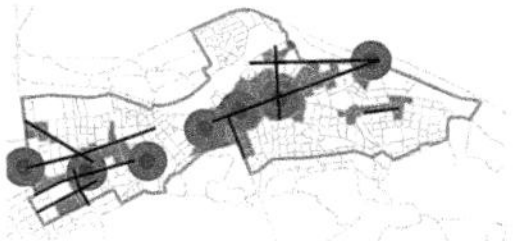
迪拜迪拜湾中心区	吉隆坡迈瑞那中心区	新加坡海湾—乌节中心区	新德里康诺特广场中心区
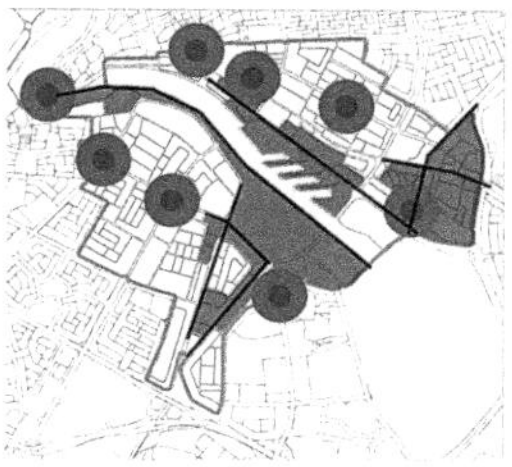			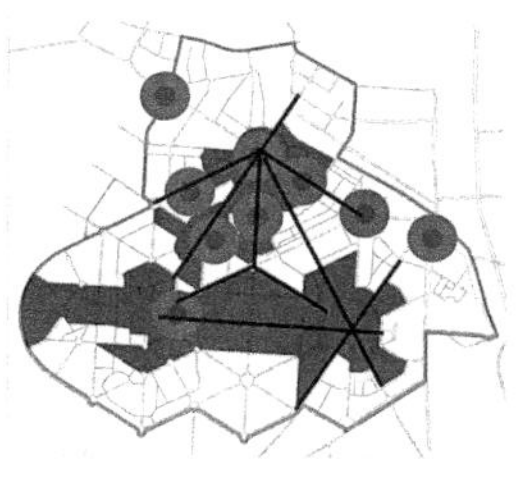
香港油尖旺中心区	迪拜扎耶德大道中心区	南京新街口中心区	成都春熙路中心区
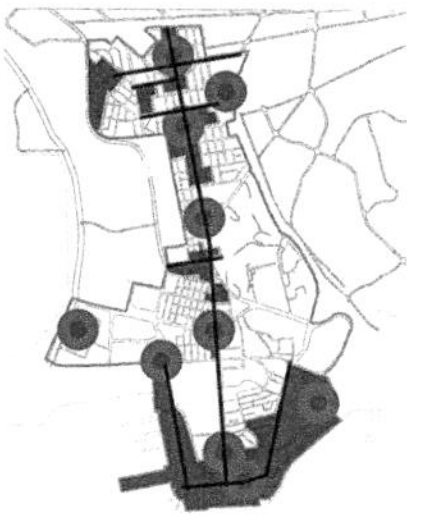	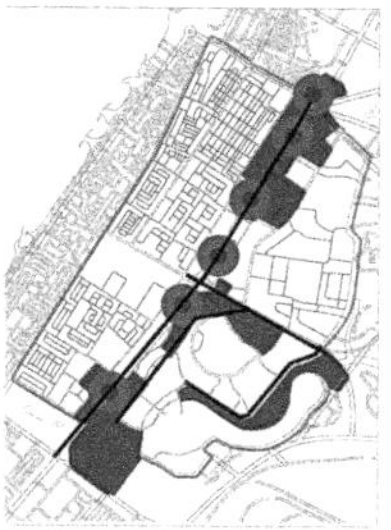	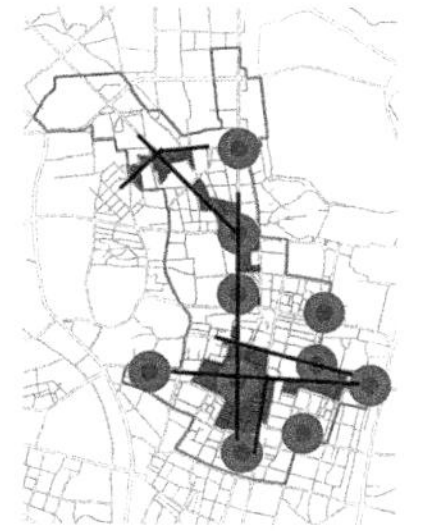	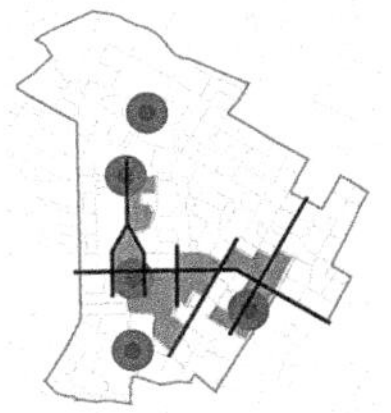
首尔德黑兰路中心区	深圳福田中心区	曼谷仕龙中心区	曼谷暹罗中心区
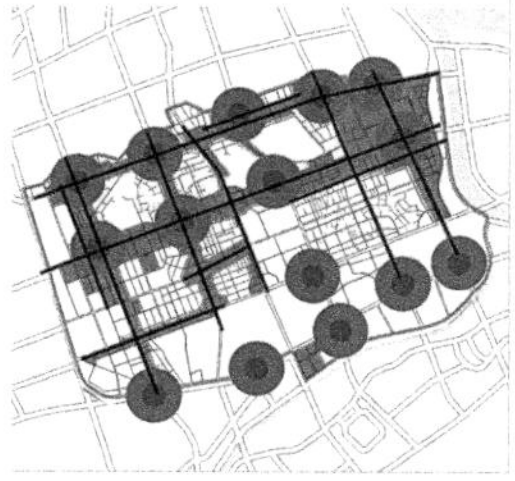	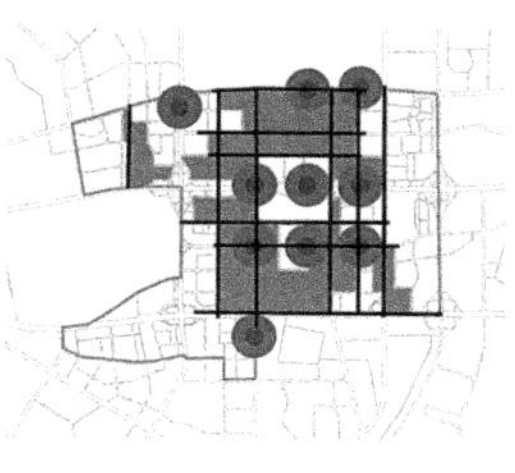	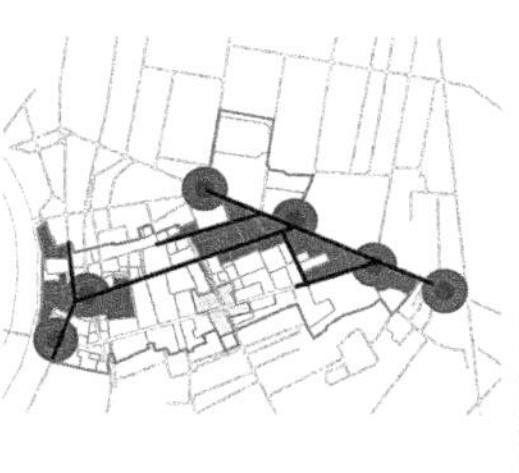	

资料来源:作者自绘

从表 3.13 中可以发现，轨道交通对于中心区的形态结构发展具有重要作用，大部分中心区轨道交通都与硬核形态具有一定程度的互动和叠合。进一步比较可以发现，轴核结构中心区硬核形态与轨道站点的耦合程度有所差异，根据硬核形态与中心区轨道站点的耦合程度的高低，可以将轴核结构中心区分为以下两个类型：

（1）强轨型中心区

即硬核形态发展与轨道站点结合紧密，轨道交通处于主导地位的中心区。其所有硬核基本都被轨道站点覆盖，硬核发展对轨道交通的依存度较高。样本中心区中，首尔德黑兰路、上海人民广场、北京朝阳、香港油尖旺、大连中山路、南京新街口、曼谷仕龙和暹罗、新加坡海湾—乌节、迪拜扎耶德大道等中心区均属于强轨型中心区。

强轨型中心区的硬核系统能够更为便利地借助轨道系统与城市进行交通疏解和资源输配，因而对中心区硬核的形态发展产生重要影响。与道路网络不同，轨道交通围绕轨道站点进行交通组织，因而轨道站点周边的产业发展和公共设施建设相比周边地段会具有更多的优势，而周边地区则相对会受到一定的抑制。受到这种作用机制的影响，强轨型中心区的硬核形态在初期倾向于形成多个以地铁站点为核心的发展规模较为相似的点状簇群，在轴核结构的高级阶段，簇群互相联系而形成网络状的硬核形态。

（2）弱轨型中心区

即硬核形态发展与轨道站点结合有一定的脱离，轨道交通并未具有优势地位的中心区。其部分硬核发展脱离轨道站点的辐射范围，硬核形态受到其他要素的影响较突出。样本中心区中，香港港岛、深圳福田、成都春熙路、深圳罗湖、吉隆坡迈瑞那、首尔江北、迪拜迪拜湾、新德里康诺特广场、北京西单、上海陆家嘴中心区均属于弱轨型中心区。需要强调的是，这里所提到的强轨型与弱轨型中心区并不是对中心区轨道交通能力本身的比较，而是仅代表轨道交通在中心区结构发展中所参与的作用。

弱轨型中心区中轨道交通对硬核系统的作用较小，因而硬核系统难以借助轨道站点在一个较大的范围内进行空间跃迁，只能借助道路网络等方式逐步蔓延，因而弱轨型中心区在发展过程中，倾向于发展成为依托道路网络的连绵化的硬核形态。同时，由于缺乏轨道交通对中心区人流疏散的支撑，弱轨型中心区的硬核规模扩展也比强轨型中心区更加困难。

3.2.4 小结

通过上文的分析，可以得出这样的结论：交通因素在轴核结构中心区的结构形成和发展过程中发挥重要的作用。从路网结构特征角度，可以把轴核结构中心区分为强轴型中心区与弱轴型中心区；从路网密度特征入手，可以把轴核结构中心区分为高密路网中心区与低密路网中心区；从轨道交通特征入手，可以把轴核结构中心区分为强轨型中心区与弱轨型中心区。

同时，可以进一步发现，具有相似的交通形态特征的中心区，其硬核结构形态结构也趋于相似，因此我们可以将轴核结构中心区从交通特征层面分为如下几个类型（表 3.14）：

表 3.14 轴核结构中心区交通特征分类

中心区名称	路网结构特征	路网输配特征	轨道交通特征	硬核形态类型
首尔德黑兰路中心区	强轴	高密	强轨	网络状连绵式
上海人民广场中心区	强轴	高密	强轨	
北京朝阳中心区	强轴	低密	强轨	
香港港岛中心区	强轴	高密	弱轨	线形蔓延式
深圳福田中心区	强轴	高密	弱轨	
成都春熙路中心区	强轴	高密	弱轨	
深圳罗湖中心区	强轴	高密	弱轨	
吉隆坡迈瑞那中心区	强轴	高密	弱轨	
新德里康诺特广场中心区	强轴	低密	弱轨	轴带式
北京西单中心区	强轴	低密	弱轨	
上海陆家嘴中心区	强轴	低密	弱轨	
首尔江北中心区	弱轴	高密	弱轨	团块式
迪拜迪拜湾中心区	弱轴	高密	弱轨	
大连中山路中心区	强轴	高密	强轨	条块式
南京新街口中心区	强轴	高密	强轨	
曼谷仕龙中心区	强轴	高密	强轨	
新加坡海湾—乌节中心区	强轴	高密	强轨	
曼谷暹罗中心区	强轴	高密	强轨	
香港油尖旺中心区	弱轴	高密	强轨	星座式
迪拜扎耶德大道中心区	弱轴	低密	强轨	

资料来源:作者自绘

表 3.15 轴核结构中心区形态特征分类

硬核形态类型	形态特征	典型中心区		
		首尔德黑兰路中心区	上海人民广场中心区	北京朝阳中心区
网络状连绵式	硬核沿横纵网络状交通道路整体孔洞连绵			

硬核形态类型	形态特征	典型中心区		
线形蔓延式	硬核整体呈现连绵形态,形态成线形,内部没有强有力的轴线	香港港岛中心区 	深圳罗湖中心区 	
		深圳福田中心区 	成都春熙路中心区 	吉隆坡迈瑞那中心区
轴带式	硬核整体呈现连绵形态,形态成带型,内部具有强有力的轴线	新德里康诺特广场中心区 	北京西单中心区 	上海陆家嘴中心区
团块式	硬核呈团块状,团块没有明显轴线,聚合式发展	首尔江北中心区 	迪拜迪拜湾中心区 	

续表 3.15

硬核形态类型	形态特征	典型中心区		
条块式	由具有等级性的硬核组成,硬核呈条块状,内部具有一定的发展轴线	大连中山路中心区	曼谷仕龙中心区	
		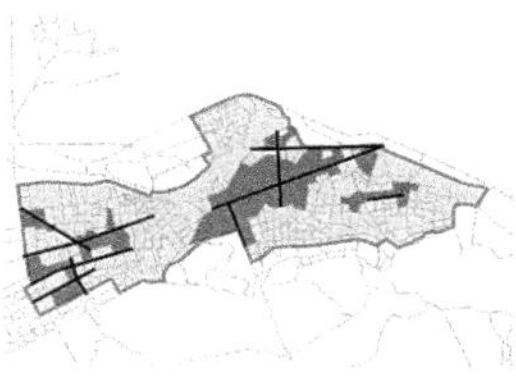		
		南京新街口中心区	新加坡海湾乌节中心区	曼谷暹罗中心区
		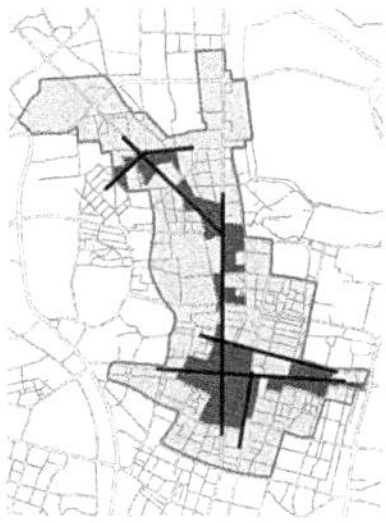		
星座式	由具有等级性的硬核组成,硬核呈斑块状	香港油尖旺中心区	迪拜扎耶德大道中心区	
			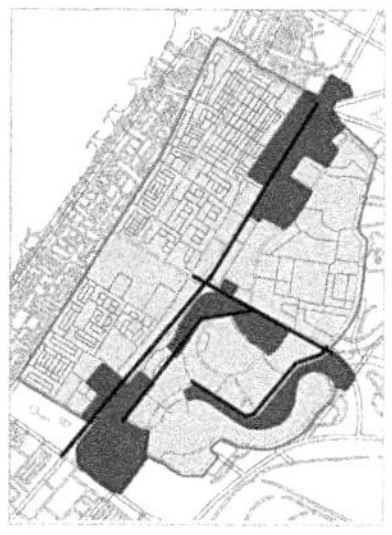	

资料来源:杨俊宴工作室绘制

如表 3.15 所示,轴核结构中心区在交通要素的影响下,其形态可以分为网络状连绵式、线形蔓延式、轴带式、团块式、条块式、星座式等类型,这不仅证明了交通要素对中心区轴核结构形态的作用,也证明了轴核结构中心区形态多元化背后隐藏的结构规律。

星座式中心区:中心区硬核结构由具有等级性的硬核组成,硬核呈现斑块状,包括香港油尖旺和迪拜扎耶德大道中心区。星座式中心区往往刚刚进入轴核结构阶段,硬核发展处于初期阶段,硬核内尚未形成强有力的发展轴线,同时由于硬核规模较小,因而能够较为容易地利用原有主、亚核内的轨道站点,属于强轨型中心区。在这种发展条件下,硬核系统难以进行较大规模的扩展连绵,因而形成了多个点状硬核的星座式硬核结构(图 3.6)。

条块式中心区:中心区硬核系统由具有等级性的硬核组成,硬核呈现条块装,内部具有一定的发展轴线。条块式中心区硬核规模仍旧较小,一方面能够便捷地借助若干轨道交通站点即可支撑硬核系统输配要求,另一方面,条块式中心区往往是低密路网中心区,由于可供生长的路网较少,所以硬核系统依托 1～2 条主干道路形成条块状发展的形态(图 3.7)。

团块式中心区:中心区硬核呈团块状,团块没有明显轴线,聚合式发展。团块式中心区硬核规模与发展等级与条块式中心区相似,之所以形成与条块式中心区不同的形态是因为团块式中心区拥有更高的道路密度和更均质的道路网络,使硬核在早期发展时难以形成唯一的发展方向,而是向周边各个方向拓展,从而形成了各个团块化的硬核。同样,由于团块式中心区在各个方向上发展较为均衡,因而也难以形成明显的空间发展轴线(图 3.8)。

轴带式中心区:中心区硬核整体呈现连绵形态,形态成带型,内部具有强有力的轴线。相比条块式中心区,轴带式中心区硬核范围更大,连绵特征更明显,轴线特征更为突出,内部往往形成多条发展轴线,硬核通过轴线相交形成较大的连绵化的硬核系统(图 3.9)。

线形蔓延式中心区:中心区硬核整体呈现连绵形态,形态成线形,内部缺乏强有力的轴线。线形蔓延式中心区与团块式中心区相似,多存在于高密路网中心区,由于道路路网的均质性,对少数交通干道的依托性较弱,更多地依托高密路网向原有硬核的周边进行蔓延,形成自由多样化的连绵硬核形态(图 3.10)。

网络状连绵式中心区:中心区硬核沿横纵网络状交通道路整体孔洞连绵。网络状连绵式中心区内部兼具高密路网和网络化的轨道站点,因而硬核系统可以在借助轨道站点进行跳跃化发展的同时借助道路进行蔓延发展,在双重的空间要素推动下,硬核系统得以最大限度地发展,形成横纵网络化的巨型硬核连绵区。网络状连绵式中心区反映了轴核结构中心区较高等级的空间形态模式(图 3.11)。

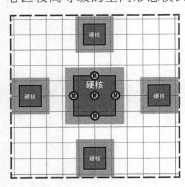
图 3.6　星座式中心区
资料来源:作者自绘

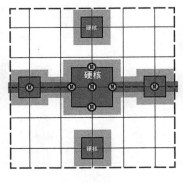
图 3.7　条块式中心区
资料来源:作者自绘

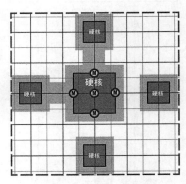
图 3.8　团块式中心区
资料来源:作者自绘

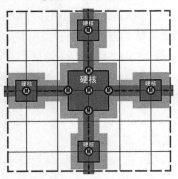
图 3.9　轴带式中心区
资料来源:作者自绘

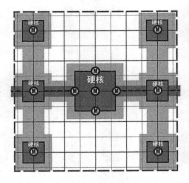
图 3.10　线形蔓延式中心区
资料来源:作者自绘

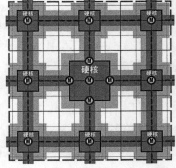
图 3.11　网络状连绵式中心区
资料来源:作者自绘

3.3 轴核结构中心区职能特征解析

城市中心区是城市功能的主要载体,相对于城市其他区域而言,中心区的公共服务产业更加集中而发达。中心区公共服务职能发展本身有固定的规律,随着中心区出现轴核结构,公共服务职能会向中心区内最适合产业发展的地段集中,并形成新的特定职能结构。在区域甚至全球经济产业网络中,轴核结构中心区等高等级中心区往往成为核心节点,对周边较大范围经济产业发展发挥重要的控制及调节作用。在此基础上,轴核结构中心区内部用地职能发展是否会倾向于特定的生产型或生活型服务业?在公共服务设施高度集聚的硬核连绵区及硬核内,又会以什么功能为主?不同功能的形态特征又有哪些不同?

中心区内的职能构成由用地职能及建筑职能两部分构成。用地职能是中心区功能的二维形态,其数量的多少反映出该类功能占据地面空间的多少;建筑职能则是中心区功能的三维形态,反映出该类功能实际的规模总量。由于在中心区的产业发展中,不同的用地、不同的区位所表现的空间形态不尽相同,因此以单一的用地或建筑来反映中心区实际的功能构成情况较为片面,必须将两者结合分析才能更为清晰地反映出中心区的功能构成特征。本节借助 GIS 技术平台的相关分析工具,从用地职能分布格局与建筑职能分布格局两个层面讨论轴核结构中心区的职能特征。

3.3.1 用地职能特征

本节从中心区的用地职能角度对轴核结构中心区结构特征进行分析。服务职能空间作为城市中心区的主要运作空间,对中心区的功能运行和结构发展产生重要作用。各个城市中心区的主导服务职能反映了该中心区的发展特色,如上海陆家嘴中心区的金融保险职能空间占据了主要地位,广州环市东中心区则以宾馆酒店为主导服务职能空间等,不同中心区的服务空间有明显的不同。除了主导服务职能外,其余的服务职能散布于中心区各个区域内,为中心区的良好运作承担着相应的职责[79]。对于轴核结构中心区而言,其中心区用地职能分布也与之前的发展阶段有所不同,引导各类产业和空间结构发生新的变化。

中心区内的土地使用具有较强的流动性,致使用地性质及使用功能呈现出多变性特征,且数据较为分散,难以统计。因此,为了避免数据过于分散的干扰,且便于统计及分析,本书结合用地的实际使用情况,以及《城市用地分类与规划建设用地标准》(GB 50137—2011)的相关用地分类标准,将中心区内用地划分为以下几种类型,即:公共管理与公共服务用地(A)、商业服务业设施用地(B)、居住用地(R)、绿地与广场用地(G)以及其他用地[包括工业用地(M)、物流仓储用地(W)、除城市道路用地外的道路与交通设施用地(S)、公用设施用地(U)等]。中心区内还存在一定数量的混合用地,经各中心区的详细调研发现,混合用地主要分为四个类别:商住混合用地(Cb1)、商办混合用地(Cb2)、商业文化混合用地(Cb3)、商业旅馆酒店用地(Cb4)。此外,一些正在拆除或正在建设的用地,因为无法判定其用途,因此统一作为在建用地考虑(K)。在此基础上,借助 GIS 技术平台,对北京朝阳中心区等 20 个样本轴核结构中心区的用地分布进行梳理，分析其硬核轴线两侧的用地类型，以研究轴核结构中心区的用地职能分布格局特征，更为清晰地把握轴核结构中心区用地构成的深层次规律及特征(图 3.16)。

表 3.16　轴核结构中心区硬核轴线用地职能匹配度

北京朝阳中心区	北京西单中心区	上海人民广场中心区	上海陆家嘴中心区
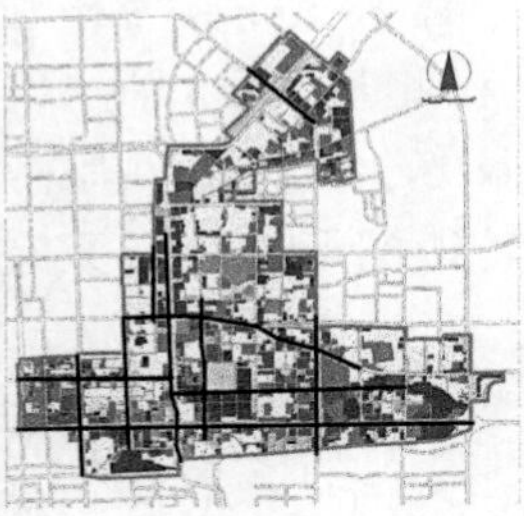		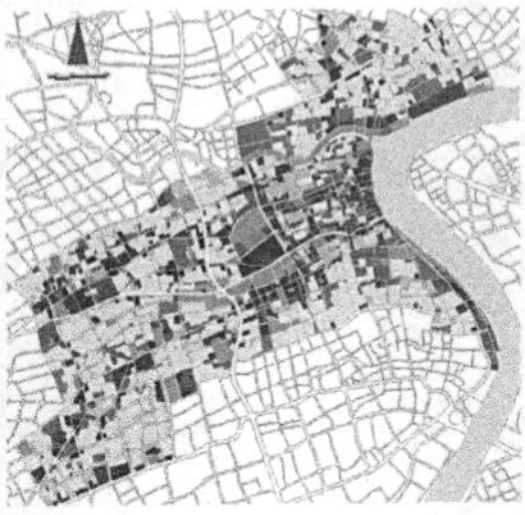	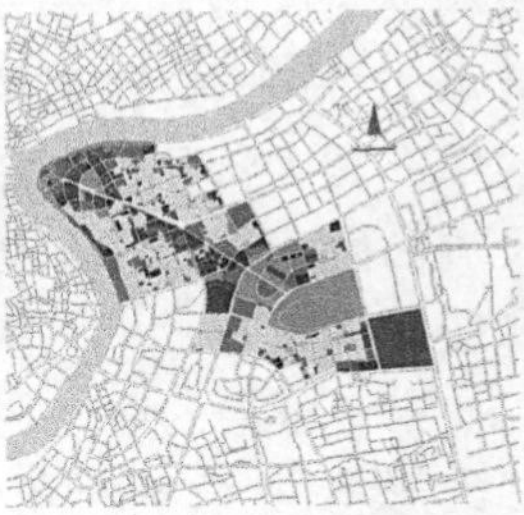
香港港岛中心区	首尔江北中心区	深圳罗湖中心区	大连中山路中心区
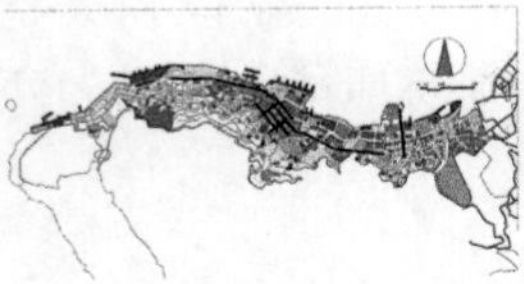			
迪拜迪拜湾中心区	吉隆坡迈瑞那中心区	新加坡海湾—乌节中心区	新德里康诺特广场中心区
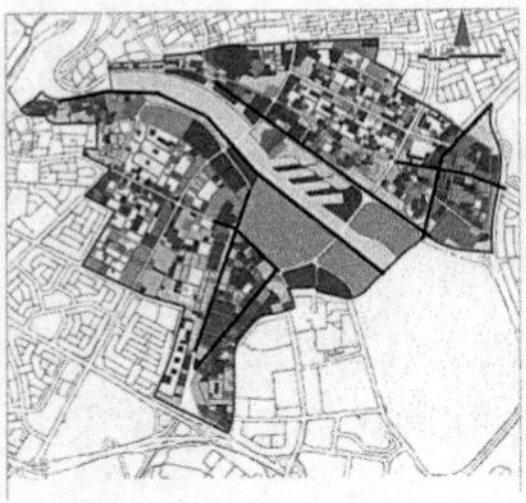			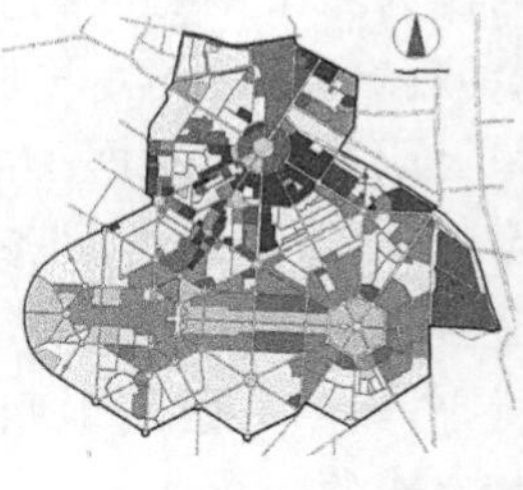
香港油尖旺中心区	迪拜扎耶德大道中心区	南京新街口中心区	成都春熙路中心区
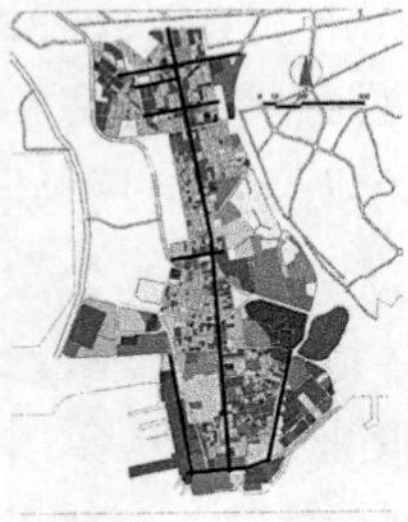	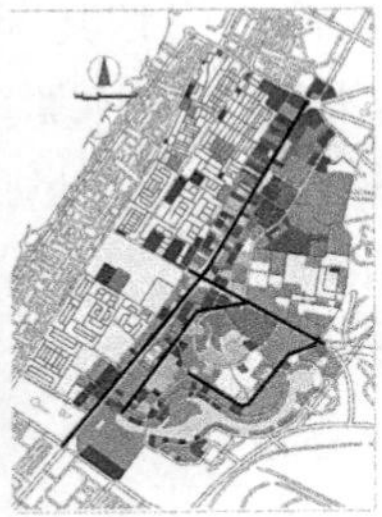	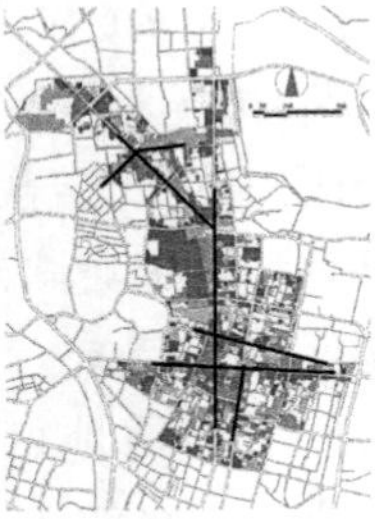	

续表 3.16

首尔德黑兰路中心区	深圳福田中心区	曼谷仕龙中心区	曼谷暹罗中心区

资料来源:杨俊宴工作室量化调研

对表 3.16 中的样本中心区硬核轴线两侧的城市用地类型进行梳理,可以发现,公共服务设施用地构成了轴核结构中心区硬核轴线中比例较高的用地类型(表 3.17)。

表 3.17 轴核结构中心区硬核轴线周边主要用地类型

中心区名称	硬核轴线周边主要用地类型
北京朝阳中心区	商务用地、商办混合用地、商业用地
北京西单中心区	金融保险用地、商务用地
上海人民广场中心区	商办混合用地、商务用地
上海陆家嘴中心区	金融保险用地、在建用地
深圳福田中心区	商办混合用地、在建用地
深圳罗湖中心区	商务用地、商办混合用地
南京新街口中心区	商办混合用地、商业用地
成都春熙路中心区	商业用地、商办混合用地
大连中山路中心区	金融保险用地、旅馆业用地、商务用地
香港油尖旺中心区	商办混合用地、商住混合用地
香港港岛中心区	商办混合用地
首尔江北中心区	商务用地、商住混合用地
首尔德黑兰路中心区	商务用地、商业用地
新加坡海湾—乌节中心区	商办混合用地、商业用地
吉隆坡迈瑞那中心区	商业用地、商务用地、金融保险用地
新德里康诺特广场中心区	行政办公用地
迪拜迪拜湾中心区	商住混合用地、商务用地
迪拜扎耶德大道中心区	商办混合用地、在建用地
曼谷仕龙中心区	商办混合用地、商业用地、酒店业用地
曼谷暹罗中心区	商业用地、商办混合用地

资料来源:作者整理

　　根据服务产业服务对象的不同，服务产业大致可以分为以下三类：生产型服务业、生活型服务业及公益型服务业（划分的依据主要是服务产业在城市内所服务的对象和扮演的角色）。生产型服务业指的是主要服务于工业生产和商务贸易活动的产业类型，主要包括金融保险、商务办公、酒店旅馆等服务产业；生活型服务业指的是直接将服务产品面向广大消费者，为消费者提供消费产品的服务业，主要包括商业零售、休闲娱乐等产业；公益型服务业指的是政府为了保障城市运行、维持社会公平、促进城市发展而提供的服务产业类型，主要包括行政办公、文化体育、医疗卫生等产业类型[3]。根据表 3.17 中对轴核结构中心区硬核轴线周边主要用地类型的梳理，可以将轴核结构中心区分为以下三大类：

　　（1）商务主导型中心区

　　以商务用地、商办混合用地、金融保险用地等生产型服务业用地作为硬核轴线周边主要用地类型的中心区为商务主导型中心区，包括北京朝阳和西单中心区、上海人民广场和陆家嘴中心区、香港油尖旺和港岛中心区、首尔江北和德黑兰路中心区、新加坡海湾—乌节中心区、迪拜迪拜湾和扎耶德大道中心区、曼谷仕龙中心区、深圳福田和罗湖中心区、南京新街口中心区都是商务主导型中心区。生产型服务业在该类中心区向轴核结构发展过程中发挥核心作用。

　　（2）商业主导型中心区

　　以商业用地、商住混合用地等生活型服务业用地作为硬核轴线周边主要用地类型的中心区为商业主导型中心区，包括成都春熙路中心区、曼谷暹罗中心区、吉隆坡迈瑞那中心区都是商业主导型中心区。生活型服务业在该类中心区向轴核结构发展过程中发挥核心作用。

　　（3）公益型服务业主导型中心区

　　以行政办公、文化等公益型服务业作为硬核轴线周边主要用地类型的中心区为公益型服务业主导型中心区，如新德里康诺特广场中心区。公益型服务业在该类中心区向轴核结构发展过程中发挥核心作用。

　　成熟轴核结构中心区内，混合职能用地比例较高。以香港港岛中心区为案例，中心区内除城市道路用地外，总用地面积为 453.0 公顷（表 3.18）。香港港岛中心区内比重最高的是混合用地，面积为 138.8 公顷，占总量的 30.65%，而公共管理与公共服务用地面积为 95.6 公顷，比例为 21.10%，居住用地面积为 83.7 公顷，比例为 18.49%，绿地与广场面积为 62.6 公顷，比例为 13.82%，商业服务业设施用地仅有 17.3 公顷，比例占 3.82%。此外在建用地面积有 4.9 公顷，比例为 1.08%，表明中心区内建设活力较低，发展已进入比较成熟的阶段。

表 3.18　香港港岛中心区用地构成统计

用地类别	用地代码	用地面积（ha）	用地所占比重
公共管理与公共服务用地	A	95.6	21.10%
商业服务业设施用地	B	17.3	3.82%
混合用地	Cb	138.8	30.65%
绿地与广场用地	G	62.6	13.82%

续表 3.18

用地类别	用地代码	用地面积(ha)	用地所占比重
在建用地	K	4.9	1.08%
其他用地	MWSU	50.1	11.06%
居住用地	R	83.7	18.48%
总计		453.0	100.00%

资料来源:作者整理

　　较低等级轴核结构中心区内,居住用地比例较高,而混合职能用地比例较低。南京新街口中心区内,除城市道路用地外,总用地面积为806.0公顷(表3.19)。南京新街口中心区内比重最高的是居住用地,面积为331.4公顷,占中心区面积的41.12%;其次为公共管理与公共服务用地,面积为137.9公顷,比例为17.11%;商业服务业设施用地面积为128.8公顷,比例为15.98%;混合用地面积为125.1公顷,比例为15.52%,落后于前三者。此外,中心区在建用地面积达到39.0公顷,占中心区面积的4.82%,这说明中心区具有较大的活力。

表 3.19　南京新街口中心区用地构成统计

用地类别	用地代码	用地面积(ha)	用地所占比重
公共管理与公共服务用地	A	137.9	17.11%
商业服务业设施用地	B	128.8	15.98%
混合用地	Cb	125.1	15.52%
绿地与广场用地	G	20.2	2.51%
在建用地	K	39.0	4.84%
其他用地	MWSU	23.6	2.93%
居住用地	R	331.4	41.12%
总计		806.0	100.00%

资料来源:作者整理

　　综合来看,香港港岛、首尔江北等高等级轴核结构中心区用地职能具有相似的特征。比重最高的为混合用地,比重最小的则为在建用地,其余类别的用地比重则大致相当。这一组数据反映出高等级轴核结构中心区的硬核功能已经脱离原有的"主核以综合功能为主、亚核以专业功能为主"的硬核分工,硬核系统的产业多样性明显提升,商办混合、商住混合等混合用地成为中心区用地职能的主体,单纯的商业服务业和公共管理与公用服务功能相对单一,已经降到较为次要的地位。中心区在建用地较少,反映硬核整体的建设更新力度维持在相对较低的状态。而南京新街口、迪拜扎耶德大道等较低等级轴核结构中心区则体现了不同的特征,一方面中心区公共设施用地比例较低,仍有较大比例用地是居住用地,这反映了较低等级轴核结构中心区承担了更多的非生产型服务功能。另一方面,除居住用地外,中心区比重较大的两类用地分别为商业服务业设施用地及公共管理与公用服务用地,且两者比重大致相当,混合用地比例与前两者相比相对略低,这说明此阶段中心区的硬核系统仍以较为单一的产业形态为主,硬核类型较为单一,尚未形成产业多元化的硬核系统。此外,在建用地比重较高,反映出低等级轴核结构中心区的硬核内整体建设力度较大。

3.3.2　建筑职能特征

相对于用地职能而言,建筑职能更能反映出不同功能之间实际的规模关系。本节研究建立在运用墨菲密度指数来分析轴核结构中心区建筑职能的基础上。墨菲指数是对中心区进行量化分析的主要指数,根据土地使用特征,提出商务高度指数 CBHI(Central Business Height Index)、商务密度指数 CBII(Central Business Intensity Index),其中密度指数可以有效地反映中心区内地块的公共服务类型建筑所占比例,在中心区形态研究中具有重要的参考价值。

$$CBII = \frac{被调查用地内商务用途的建筑面积}{被调查用地的总建筑面积} \times 100\% \qquad (公式\ 3\text{-}4)$$

本节分别对北京朝阳中心区等 20 个典型轴核结构中心区内各个街区的墨菲密度指数进行计算,并在表 3.20 中用深浅不同的色块表示。表中深红色色块表示高墨菲密度指数的街区,浅色表示低墨菲密度指数的街区,黑色线条表示硬核轴线(参见彩图附录)。

表 3.20　轴核结构中心区硬核轴线墨菲密度指数匹配度

北京朝阳中心区	北京西单中心区	上海人民广场中心区	上海陆家嘴中心区
香港港岛中心区	首尔江北中心区	深圳罗湖中心区	大连中山路中心区
迪拜迪拜湾中心区	吉隆坡迈瑞那中心区	新加坡海湾—乌节中心区	新德里康诺特广场中心区

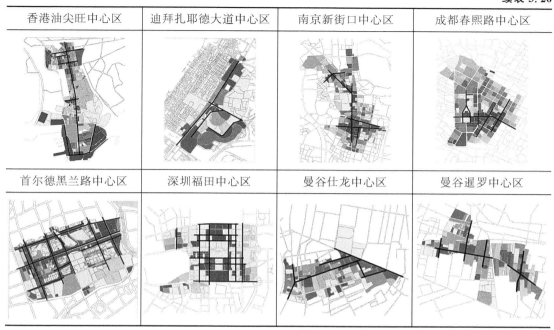

| 香港油尖旺中心区 | 迪拜扎耶德大道中心区 | 南京新街口中心区 | 成都春熙路中心区 |
| 首尔德黑兰路中心区 | 深圳福田中心区 | 曼谷仕龙中心区 | 曼谷暹罗中心区 |

资料来源:作者自绘

从表 3.20 中可以发现,样本中心区内硬核轴线周边街区的墨菲密度指数较其他街区更为突出,反映了轴核结构中心区硬核轴线的出现,并不仅仅是交通体系或是空间形态形成的过程,同时也是产业聚集的过程。

高等级轴核结构中心区与高墨菲指数街区的耦合度较高。在上海人民广场中心区,高墨菲指数的街区分布呈现线性特征,主要沿南京西路—南京东路、淮海路—人民路、西藏路、长治路等道路分布;在北京朝阳中心区,高墨菲指数的街区主要分布在东三环路、东三环中路、朝阳路、建国门外大街等道路;在香港港岛中心区,高墨菲指数的街区主要分布在干诺道、德辅道、轩尼诗道等道路。以上这些道路都是中心区轴核系统的核心轴线,这说明高等级轴核结构中心区的公共服务类建筑主要围绕轴核系统分布。

低等级轴核结构中心区与高墨菲指数街区的耦合度较低。在大连中山路中心区,高墨菲指数的街区主要呈簇群状分布于中山广场、人民广场、解放路等处;在成都春熙路中心区,高墨菲指数的街区主要分布在人民中路、中南大道、东御街等处,其中中南大道、东御街都不是轴核系统的空间轴线。高密度指数街区分布与轴核系统的空间耦合度较低,说明低等级轴核结构中心区的公共服务类建筑尚未形成轴核状的空间形态。

3.3.3 小结

从上文分析可知,轴核结构中心区形态的沿轴聚集现象同样出现在产业布局层面。随着中心区从圈核结构向轴核结构转型,原有主核由于服务产业过度集中,又受到高昂地价、交通拥堵和业态竞争等负面效应的影响,服务产业从原有主核沿交通网络向其他硬核迁移,形成具有轴线特征的硬核结构。在这一过程中,商业与商务产业等职能类型在这种产业迁移中发挥了主导作用,服务产业用地类型由主亚核分工发展格局向混合多元的职能类型转变,服务产业建筑密度分布从围绕硬核的簇群状结构向围绕轴线的轴核结构转化。

商业与商务产业等用地类型在这种产业迁移中发挥了主导作用。在轴核结构中心区结构发展的过程中,生产型服务业和生活型服务业等经营性产业的空间迁移更加快速而敏感,因而在产业空间迁移中发挥主导作用;而行政、文化、体育等公益型服务业由于属于非经营性产业,其土地的获取往往并不来源于市场竞价,也并不以营利为主要经营目的,因而在产业空间迁移中较为滞后。

服务产业用地类型由主亚核分工发展格局向混合多元的职能类型转变。高等级轴核结构中心区职能用地比重最高的为混合用地,而比重最小的为在建用地,其余类别的用地比重则大致相当;硬核功能的产业多样性明显提升,商办混合、商住混合等混合用地成为中心区用地职能的主体,单纯的商业服务业和公共管理与公用服务功能相对单一,已经降到较为次要的地位。较低等级轴核结构中心区承担了更多的非生产型服务功能,公共设施用地比例较低,仍有较大比例用地是居住用地。此阶段中心区的硬核系统仍以较为单一的产业形态为主,硬核类型较为单一,尚未形成产业多元化的硬核系统。除居住用地外,比重较大的两类用地分别为商业服务业设施用地及公共管理与公用服务用地,混合用地比例与前两者相比略低。

服务产业建筑密度分布从围绕硬核的簇群状结构向围绕轴线的轴核结构转化。圈核结构中心区的服务产业布局特点是围绕主核成圈层结构分布,主核地段产业密度最高,主核以外硬核密度急剧下降,并在亚核地段再次出现集聚。轴核结构中心区则打破了这种圈层分布结构,服务产业从主核向外围迁移,并沿道路网络重新聚集形成新的硬核,圈层等级化的硬核结构消解,形成以轴线为骨架的硬核形态。这一方面说明了随着中心区等级提升,中心区服务范围扩大,对中心区服务产业的旺盛需求使其空间结构从量变转为质变;另一方面则说明由于交通路网等基础设施的完善,地段之间的发展资源差异减小,中心区内适合产业发展的优势地段规模扩大。

3.4 轴核结构中心区的形态结构模式

从本章的分析可以看出,随着中心区发展的高度成熟化,其空间模式进入轴核结构阶段,服务功能由于巨大的规模和复杂的业态联动发展,逐步出现硬核沿轴状骨架聚集的特征,主核与亚核的规模等级逐步混同,轴核结构成为中心区结构的基本特征。而在这个阶段中,中心区的空间形态也会发生一系列突出的变化。这种变化是围绕轴核系统的空间整合过程,包括空间形态从孤立零散的斑块化簇群向孔洞连绵化簇群转变,空间等级从差异明显的"主核—亚核"的强等级结构向主亚核解体的弱等级结构转变,交通输配体系从单纯道路交通向纵横交错的立体化交通网络转变。

这一系列变化紧密围绕中心区的轴核系统进行整合。首先,轴核空间是空间形态的聚集轴。轴核结构中心区形态聚集过程并不均衡,重点集中于轴核结构(图3.12)。在典型轴核结构中心区中,轴核结构所在区域在空间形态上都出现了容积率和建筑密度的高度集聚,表现为沿轴核空间的高容积率街区和高密度街区,在轴核节点地区尤其突出。在轴核结构中心区的发育中,城市空间形态格局向轴核集中是一个渐进的过程,随着轴核结构的成熟,中心区内形成以轴核为骨架的形态结构。这种非均衡发展,一方面使中心区硬核与其他基质地区的空间形态差异更加凸显,另一方面也使得中心区硬核得以快速连绵整合,形成一体化的硬核连绵区。这种连绵化的硬核形态发展打破了主亚核的圈层结构,形成该阶段中心区空间发展的主要形态特征。

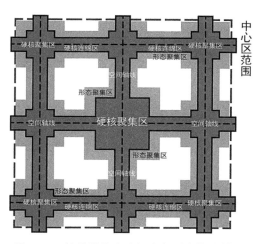

图 3.12　轴核结构中心区空间形态聚集模式
资料来源:作者自绘

其次,轴核空间是交通设施的聚集轴。交通要素在轴核结构中心区的结构形成和发展过程中发挥重要的作用。由于各个中心区本身交通发展模式的差别,轴核结构中心区交通设施的聚集表现在路网结构、路网输配和轨道交通三个层面。从总体特征而言,轴核结构中心区交通设施更加密集,交通可达性更加均衡,交通组织模式向网络化发展,地铁和主干道路形成的交通廊道在交通体系中的作用更加突出(图 3.13)。从路网结构特征角度,可以把轴核结构中心区分为强轴型中心区与弱轴型中心区;从路网输配特征入手,可以把轴核结构中心区分为高密路网中心区与低密路网中心区;从轨道交通特征入手,可以把轴核结构中心区分为强轨型中心区与弱轨型中心区。因此,轴核结构中心区在交通要素的影响下,其形态可以分为网络状连绵式、网络状斑块式、线形蔓延式、轴带式、团块式、条块式、星座式等类型。这不仅证明了交通要素对中心区轴核结构形态的作用,也证明了轴核结构中心区形态多元化背后隐藏的结构规律(图 3.14)。

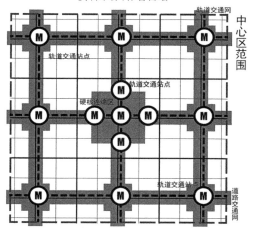

图 3.13　轴核结构中心区交通组织模式
资料来源:作者自绘

最后,轴核空间是公共设施的聚集轴。服务产业从原有主核沿交通网络向其他硬核迁移,形成具有轴线特征的硬核结构。在这一过程中,服务产业的密度分布从围绕硬核的圈层状结构向围绕轴线的轴核结构转变。轴核结构中心区内服务产业从主核向外围迁移,并沿道路网络重新聚集形成新的硬核,圈层等级化的硬核结构消解,形成以轴线为骨架的硬核形态。在轴核结构中心区结构发展的过程中,生产型服务业和生活型服务业等经营性产业的空间迁移更加快速而敏感,因而在产业空间迁移中发挥主导作用;而行政、文化、体育等公益型服务业由于属于非经营性产业,其土地的获取往往并不来源于市场竞价,也并不以营利为主要经营目的,因而在产业空间迁移中较为滞后。随着中心区等级提升,中心区服务范围扩大,对中心区服务产业的旺盛需求使其空间结构从量变转为质变;由于交通路网等基础设施的完善,地段之间的发展资源差异减小,中心区内适合产业发展的优势地段规模扩大。

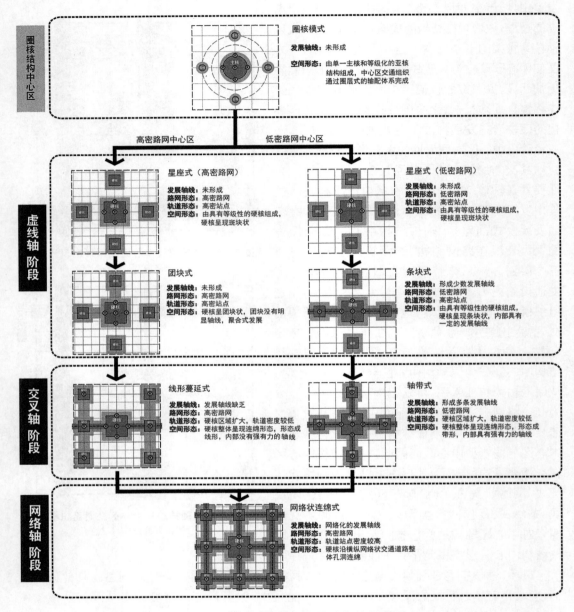

图 3.14 轴核结构中心区的结构形态模式
资料来源：作者自绘

  轴核结构中心区内硬核的规模由一个比较大的主核和若干小硬核逐渐发展为多个硬核连绵发展，在其高级阶段出现硬核完全连绵现象，公共设施沿干线蔓延并在多个节点地区面状聚集形成硬核，同时纵横城市干道组成轴核结构拓展的基本骨架。在这种变化的过程中，由于建筑强度和建筑密度向轴核空间集中、交通资源向轴核空间集中、公共服务设施向轴核空间集中，最终轴核结构的空间形态升级成为一种新的模式类型。但这种空间形态的变化过程不是一蹴而就的，而是存在不同的发展阶段和发展路径。由于城市的地理特征、传统形态以及经济社会因素的不同，各城市中心区的轴核结构隶属于不同的发展阶段，并呈现出不同的空间形态,大致可分成"虚线轴""交叉轴"和"网络轴"轴核结构模式,又可以分为高密路网中心区发展路径和低密路网中心区发展路径。

3.4.1 "虚线轴"形态结构

在经历圈核结构"一主多亚"的发展阶段后,中心区继续向高级模式发展,在这一发展阶段,由于原有主核内部服务设施高度聚集,用地逐渐饱和,导致后进驻该城市中心区的服务机构无地可用,只能在主核之外另择区位。而同时,由于服务设施高度聚集,经济活动和人口在主核内高度聚集,这种聚集一方面带来了资源的节约利用,同时也导致了负效应的产生。这一负效应不仅仅表现在交通拥堵、环境污染、景观质量下降等方面,还使得该地区的地价上升和平均利润率下降,这导致一部分服务机构尤其是利润不高的服务机构倾向于选择竞争者较少、成本较低的区位。这些因为"分散"效应转移出主核的服务设施通常选择在连接城市中心区主核及城市副中心或者城市交通枢纽的主干道周边的原亚核附近重新聚集。主要是因为这一区位往往具有便利的交通条件、较高的知名度以及相对较低的地价,除此之外,由于亚核区内原有部分服务机构的存在,这一区位往往拥有对服务机构更优越的发展基础。在这种发展条件下,处于这一区位内的亚核迅速成长为和原有主核规模相当的硬核,形成两个或者两个以上主核的中心区形态,打破圈核结构的主-亚核空间体系,形成了新的中心区空间结构。至此,轴核结构中心区发展进入了"虚线轴"结构形态[7]。

"虚线轴"结构形态是由圈核结构演化而来,在轴核结构中心区中处于规模等级较低的地位。中心区空间形态上围绕一条轴线或多条线形相连的轴线形成线形圈层状结构,功能布局拥有虚线点状簇群式的硬核聚集区。"虚线轴"结构形态又可分为星座式形态、条块式形态和团块式形态等具体类型。星座式形态是轴核结构中心区的雏形形态,其中高密路网中心区拥有更发达的支路系统和更多的临街面积,产业从原有硬核向周边蔓延发展的门槛较低,因而发展成为团块式形态;而低密路网中心区因为支路系统和商业临街面较不发达,产业从硬核向外迁移必须依赖少数主要的交通干道,所以倾向于发展成为条块式形态。

"虚线轴"形态中心区具体包括以下特征:

——形态聚集特征

"虚线轴"结构中心区在形态上仍带有一定圈核结构的特征。形态集聚区沿轴分布,形成簇群状的形态簇群,但相互之间尚未连绵。形态集聚区具有最高的街区强度、建筑密度,形态集聚区周边建筑形态逐渐跌落,形态集聚区边缘地区由中密度和中强度的街区构成,中心区外围则主要由中低密度与中低强度的街区组成,形成多簇群圈层式的形态布局结构。"虚线轴"内形态簇群仍有较高的首位度,由原主核发展而来的硬核规模相对较大。"虚线轴"结构形态空间较为零散,虽有沿轴发展的趋势,但尚未形成连绵化的区域,只在轴线的节点处呈簇群状发展。

——硬核连绵特征

典型的"虚线轴"结构形态中心区由两至三个规模等级相当的硬核以及一些规模等级较小的硬核构成,硬核沿轴分布但没有连绵,呈虚线形态。"虚线轴"结构形态中心区与其他类型轴核结构中心区最大的差异是尚未形成连绵化的硬核集聚区。硬核集聚区以沿轴非连续的簇群状硬核构成,在空间布局上与形态集聚区具有一定的耦合性。硬核连绵区的职能构成上仍带有圈核结构"主核-亚核"时期硬核单专业发展的特征,硬核职能混合度较低,以单纯的生产型服务业或生活型服务业为主,同时仍有较大规模用地被居住等公共设施用地所占据。

——输配体系特征

在"虚线轴"中心区规模拓展的过程中,面向原有单主核的交通输配环也逐步解体,但是尚未形成大范围的综合交通网络,硬核间缺乏高等级的输配网络,因此主要由一条或者两条主要的干线提供硬核之间的联系功能和中心区的穿越功能,例如香港油尖旺中心区的佐敦道、迪拜扎耶德大道中心区的扎耶德大道等。在这种情况下,这些主干线不仅提供交通输配功能,还是中心区的主要景观轴线。

3.4.2 "交叉轴"形态结构

"交叉轴"结构形态是轴核结构中心区发展的中级模式。在"虚线轴"结构形态下,随着城市的发展,更多的服务机构选择在城市中心区内聚集,一方面是原有硬核规模不断扩大,硬核的用地不断拓展,硬核与硬核之间的边缘距离逐渐接近,另一方面由于溢出效应,中心区优势区位连绵化,服务设施在优势区位(往往是主干道附近)聚集,产生了新的硬核。随着中心区的不断扩张,硬核不断蔓延,逐渐沿主干道连绵到一起,"虚线状"的硬核逐渐发育为硬核之间相互连绵形态——"交叉轴"结构形态。从微观方面来看,服务设施需要有更加庞大的消费需求与市场;从宏观方面来看,服务设施聚集带来产业的分工协作,服务设施链需要完善与延续,这是斑块状的散布形态的硬核解决不了的。于是,沿主干道线性连绵,进而发展为"交叉轴"结构,是轴核结构中心区发展的必然趋向[7]。

"交叉轴"形态中心区是由"虚线轴"形态中心区演化而来,在轴核结构中心区中处于规模等级中端的地位。"交叉轴"形态中心区的最大特征是硬核不再是点状分布,而是沿主要道路发展呈线形分布,硬核之间连绵,公共设施密度指数较高的区域连绵在一起,形成中心区核心区域。中心区在空间形态上围绕若干轴线交叉组成圈层状结构,功能布局拥有交叉连绵的硬核聚集区,在交通组织上有较为发达的轨道交通体系支持。受到交通组织模式差异的影响,"交叉轴"形态中心区又可分为线形蔓延式、轴带式两种具体形态。高密路网中心区拥有更发达的支路系统和更多的临街面积,产业从原有硬核向周边蔓延发展的门槛较低,因而发展成为线形蔓延式形态。低密路网中心区因为支路系统和商业临街面较不发达,产业从硬核向外迁移必须依赖少数主要的交通干道,所以倾向于发展成为轴带式形态。

"交叉轴"形态中心区具体包括以下特征:

——形态聚集特征

"交叉轴"结构形态中心区的形态聚集特征较为显著,以 2~3 条交叉的空间轴线为中心,形成骨架式的形态集聚区。其中形态集聚区具有较高的街区强度、建筑密度,构成了"交叉轴"中心区的空间形态骨架,成为统领中心区空间形态及功能布局的核心。轴线交叉点和轴线两侧的街区形态最为凸显,形态集聚区周边建筑形态逐渐跌落,形态集聚区边缘地区由中密度和中强度的街区构成,中心区外围则主要由中低密度与中低强度的街区组成,形成多轴交叉圈层式的形态布局结构。"交叉轴"内形态簇群的首位度较小,是以围绕轴线交叉点形成少量簇群状的形态聚集核。

——硬核连绵特征

"交叉轴"结构形态中心区与"虚线轴"结构形态中心区最大的差异是形成了连绵化的硬核集聚区。"交叉轴"结构形态中心区的硬核集聚区以多轴交叉式的连续硬核区域为主，在空间布局上与形态集聚区具有较大的耦合性。硬核连绵区的职能构成上已经脱离了圈核结构"主核-亚核"时期硬核单专业发展的特征，硬核职能混合度较高，混合用地比例提高，而非公共设施用地比例进一步降低。

——输配体系特征

在轴核结构中心区规模拓展的过程中，随着中心区用地规模的拓展，原有的交通体系也随之拓展，形成由多条交叉干线和轨道交通组成的地域更广阔、服务更灵活的综合输配体系，但是与"虚线轴"结构形态不同的是，提供穿越和联系功能不再仅仅是一条或者两条主要干道，而是多条道路形成交通骨架。从整个中心区的输配体系来看，这种交通干线的叠合，形成了综合输配体系辅助缓解交通压力，如北京的西单中心区的西二环、复内大街、西单北大街道路构成的多轴硬核骨架[7]。

3.4.3 "网络轴"形态结构

"网络轴"形态结构是轴核结构中心区发展的高级结构，是特大城市中心区的市场化机制高度完善运作的结果。这一模式的中心区由"交叉轴"形态发展而来，由于城市中心区硬核之间连绵发展，中心区整体区位核心化，非公共服务设施（如住宅）逐渐从核心地段撤离，各种商业类型不断进驻，硬核的分布不再是分离的，而是完全连绵在一起，形成绵延几公里的横纵交叉绵延型的网络状形态[7]。

"网络轴"结构形态中心区的主要特征是：中心区在空间形态上具有多轴网络圈层状结构，功能布局拥有横纵交叉连绵的硬核聚集区，在交通组织上由发达的高密路网和轨道交通体系组成。

"网络轴"结构形态中心区具体包括以下特征：

——形态聚集特征

"网络轴"结构形态中心区具有显著的形态聚集特征，以网络状横纵交叉的空间轴线为中心，形成网络状的形态集聚区。形态集聚区具有较高的街区强度、建筑密度，构成了"网络轴"中心区的空间形态骨架，成为统领中心区空间形态及功能布局的核心。形态集聚区周边建筑形态逐渐跌落，形态集聚区边缘地区和轴线空隙地区由中密度和中强度的街区构成，中心区外围则主要由中低密度与中低强度的街区组成，形成多轴网络圈层状的形态布局结构。"网络轴"内一般首位度较高的形态簇群核心，围绕轴线交叉点和轨道站点形成若干簇群状的形态聚集核。

——硬核连绵特征

硬核集聚区位于轴核结构中心区的中心位置，是中心区内公共服务设施的主要集聚区。"网络轴"结构形态中心区的硬核连绵区以横纵交叉式的连绵化硬核区域为主，在空间布局上与形态集聚区高度耦合。硬核集聚区的职能构成具有高度多元化特征，在构成上以商务、商业等业态组成的混合用地为主体，在硬核连绵区内集聚力度较大，分布较广，覆盖了硬核连绵区绝大部分空间，且彼此之间连接成网。单纯的商务用地或商业用地的比重较低，集聚力度较小。同时，非公共服务设施用地比重降低，并有部分居住等必需的非公共服务设施空间与生活型服务功能空间相重合，以商住混合用地的形式进行立体混合或水平交织。

——输配体系特征

发达的输配体系是"网络轴"结构形态中心区得以形成的基础。"网络轴"结构阶段的中心区已经突破了道路交通带来的地段可达性差异，它的纵横干线走向均衡化、密集化，中心区道路网络密度较大，基本形成了方格网式的网络格局。高密度路网同时也带来丰富的支路系统和大量的商业临街面，这进一步促进了中心区硬核产业的沿轴蔓延。例如首尔德黑兰路中心区，中心区内道路呈方格网状布局，分布密集，这使得每个街区中每个建筑的可达性不仅大大增加而且趋向于均衡，出现了充分连绵蔓延的"网络轴"结构。

此外，"网络轴"结构形态中心区内轨道交通网络及站点密度较大，成为支撑硬核连绵区内公共服务设施高强度集聚的主要动力，也是硬核连绵区内大量人流输配的有力保障。在此基础上，多种轨道交通方式在硬核连绵区内交汇，形成轨道交通的枢纽站点，也成为带动周边公共服务设施发展的强力驱动要素。

4 亚洲特大城市轴核结构中心区业态特征解析

  城市中心区职能的发展与演变受到多方面因素的综合影响,主要包括内在动力、基础保障、外部推力三方面,将其细分又可以分为经济发展水平、产业结构特征、人口空间特征、城市结构形态、土地利用特征、交通支撑特征、公共政策引导、社会文化特征以及商业心理模式等九个部分[68]。

  尽管上述九个方面或多或少地都会对城市中心区职能产生影响,但是不同的因素其产生的影响程度会出现较大的差异,比如经济发展水平因素对于中心区职能的影响较大,而自然地理特征因素则对其影响较小。城市中心区业态职能其本质即为城市中心区内服务产业的空间载体,城市中心区内部业态职能的类型和空间分布直接反映服务产业的发展状况。此外,中心区内部的业态职能是城市经济发展水平的直接表征,对城市中心区的空间规模有着决定性的影响能力;而在建造施工技术条件越来越成熟的今天,自然地理特征因素对于城市公共中心体系产生的影响越来越小,发展于低山丘陵地区的重庆解放碑中心区和建设于河滩地形的南京河西中心区都是有利的证明。在传统中心区研究中,因为业态职能数据的数据量庞大并难以获取,鲜少有学者涉及,在研究中采用如服务职能建筑面积等具有空间载体数据替代。但这一类数据难以精确反映中心区服务职能的构成以及空间分布,例如同一栋楼内部往往由各种业态职能混合构成,在空间载体数据上,通常仅粗略反映这一混合,而从业态角度,则能分析所有业态职能的分类以及在楼内的分布。在互联网技术高速发展的今天,通过各种技术手段,业态职能数据的获取已经相对成熟。本章选择中心区内的业态职能要素,对其分布特征、构成特征以及空间特征进行剖析,并建构轴核结构中心区的业态模式,搭建中心区业态研究和空间形态研究之间的桥梁。

  ——服务产业行业分类划分

  由于不同的学科与部门对于服务产业的理解不尽相同,从而导致其各自对服务产业具有不同的分类与统计标准,如此次研究涉及经济学科,因此产业空间匹配度研究的前提就是将两者的不同分类标准进行整合与对应。按照《国民经济行业分类》(GB/T 4754—2002)[93]的划分,其将服务产业大致分为15个门类,48个大类[68]。本章研究的主体是城市中心区内部的业态职能特征,通过业态职能分析,搭建服务产业与城市规划研究整合的平台,对服务产业门类进行了合并和筛选。将房地产业和科学研究、技术服务和地质勘查业划归商务服务业,兼顾行业特性,将在规划中职能差异较大的住宿业与餐饮业分离,批发与零售业分离,文化业、体育业和娱乐业分离,整合出行政管理类业态职能、文化艺术类业态职能、教育科研类业态职能、体育服务类业态职能、医疗卫生类业态职能、社会福利类业态职能、零售服务类业态职能、市场服务类业态职能、餐饮服务类业态职能、住宿服务类业态职能、金融保险类业态职能、商务办公类业态职能、娱乐康体类业态职能、交通服务类业态职能以及其他服务类业态职能等15个业态职能门类作为研究主体(为方便研究,以下各类业态职能简称为职能或业态)(表 4.1)。

表 4.1　服务产业职能与服务产业行业分类整合对应表

服务产业业态职能分类	服务产业行业分类	服务产业业态职能分类	服务产业行业分类
行政管理职能	1. 水利管理业 2. 环境管理业 3. 公共设施管理业 4. 党政机关 5. 国家机构 6. 人民政协和民主党派 7. 群众团体、社会团体和宗教组织 8. 基层群众自治组织 9. 国际组织	零售服务职能	1. 零售业 2. 租赁业 3. 其他服务业
		市场服务职能	批发业
文化艺术职能	1. 新闻出版业 2. 广播、电视、电影和音像业 3. 文化艺术业	餐饮服务职能	餐饮业
教育科研职能	1. 初等教育 2. 中等教育 3. 高等教育 4. 其他教育 5. 研究与试验发展 6. 科技交流和推广服务业	住宿服务职能	住宿业
体育服务职能	体育	金融保险职能	1. 银行业 2. 证券业 3. 保险业 4. 其他金融活动
医疗卫生职能	卫生		
社会福利职能	1. 社会保障业 2. 社会福利业		
交通服务职能	1. 铁路运输业 2. 道路运输业 3. 城市公共交通业 4. 水上运输业 5. 航空运输业 6. 管道运输业 7. 装卸搬运和其他运输服务业 8. 邮政业	商务办公职能	1. 电信和其他信息传输服务业 2. 计算机服务业 3. 软件业 4. 房地产业 5. 商务服务业 6. 专业技术服务业 7. 地质勘查业
其他服务职能	1. 居民服务业 2. 其他服务业	娱乐康体职能	娱乐业

资料来源：作者整理

　　通过上述平台的搭建,即完成了城市规划学科与经济学门类之间的衔接,也成为中心区业态研究的重要基础。本章从业态角度展开研究,利用 GIS 分析技术与矩阵层次分析法对亚洲典型轴核中心区大量业态机构数据进行处理与分析,从业态机构的分布特征、构成特征以及空间特征三个要素展开,探索轴核结构中心区业态职能的聚集特征和各类业态之间的相互关联,利用层次分析法构建轴核结构中心区的业态关联网,最后对业态簇群的空间分布进行总结归纳,提炼轴核结构中心区发展的业态模式。此外,正如前文所述,中心区空间研究已日臻成熟,而中心区业态研究方向却鲜有学者涉及。为了深入研究中心区的业态构成以及业态机构之间的相互关联,与第二、三章的总体研究与规律归纳方式不同,本章采用以个案研究为起点,最终扩展到所有典型中心区的研究方式,通过深层次的个案剖析,对于丰富轴核结构的业态职能内涵,完善轴核结构的业态模式,具有重要意义。

上海不仅是我国经济最发达的城市之一,也是亚洲的经济、金融、贸易和航运中心,是长三角经济区的首位城市。到 2013 年年底,上海城市人口规模约为 1 361.3 万人(市辖区),2013 年的地区生产总值约为 21 339.2 亿元(市辖区)[①]。此外,上海市内拥有两个发展程度不同、结构不同的轴核结构中心区,即上海人民广场中心区与上海陆家嘴中心区。这两个中心区作为中国特大城市的主中心,其建筑规模和用地面积在中国城市中心区中隶属最高等级,对其业态的特征研究具有较高的学术价值,对中国其他城市中心区的发展具备借鉴意义。因此,在综合分析了 13 个案例城市与 20 个典型轴核结构中心区之后,本章选择同在上海市的人民广场中心区以及陆家嘴中心区为研究对象,研究数据采取自 2014 年百度地图数据库,同时采用人为调研方式进行校正,建立业态—空间点位地图(图 4.1)。数据库包括两个中心区内部 49 172 个业态机构,并提供了业态名称、地址、业态类型等信息(表 4.2)。

图 4.1　上海轴核中心区某类业态分布

资料来源:作者绘制

表 4.2　上海轴核结构中心区空间形态特征表

	上海人民广场中心区	上海陆家嘴中心区
中心区空间结构类型	网络轴结构	交叉轴结构
路网结构特征	强轴路网	强轴路网
路网输配特征	高密度路网	低密度路网

---

① 资料来源:国家统计局城市社会经济调查司.中国城市统计年鉴 2014[M].北京:中国统计出版社,2014

	上海人民广场中心区	上海陆家嘴中心区
轨道交通特征	强轨交通	弱轨交通
硬核形态类型	网络状连绵式	轴带式
硬核轴线周边主要用地类型	商办混合用地、商务用地	金融保险用地、在建用地

资料来源：作者整理

4.1 轴核中心区业态的总体特征

在轴核结构中心区中，业态机构具备种类全、规模大的特征。但如此多的业态机构，各类业态在数量上是否有差异？各类业态在中心区中的空间分布特征如何？本节从总体层面剖析轴核中心区内业态空间分布的基本规律。

4.1.1 中心区内的业态总体特征

本章数据库中上海人民广场中心区一共截取了 35 055 个业态机构，上海陆家嘴中心区一共截取了 14 118 个业态（表 4.3）。从图 4.2 可看出在业态构成上，人民广场中心区和陆家嘴中心区的 15 个业态门类根据其分别占总比例多少，可以划分为三个等级。

表 4.3 上海轴核结构中心区业态构成

业态门类	人民广场中心区 业态机构个数	陆家嘴中心区 业态机构个数	业态门类	人民广场中心区 业态机构个数	陆家嘴中心区 业态机构个数
行政管理职能	1 258	405	餐饮服务职能	6 353	2 168
文化艺术职能	836	307	住宿服务职能	684	322
教育科研职能	613	294	金融保险职能	1 333	1 186
体育服务职能	98	90	商务办公职能	8 017	4 297
医疗卫生职能	360	139	娱乐康体职能	1 957	853
社会福利职能	44	19	交通服务职能	129	36
零售服务职能	13 004	3 869	其他服务职能	113	65
市场服务职能	256	68	/	/	/

资料来源：作者整理

第一等级为零售服务职能、商务办公职能与餐饮服务职能三类，均为经营型的业态职能。在对所有类型的中心区业态研究中（包含单核中心区、圈核中心区、轴核中心区），这三类业态职能均存在，且这一等级的业态职能占总业态比例的 70% 以上，每一项业态所占比例都在 10% 以上，是中心区内部的主要业态构成类型，两个中心区均以该三类业态为主。但在这一等级内，两个中心区又略有不同。人民广场中心区的零售服务职能占 37.1%，是业态职能中所占比例最高的，这主要是由于上海于开埠建立港口之后便确立了以外滩为核

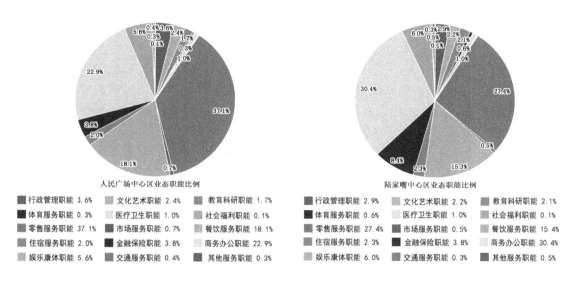

人民广场中心区业态职能比例

- 行政管理职能 3.6%
- 文化艺术职能 2.4%
- 教育科研职能 1.7%
- 体育服务职能 0.3%
- 医疗卫生职能 1.0%
- 社会福利职能 0.1%
- 零售服务职能 37.1%
- 市场服务职能 0.7%
- 餐饮服务职能 18.1%
- 住宿服务职能 2.0%
- 金融保险职能 3.8%
- 商务办公职能 22.9%
- 娱乐康体职能 5.6%
- 交通服务职能 0.4%
- 其他服务职能 0.3%

陆家嘴中心区业态职能比例

- 行政管理职能 2.9%
- 文化艺术职能 2.2%
- 教育科研职能 2.1%
- 体育服务职能 0.6%
- 医疗卫生职能 1.0%
- 社会福利职能 0.1%
- 零售服务职能 27.4%
- 市场服务职能 0.5%
- 餐饮服务职能 15.4%
- 住宿服务职能 2.3%
- 金融保险职能 3.8%
- 商务办公职能 30.4%
- 娱乐康体职能 6.0%
- 交通服务职能 0.3%
- 其他服务职能 0.5%

图 4.2 上海轴核中心区总体业态职能比例
资料来源:作者绘制

心的城市空间结构,并通过上百年的持续建设,形成了轴核中心区,这一类中心区是由老城发展而来,内部有豫园、外滩等多个传统商业服务为主的地段。而陆家嘴中心区中业态职能比例最高的是商务办公职能,占该中心区总业态比例为 30.4%,这是由于 20 世纪以来,陆家嘴中心区的发展政策导向一直以发展商务、金融为主。这三类业态职能在中心区中不仅具备维持中心区原住民日常生活消费开支的基本功能,还具备供应其辐射范围内其他人群在中心区内工作及消费的功能。

第二等级为娱乐康体职能、金融保险职能、行政管理职能、文化艺术职能、住宿服务职能、教育科研职能、医疗卫生职能七类。其中行政管理职能、教育科研职能与医疗卫生职能为非经营型的业态职能,而其他四项为经营型的业态职能。这一等级内每类业态所占比例在 1%～10% 之间,等级内业态所占比例总和在 20%～30% 之间,是中心区内部重要的业态类型。在这一等级内业态职能具备稳定性特征,除了陆家嘴中心区内部金融保险职能所占比例较高,达到 8.4%,两个中心区内部其他各项职能从多到少的排序基本相同,依次为娱乐康体职能、行政管理职能、文化艺术职能、住宿服务职能、教育科研职能、医疗卫生职能。这一等级内的业态职能,除了与第一等级内功能一致之外,非经营型业态职能主要满足中心区内部的居民生活配套。

第三等级为体育服务职能、市场服务职能、其他服务职能、交通服务职能、社会福利职能五类。其中社会福利职能为非经营型的业态职能,其他四项均为经营型的业态职能。这一等级内每类业态所占比例在 1% 以下,等级内业态所占比例总和在 10% 以下,是中心区内业态职能的构成要素,但并不是必需要素。这一等级的业态具备多元组合可能,在对发育程度较低的单核中心区的业态研究中,并非每个中心区都有这一等级内的所有业态。这一类型的业态职能对中心区的影响较小,业态职能增加了中心区功能的多样性,但在没有这一等级内某些业态职能的情况下,中心区也依然能充满活力。

综上所述,上海轴核结构中心区的基本业态职能是以零售服务职能、商务办公职能与餐饮服务职能为优势职能，娱乐康体职能、金融保险职能、行政管理职能、文化艺术职能、住宿服务职能、教育科研职能、医疗卫生职能为辅助，其他职能构成基质的综合性结构。轴核结构的业态职能构成主要有以下两个特征：

（1）零售、商务为优势业态。在第一等级中，零售与商务业态职能占据绝对优势，这是由中心区的基本定义与特性所决定的。在市场规律的强作用力下，中心区内部必须保证大量零售及商务办公职能，才能为人流提供容纳处所及消费场所，以维持中心区持续的活力。

（2）整体结构稳定。在整体结构层级中可以看出，无论是三个等级之间的划分，还是三个等级内部的业态职能排序，都是较为稳定的，尤其在第二等级中体现得较为明显。这是由于轴核中心区都是发展较为成熟的大型中心区，其内部的业态构成通常经过长时间的发展与自身调整，形成了较稳定的构成比例。

在中心区尺度上，业态可以看作是连续空间上的一系列点，故采用空间点模式方法来衡量连续空间上的产业集聚特征。点模式的分析方法主要有两类：一类是以分散性为基础的基于距离的技术，比如 Ripley's K 函数等；另一类是以集聚性为基础的基于密度的方法，比如样方分析、核密度估计及热点分析等[80]。本书根据业态特征，选用核密度的方法来分析上海轴核结构中心区产业空间分布特征。

如图 4.3 所示，中心区内产业聚集具有较大的差别：上海人民广场中心区业态高值区集中于人民广场以及南京东路—南京西路等地段，其中在人民广场地段围绕人民广场形成面状聚集的业态聚集区，在南京东路—南京西路地段围绕南京东路—南京西路形成线状聚集的业态聚集区，在七浦路地段围绕七浦路与河南北路形成团状聚集的业态聚集区，在延安西路—威海路地段以及淮海中路段形成点状聚集的业态聚集区；而低值区主要聚集于大部分居住区内。总体来看，人民广场中心区业态聚集区分布特点是较为连绵与聚集的，其高值区的形态特点是东北部沿黄浦江和苏州河地区连绵聚集，人民广场、七浦路与南京东路地段大多集中在这一地区，而西南部上海图书馆周边是较为分散与跳跃的。此外，业态聚集区的高值区分布与硬核范围并不完全重合，其中连绵形态的硬核，即人民广场硬核、外滩硬核、豫园硬核、淮海路硬核处于高值区范围内，但跳跃式分散在外的硬核，即上海图书馆硬核、十六铺硬核、多伦路硬核与静安寺硬核所处地段与高值区略有偏差。

陆家嘴中心区业态高值区集中于世纪大道两侧，其中在张杨路地段围绕新大陆广场形成面状聚集的业态聚集区，在金洲路地段、银城中路地段、东方路地段分别围绕金洲路、银城中路、东方路形成团状聚集的业态聚集区，在昌邑路地段、梅花路地段分别围绕昌邑路与梅花路形成点状聚集的业态聚集区；而低值主要聚集于围绕世纪大道外围的居住区内。总体来看，陆家嘴中心区业态聚集区分布特点是较为分散与跳跃的，其高值区的形态特点是沿世纪大道跳跃聚集，张杨路、金洲路、银城中路、东方路地段大多集中在这一地区。此外，陆家嘴中心区的业态聚集区的高值区分布大部分处于陆家嘴硬核、八佰伴硬核与浦电路硬核范围内，但部分硬核如世纪广场硬核与国际博览中心硬核内部高值区较少，这也是与陆家嘴中心区的发展顺序相关联。

综上所述，上海市轴核结构中心区的基本业态空间分布特征为以面状连绵的业态职能为主导，分散与连绵兼具的综合性分布。其业态分布主要有以下三个特征（图 4.3）：

（1）与中心区空间结构一致。在两个轴核结构中心区中，高值区与中心区的结构都具有较大的关联特征，两个中心区的业态高值分布区都在硬核之内。如上海人民广场中心区

（a）上海轴核中心区业态机构空间分布

（b）上海轴核中心区业态机构空间分布核密度分析

图 4.3　上海轴核中心区总体业态分布
资料来源：作者绘制

内，硬核内业态机构占比为 37.7％，而硬核总用地占中心区用地仅为 22.7％。阴影区恰好相反，上海人民广场中心区内阴影区业态机构占比为 13.4％，而阴影区总用地占中心区用地却为 19.8％，即硬核之内的业态密度要高于中心区之内的业态密度，而中心区内的业态密度要高于阴影区之内的业态密度，这与中心区结构中以硬核为服务职能为核心，阴影区为服务职能洼地的特征相符合。

（2）与中心区发展顺序一致。上海两个中心区基本都是以沿黄浦江为历史发展原点沿轴线向外发展。在人民广场中心区中，苏州河与黄浦江沿岸一带是城市中心区发展的历史起点，也是高值区较为集中的地段；在陆家嘴中心区中，世纪大道轴线的起点同样是高值区较为密集的地段。高值区与中心区的发展顺序有较大的关联性，这也是不断发展中的城市中心区的一般特征，最早聚集服务职能的地段具有先发优势。从平面上看，早期发展的零售及商务街区由于人流量大、活力高,为提高土地利用率,不再是沿街"一层皮"的空间发展模式,而是整个街区都置换为服务职能。从立体层面上看,由于长时间的发展与积累,空间集约程度高,服务职能混合并立体化发展,最终形成了较多的高密度业态聚集区。

(3)与轴核中心区空间特征一致。上海的两个轴核结构中心区都是高度发达的轴核中心区。相对于圈核结构中心区及单核结构中心区的业态分布特征,表现为业态职能整体分布密度提高,高值区面积扩大,形成整体化、连绵化的分布态势。在这一分布特征背后,是市场经济对业态职能的调节。轴核中心区经过大量服务产业的不断空间聚集,中心区内高区位价值溢出带来中心区整体价值提升,通过激烈的市场竞争,级差地租差异缩小,产业价值链向高端延伸,单个业态周边可聚集的其他业态类型增加,同类业态由于集聚效应的影响,轴核中心区各服务职能机构都密集在同一区域内以产生更好的规模效应,业态在中心区内不断聚集扩散,产业的聚集最终形成较大的业态连绵区。

4.1.2 中心区内的业态分类特征

根据上一小节的分析结果,本节对中心区内各类业态进行分类解析。上一小节将中心区内的业态服务职能分为三个等级,第一等级为零售服务职能、商务办公职能与餐饮服务职能三类,这三类业态职能在空间分布上有较大差别。商务办公职能业态中高值区集中于北京东路东侧、南京东路—南京西路、延安东路、张杨路、金洲街等地段,并在人民广场地段东侧形成面状聚集的业态聚集区,在南京东路—南京西路地段形成线状聚集的业态聚集区,在张杨路与向城路附近形成团状聚集的业态簇群。从分布密度与硬核关系来看,陆家嘴中心区的陆家嘴硬核、八佰伴硬核与浦电路硬核是与高值区关联最紧密的硬核,部分硬核如十六铺、上海图书馆以及多伦路内的商务业态职能密度较低。总体来说,商务办公业态职能呈现出高值区点状分布,中值区在人民广场东侧面状连绵,其他位置分散分布,并与陆家嘴中心区内的硬核关联更为紧密的特征(图 4.4)。

零售服务职能业态中高值区与商务办公职能略有不同,其高值区大多出现在人民广场中心区,集中于南京东路—南京西路、福州路、福佑路等地段,而陆家嘴中心区仅有陆家嘴西路与南泉北路附近出现了零售服务职能分布密度的高值区。从分布密度与硬核关系来看,人民广场中心区硬核连绵特征与零售服务职能高值区连绵特征较为接近,均沿南京东路—南京西路、淮海路等地段连绵,部分硬核如十六铺、上海图书馆以及多伦路内的零售服务类业态职能密度较低。总体来说,零售服务职能业态呈现出高值区点状分布,中值区沿主要轴线线状连绵,其他位置分散分布,并与人民广场中心区内的硬核关联更为紧密的特征。

餐饮服务职能业态是第一等级中唯一的非主要职能,中高值区集中于北京东路东侧、南京东路—南京西路、延安东路、张杨路、金洲街等地段,并在人民广场地段东侧形成面状聚集的业态聚集区,在南京东路—南京西路地段形成线状聚集的业态聚集区,在张杨路与向城路附近形成团状聚集的业态聚集区。从分布密度与硬核关系来看,陆家嘴中心区的陆家嘴硬核、八佰伴硬核与浦电路硬核是与高值区关联最紧密的硬核,部分硬核如十六铺、上海图书馆以及多伦路内的商务业态职能密度较低。总体来说,商务办公职能业态呈现出高值区点状分布,中值区在人民广场东侧连绵分布,其他位置分散分布,并与硬核关联紧密的特征。

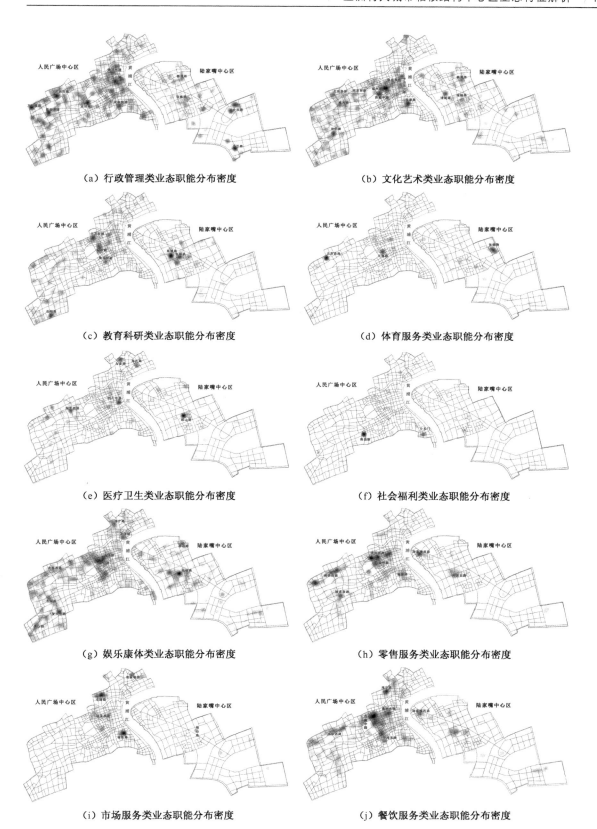

（a）行政管理类业态职能分布密度

（b）文化艺术类业态职能分布密度

（c）教育科研类业态职能分布密度

（d）体育服务类业态职能分布密度

（e）医疗卫生类业态职能分布密度

（f）社会福利类业态职能分布密度

（g）娱乐康体类业态职能分布密度

（h）零售服务类业态职能分布密度

（i）市场服务类业态职能分布密度

（j）餐饮服务类业态职能分布密度

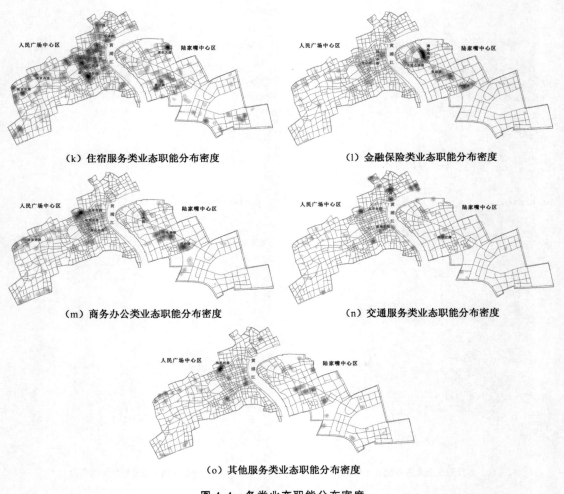

（k）住宿服务类业态职能分布密度　　　　　（1）金融保险类业态职能分布密度

（m）商务办公类业态职能分布密度　　　　　（n）交通服务类业态职能分布密度

（o）其他服务类业态职能分布密度

图 4.4　各类业态职能分布密度
资料来源：作者绘制

第二等级为娱乐康体职能、金融保险职能、行政管理职能、文化艺术职能、住宿服务职能、教育科研职能、医疗卫生职能七类。其中行政管理职能、教育科研职能与医疗卫生职能为非经营型的业态职能，而其他四项为经营型的业态职能。这三类职能由于其自身特性，因此在中心区内主要呈现出分散分布的态势。行政管理职能的高值区呈点状分布于汉口路、北京西路、航渡路、延安中路、大沽路等附近，人民广场中心区中值区沿部分道路线性聚集，陆家嘴中心区仍然以点状分散分布为主。教育科研职能的高值区呈点状分布于北京东路、淮海路、福州路以及商城路等附近，人民广场中心区与陆家嘴中心区中值以点状分散分布为主，部分道路附近呈线状聚集。医疗卫生职能的分布更加分散，其高值区呈点状分布于南京西路、四川中路、九龙路、商丘路以及崂山路附近，两个中心区的中值区均以点状分散分布为主。与硬核关联方面，行政管理职能与以行政功能为主的世纪广场硬核关联性最强，硬核内有多项行政职能，其次为外滩硬核，与其他硬核关联性均较弱。教育科研职能与八佰伴硬核以及人民广场硬核关联最强，这是由于有上海商贸旅游学校等教育机构存在，与其他硬核关联性均较弱。医疗卫生职能与八佰伴硬核以及上海电视台硬核关联最强，这是由于有长航医院等大型医疗机构存在,与其他硬核关联性均较弱。

　　第三等级为体育服务职能、市场服务职能、其他服务职能、交通服务职能、社会福利职能五类,它们在中心区内呈现出均匀分散点状分布的特征。这五类职能的高值区很少聚集,这也是与其自身特性相关。这五类职能以自上而下的政府行为布局为主,其中体育服务职能、其他服务职能、交通服务职能与居民关系密切,以均等化、覆盖全为空间分布特征;而社会福利职能与市场服务职能空间分布对场地具有较高的要求,因此其高值区集中于部分特殊地段。例如,市场服务职能对物流及交通有较高要求,同类业态具备聚集特征,服装市场服务职能集中于七浦路等地段;社会福利职能是非经营性职能,在中心区的经济因素驱动下,其高值区难以布局于地租较高的硬核等核心地段,往往分布于阴影区及其他中心区基质内。

　　总体来说,上海轴核结构中心区的业态空间分布有以下三种模式:

　　高度分散、高度集聚。这种模式主要是第一等级业态职能中的零售服务职能与餐饮服务职能,其主要表现是业态职能在热点地段的空间点位分布相对集中,同时热点区本身较多且空间范围较大,而除了这些地段之外的空间点位分布较为均衡。如零售服务职能,在人民广场中心区内,除了在人民广场周边聚集之外,空间分布沿骨干路及其支网体系展开。这种分布模式融合了均匀分布与聚集分布的特点,是商业发展较为成熟的轴核中心区的空间分布特征。

　　适度分散、高度集聚。这种模式主要是第二等级的金融保险职能、第三等级的交通服务职能,其主要表现是业态职能在热点地段形成较为单一的集聚热点区,而除了这些地段之外的空间分布较少。但部分职能如金融保险职能与市场服务职能并不是稳定处于弱分散及强聚集状态之下。其中,以陆家嘴及外滩为主要聚集区域,金融保险职能分布有沿轴线向外发散的趋势。部分服务职能空间的高度聚集,一方面能提高该职能空间的整体竞争力,另一方面也表明该职能的空间分布不适合分散的状态。

　　均匀分散、适度集聚。这种模式主要是第一等级的商务办公职能、第二等级的行政服务职能、第三等级的文化艺术职能,其主要表现为业态职能在空间点分布均衡,有不止一个热点地段存在,且空间范围较小,没有明显依附道路骨架体系的现象。其中,行政管理职能分布最为分散,却在九江路地区形成局部聚集;文化艺术职能空间分布均匀,而在人民广场地区的分布密度明显高于其余地区。

　　综上所述,由于集聚效应的影响,轴核中心区各服务职能机构都密集在同一区域内以产生更好的规模效应,集聚的同时也带来了同类业态间的竞争。竞争表现在对空间优势地段的争夺上,不仅形成了不同类型的业态聚集,同时也将低端或者不需要的业态置换出该地段,使得聚集与扩散同时进行。此外,服务职能空间分布的分散聚集只是相对存在的,在整体分散中存在局部的聚集现象,反之亦然。造成这些现象的原因在于中心区是一个复杂系统,由多个元素构成,如硬核、阴影区。中心区内部同样存在多种驱动服务职能空间分布的作用力,在这些作用力的相互影响下,各个中心区服务职能各自形成独特的空间分布,并相互再次作用于其他服务职能,在这种作用力不断传递反复的过程中,形成了综合化、复杂化的中心区服务职能空间分布特征。

4.2 轴核中心区业态的构成特征

中心区是一个复杂系统,由多个元素构成,轴核中心区也不例外。中心区硬核及中心区阴影区是中心区最基本的构成部分,对一个中心区内硬核及阴影区进行解析与研究,可以对该中心区的构成有深入的判断和了解。本节针对两个轴核中心区硬核和阴影区的业态进行分析,判断其业态的构成特征。

4.2.1 硬核业态特征

上海的两个轴核中心区一共有 14 个硬核,人民广场中心区硬核总用地为 4.01 平方公里。本节数据库中上海人民广场中心区硬核一共截取了 13 195 个业态机构,上海陆家嘴中心区硬核一共截取了 7 091 个业态机构(表 4.4)。在业态构成上,人民广场中心区硬核和陆家嘴中心区硬核的 15 个行业职能与中心区有所不同,但根据其占总业态比例多少可以也划分为三个等级:

表 4.4 上海轴核结构中心区硬核总体业态构成

业态类别	人民广场中心区硬核	陆家嘴中心区	业态类别	人民广场中心区	陆家嘴中心区
	业态机构个数	业态机构个数		业态机构个数	业态机构个数
行政管理职能	302	154	餐饮服务职能	2 345	1 032
文化艺术职能	263	116	住宿服务职能	208	93
教育科研职能	149	100	金融保险职能	566	824
体育服务职能	39	27	商务办公职能	2 736	2 535
医疗卫生职能	89	66	娱乐康体职能	608	319
社会福利职能	5	6	交通服务职能	42	21
零售服务职能	5 715	1 740	其他服务职能	40	37
市场服务职能	88	21	/	/	/

资料来源:作者整理

第一等级与中心区一致,为零售服务职能、商务办公职能与餐饮服务职能三类,均为经营型的业态职能。这一等级的业态职能占总业态的 70% 以上,每一项业态所占比例都在 10% 以上,占据绝对优势,是中心区内部的主要业态构成类型,两个中心区均以该三类业态为主。但在这一等级内,两个中心区又略有不同,人民广场中心区的零售服务职能占 43.3%,是业态职能中所占比例最高的,而陆家嘴中心区硬核中业态职能比例最高的是商务办公职能,占该中心区总业态比例为 35.7%。

第二等级为娱乐康体职能、金融保险职能、行政管理职能、文化艺术职能、住宿服务职能、教育科研职能六类。与中心区业态职能比例相比,少了医疗卫生职能业态。这一等级内每类业态职能所占比例同样在 1%~10% 之间,等级内业态职能所占比例总和在 20%—30% 之间。在这一等级内,陆家嘴中心区内部金融保险职能所占比例达到了 11.6%,这也说明这一等级的业态职能,随着中心区的职能倾向不同,其硬核业态职能所占比例可能会发生变化,甚至会高于第一等级业态所占比例。

第三等级为医疗卫生职能、体育服务职能、市场服务职能、其他服务职能、交通服务职能、社会福利职能六类。与中心区业态职能比例相比,多了医疗卫生职能业态。这一等级内每项职能所占比例在1%以下,等级内职能所占比例总和在10%以下。这一等级的业态类别对中心区的影响较小,多个硬核中没有其中全部或部分业态职能,也依然能充满活力。

综上所述,上海轴核结构中心区的硬核总体业态职能依然是以零售服务职能、商务办公职能与餐饮服务职能为主要业态职能,娱乐康体职能、金融保险职能、行政管理职能、文化艺术职能、住宿服务职能、教育科研职能为辅助,其他职能构成基质的综合结构(表4.5)。

表4.5　上海轴核结构中心区单个硬核业态构成

硬核名称 业态类别	上海图书馆硬核	十六铺硬核	豫园硬核	外滩硬核	淮海路硬核	上海电视台硬核	静安寺硬核	人民广场硬核	多伦路硬核	陆家嘴硬核	八佰伴硬核	浦电路硬核	世纪广场硬核	国际博览中心硬核
行政管理职能	7.0%	6.3%	2.1%	3.7%	1.6%	2.6%	2.1%	1.7%	1.7%	1.5%	1.2%	1.6%	11.6%	0.3%
文化艺术职能	2.0%	3.6%	2.8%	2.7%	1.4%	4.0%	1.7%	1.6%	1.5%	1.8%	1.1%	0.8%	3.9%	3.2%
教育科研职能	3.5%	1.3%	0.8%	1.1%	1.1%	2.1%	0.7%	1.2%	1.3%	1.0%	1.9%	1.3%	1.8%	0.3%
体育服务职能	0.5%	0.9%	0.2%	0.5%	0.2%	0.2%	0.4%	0.3%	0.0%	0.3%	0.3%	0.7%	0.2%	0.6%
医疗卫生职能	1.0%	0.0%	0.4%	0.9%	0.4%	3.9%	0.9%	0.3%	0.0%	0.7%	1.3%	0.6%	1.4%	0.3%
社会福利职能	0.0%	0.0%	0.0%	0.0%	0.0%	0.0%	0.0%	0.1%	0.0%	0.0%	0.1%	0.3%	0.0%	0.0%
零售服务职能	27.0%	13.8%	47.9%	39.3%	34.5%	20.0%	43.5%	57.4%	25.8%	26.2%	26.9%	13.6%	17.3%	42.0%
市场服务职能	0.0%	0.0%	2.5%	0.8%	0.3%	0.0%	0.3%	0.4%	2.3%	0.0%	0.2%	0.0%	0.9%	1.2%
餐饮服务职能	17.0%	24.6%	15.7%	18.0%	19.7%	14.2%	15.9%	16.1%	30.3%	15.0%	14.0%	9.7%	15.4%	28.6%
住宿服务职能	0.0%	1.8%	1.2%	2.5%	1.9%	0.7%	1.4%	1.0%	3.4%	1.1%	1.3%	1.3%	0.9%	3.2%
金融保险职能	2.0%	8.0%	3.8%	7.0%	4.6%	7.2%	4.1%	2.6%	4.3%	17.4%	7.5%	11.6%	8.6%	2.3%
商务办公职能	24.5%	19.2%	18.6%	17.9%	28.8%	40.9%	24.4%	13.3%	20.4%	30.1%	38.2%	53.6%	29.8%	12.2%
娱乐康体职能	14.5%	18.3%	2.7%	5.2%	4.7%	3.3%	3.8%	3.7%	7.2%	3.8%	4.8%	3.8%	7.2%	5.5%
交通服务职能	0.5%	1.8%	0.5%	0.1%	0.4%	0.0%	0.2%	0.1%	1.6%	0.3%	0.3%	0.7%	0.4%	0.0%
其他服务职能	0.5%	0.4%	0.6%	0.3%	0.4%	0.7%	0.4%	0.1%	0.1%	0.3%	0.7%	0.7%	0.5%	0.3%

资料来源:作者整理

　　根据硬核业态职能比例，可以将 14 个硬核分为三种类型，即以零售服务职能为主要业态类型的商业型硬核，以商务职能为主要类型的商务型硬核，以零售、商务、餐饮三类服务职能为主要类型的硬核。

　　第一类以零售服务职能为优势业态职能的商业型硬核，在这一类硬核中，零售服务职能为该硬核内业态比例最高的职能，并且占该硬核内业态比例的 40％以上或比该硬核内业态占比第二的职能高 10％，即有绝对优势。这一类型硬核有 5 个，分别为豫园硬核、外滩硬核、静安寺硬核、人民广场硬核与国际博览中心硬核(图 4.5)。该类硬核业态构成特征主要有以下几点：

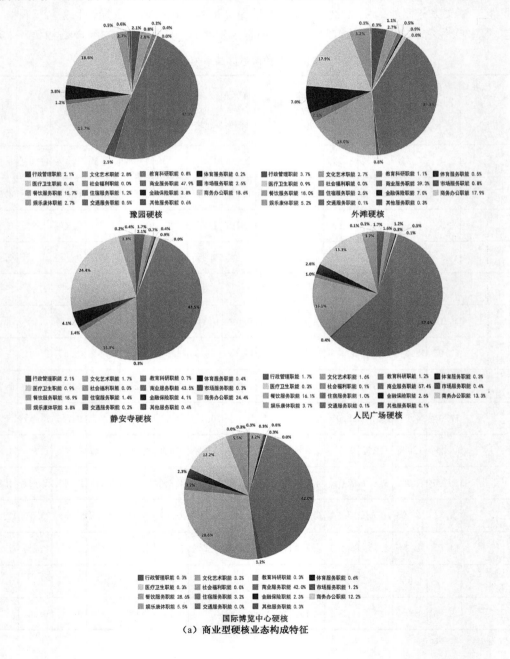

豫园硬核

外滩硬核

静安寺硬核

人民广场硬核

国际博览中心硬核

（a）商业型硬核业态构成特征

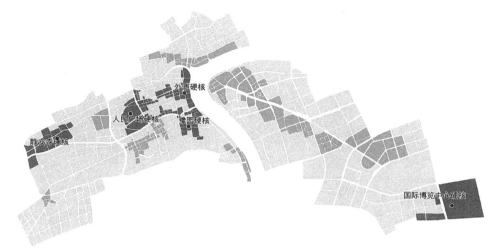

（b）商业型硬核空间分布特征

图 4.5　商业型硬核特征
资料来源：作者自绘

——**零售服务职能占绝对优势**。在这 5 个硬核中，除了外滩硬核零售服务职能占 39.3%，其他硬核都在 40%之上，尤其是人民广场硬核，达到 57.4%。这一零售服务职能的绝对优势，保证了硬核自身的活力。

——**零售、商务、餐饮职能均为主要业态职能**。除了零售服务职能占绝对优势之外，零售、商务、餐饮均在这一类硬核中占据主要地位，5 个硬核该三类业态中所占比例最低值比其他业态中的最高值平均高 10.2%，并且其余 12 项职能之和平均共占 17.8%，平均每项职能占 1.5%。这也说明了无论在中心区还是硬核内，零售、商务、餐饮服务职能都是保证其能够发展的最基本职能。

——**非经营型业态所占比例少**。前文分析过，在中心区硬核总业态比例中，非经营型业态中行政管理职能与教育科研职能处于第二等级，而在商业型硬核中，教育科研职能所占比例的平均值仅为 0.8%，医疗卫生职能所占比例的平均值仅为 0.6%，甚至豫园硬核、外滩硬核与国际博览中心硬核中并没有社会福利职能，仅有行政管理职能仍占据一定比例，外滩硬核的行政管理职能达到 3.7%。

商业型硬核的空间分布也具备一定的典型性。在前文分析的零售占优势地位的人民广场中心区中，商业型硬核有豫园硬核、静安寺硬核、人民广场硬核与外滩硬核 4 个，这 4 个硬核中有 3 个连绵在一起，而且靠近人民广场中心区发展的历史原点，分布于人民广场中心区的核心连绵区，有多条轴线穿过这片连绵区；而在商务占优势地位的陆家嘴中心区中，国际博览中心硬核恰恰远离了主轴线世纪大道与硬核连绵区（图 4.6）。

第二类是以商务办公职能为主要业态类型的商务型硬核，这一类硬核中，商务办公职能为该硬核内业态比例最高的职能，并且占该硬核内业态比例的 40%以上或比占该硬核内业态比例第二的职能高 10%，即有绝对优势。这一类型硬核有 4 个，分别为上海电视台硬核、八佰伴硬核、浦电路硬核与世纪广场硬核。该类硬核业态构成特征主要有以下几点：

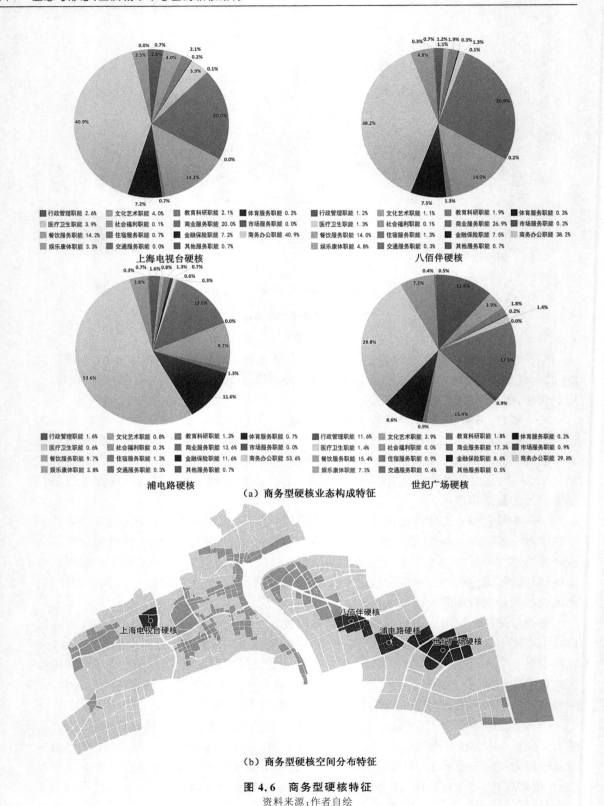

上海电视台硬核

行政管理职能 2.6% ■ 文化艺术职能 4.0% 教育科研职能 2.1% ■ 体育服务职能 0.2%
■ 医疗卫生职能 3.9% ■ 社会福利职能 0.1% ■ 商业服务职能 20.0% ■ 市场服务职能 0.0%
■ 餐饮服务职能 14.2% ■ 住宿服务职能 0.7% ■ 金融保险职能 7.2% ■ 商务办公职能 40.9%
■ 娱乐康体职能 3.3% ■ 交通服务职能 0.7% ■ 其他服务职能 0.7%

八佰伴硬核

■ 行政管理职能 1.2% ■ 文化艺术职能 1.1% 教育科研职能 1.9% ■ 体育服务职能 0.3%
■ 医疗卫生职能 1.3% ■ 社会福利职能 0.1% ■ 商业服务职能 26.9% ■ 市场服务职能 0.2%
■ 餐饮服务职能 14.0% ■ 住宿服务职能 1.3% ■ 金融保险职能 7.5% ■ 商务办公职能 38.2%
■ 娱乐康体职能 4.8% ■ 交通服务职能 0.3% ■ 其他服务职能 0.7%

浦电路硬核

■ 行政管理职能 1.6% ■ 文化艺术职能 0.8% 教育科研职能 1.3% ■ 体育服务职能 0.7%
■ 医疗卫生职能 0.6% ■ 社会福利职能 0.3% ■ 商业服务职能 13.6% ■ 市场服务职能 0.0%
■ 餐饮服务职能 9.7% ■ 住宿服务职能 1.3% ■ 金融保险职能 11.6% ■ 商务办公职能 53.6%
■ 娱乐康体职能 3.8% ■ 交通服务职能 0.3% ■ 其他服务职能 0.7%

世纪广场硬核

■ 行政管理职能 11.6% ■ 文化艺术职能 3.9% 教育科研职能 1.8% ■ 体育服务职能 0.2%
■ 医疗卫生职能 1.4% ■ 社会福利职能 0.0% ■ 商业服务职能 17.3% ■ 市场服务职能 0.9%
■ 餐饮服务职能 15.4% ■ 住宿服务职能 0.9% ■ 金融保险职能 8.6% ■ 商务办公职能 29.8%
■ 娱乐康体职能 7.2% ■ 交通服务职能 0.4% ■ 其他服务职能 0.5%

(a) 商务型硬核业态构成特征

(b) 商务型硬核空间分布特征

图 4.6 商务型硬核特征

资料来源:作者自绘

——**商务办公职能占绝对优势**。在这 4 个硬核中,除了世纪广场硬核商务办公职能占 29.8%,其他硬核都占三分之一以上,尤其是浦电路硬核,达到 53.6%。商务办公职能的绝对优势,保证了该类硬核的独特特征与硬核自身的发展活力,也是拉动其他服务产业发展的动力。

——**零售、商务业态均为主要业态类型**。与商业型硬核不同,商务型硬核的餐饮并不占绝对的主导地位,这与人的行为密切相关。在商业型硬核中,人在内部的主要行为是购物及消费,在这一类活动中,吃饭及购买零食往往是伴随发生的活动,这两类活动互相促进,共同发生,促使商业型硬核的业态发展;而在商务型硬核中,人在内部的主要行为是工作,大量的时间集中于商务办公楼内部,吃饭仅仅是解决生理问题,并不是主要行为,只是次要行为,因此,在商务型职能中,餐饮并不占主导地位。

——**金融保险职能业态所占比例高**。在商务型硬核中,金融保险职能所占据的比例往往较高,在 4 个硬核中所占比例平均达到 8.7%,这也是商务型硬核的典型特征。金融保险是以金融活动为核心的业态职能,其产业类型处于产业链的顶端,仅仅当商务职能发育到一定程度之后,对货币交易的需求量增加,金融保险职能业态才会在市场经济的推动下逐渐聚集,同时,金融保险职能业态的聚集又带来新的产业链的扩充,处于产业链下游的商务办公职能增加,进而促进了商务办公职能的发展。因此,在发育程度较高的轴核中心区内的商务型硬核中,金融保险职能虽然并不占据优势地位,但却是不可或缺的业态职能。

多元型硬核是轴核中心区硬核的另一种类型,这一类硬核中,没有占绝对优势地位的业态类型,商务及零售业态职能为该类硬核内比例较高的业态,基本在 20% 以上(图 4.7)。餐饮服务职能、金融保险职能及娱乐康体职能根据其硬核不同略有差别。总体来说,硬核内比例较高的业态类型为 3 个或 3 个以上,类型多元,这一类硬核主要有 5 个,分别为上海图书馆硬核、十六铺硬核、淮海路硬核、多伦路硬核、陆家嘴硬核。该类硬核业态构成特征主要有以下几点:

——**多类业态占据优势**。多元型硬核是由多项业态主导,没有占据绝对优势的业态,前三项业态所占的比例相对较为均衡,这是区别于其他硬核类型的重要特征。在这 5 个硬核中,每类业态所占比例基本在 15%～30% 之间。主导职能也不仅仅是零售、商务及餐饮职能,在十六铺硬核中,娱乐康体职能占 18.3%,而在陆家嘴硬核中,金融保险职能占 17.4%。多元职能占据主导地位突出了该类硬核的多样化及混合化特征。

——**主要聚集于中心区边缘地段**。这类混合化发展的硬核主要有两种类型:其一是面积较小正在发育的硬核。该类硬核面积小,业态职能多较为低端,一方面承接了从中心区内主要硬核中迁移出来的业态职能,另一方面是原有的满足周边居民生活生产需求的业态职能,尚未形成具备专业特征的硬核。这类硬核往往分布于地租相对低廉、具有较大发展潜力的中心区边缘地带,如上海图书馆硬核、十六铺硬核等。还有一种类型是发育较为成熟的硬核。这类硬核往往面积较大,业态职能较为复杂,如淮海路硬核及陆家嘴硬核。这类硬核的综合化是其发育到一定阶段正向专业型硬核转型的前期,其内部正经历业态的迁移与转型,陆家嘴硬核正是这类硬核的典型代表。陆家嘴硬核早期即商务型硬核的典型代表,随着商务办公职能的聚集,货币交易逐渐增多,带来金融保险职能的大量聚集。此后,随着激烈的市场竞争,陆家嘴硬核内部也不断发生分裂,金融保险职能与零售服务职能分别选择有利于自身发展的空间区位进行布局,最终形成两个更为专业化的硬核。这类硬核往往位于中心区内连绵硬核带的边缘地段,其一边承接硬核带转移的业态职能,一边将自身的业态职能向外转移。

综合硬核的类型及其分布的空间区位特征,可以发现,在上海轴核结构中心区内,业态的分布有以下几个特征:

——**硬核整体逐步专业化**。在轴核中心区内部,最主要的硬核连绵地段都逐渐呈现出专业化的态势。这种专业化分为两个过程,首先是整体硬核的专业化。通过比较中心区整体的业态比例与硬核整体的业态比例可以发现,所有内部的主导业态所占的比例更高,如

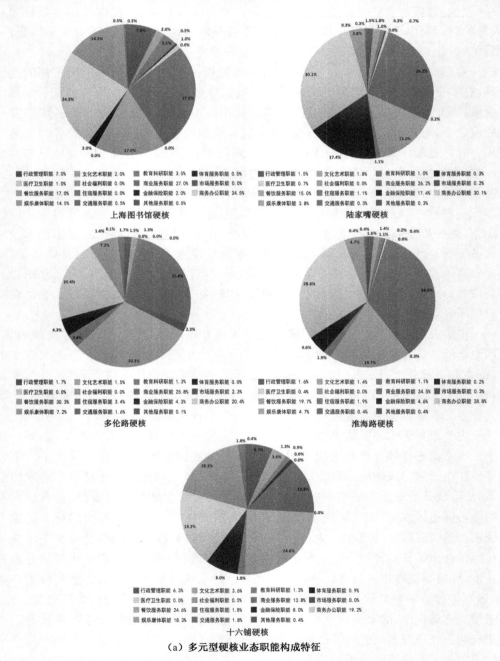

上海图书馆硬核

■ 行政管理职能 7.0%	░ 文化艺术职能 2.0%	▓ 教育科研职能 3.5%	▓ 体育服务职能 0.5%
▓ 医疗卫生职能 1.0%	░ 社会福利职能 0.0%	▓ 商业服务职能 27.0%	▓ 市场服务职能 2.0%
▓ 餐饮服务职能 17.0%	░ 住宿服务职能 0.0%	■ 金融保险职能 2.0%	░ 商务办公职能 24.5%
▓ 娱乐康体职能 14.5%	░ 交通服务职能 0.5%	░ 其他服务职能 0.5%	

陆家嘴硬核

■ 行政管理职能 1.5%	░ 文化艺术职能 1.8%	▓ 教育科研职能 1.0%	▓ 体育服务职能 0.3%
▓ 医疗卫生职能 0.7%	░ 社会福利职能 0.0%	▓ 商业服务职能 26.2%	▓ 市场服务职能 0.2%
▓ 餐饮服务职能 15.0%	░ 住宿服务职能 1.1%	■ 金融保险职能 17.4%	░ 商务办公职能 30.1%
▓ 娱乐康体职能 3.8%	░ 交通服务职能 0.3%	░ 其他服务职能 0.3%	

多伦路硬核

■ 行政管理职能 1.7%	░ 文化艺术职能 1.5%	▓ 教育科研职能 1.3%	▓ 体育服务职能 0.0%
▓ 医疗卫生职能 1.0%	░ 社会福利职能 0.0%	▓ 商业服务职能 25.8%	▓ 市场服务职能 2.3%
▓ 餐饮服务职能 30.3%	░ 住宿服务职能 3.4%	■ 金融保险职能 4.3%	░ 商务办公职能 20.4%
▓ 娱乐康体职能 7.2%	░ 交通服务职能 1.6%	░ 其他服务职能 0.1%	

淮海路硬核

■ 行政管理职能 1.6%	░ 文化艺术职能 1.4%	▓ 教育科研职能 1.1%	▓ 体育服务职能 0.2%
▓ 医疗卫生职能 0.4%	░ 社会福利职能 0.0%	▓ 商业服务职能 34.5%	▓ 市场服务职能 0.3%
▓ 餐饮服务职能 19.7%	░ 住宿服务职能 1.9%	■ 金融保险职能 4.6%	░ 商务办公职能 28.8%
▓ 娱乐康体职能 4.7%	░ 交通服务职能 0.4%	░ 其他服务职能 0.4%	

十六铺硬核

■ 行政管理职能 6.3%	░ 文化艺术职能 3.0%	▓ 教育科研职能 1.3%	▓ 体育服务职能 0.9%
▓ 医疗卫生职能 0.0%	░ 社会福利职能 0.0%	▓ 商业服务职能 13.8%	▓ 市场服务职能 0.0%
▓ 餐饮服务职能 24.6%	░ 住宿服务职能 1.8%	■ 金融保险职能 8.0%	░ 商务办公职能 19.2%
▓ 娱乐康体职能 18.3%	░ 交通服务职能 1.8%	░ 其他服务职能 0.4%	

(a) 多元型硬核业态职能构成特征

（b）多元型硬核空间分布特征

图 4.7　多元型硬核特征
资料来源：作者自绘

上海人民广场中心区，中心区内的零售服务职能占 37%，而所有硬核内部的零售服务职能占 43%。轴核中心区的硬核不再是综合化、混合化发展，而是以某类职能为主导，通过产业链关联以及行为关联不断在空间上聚集，而将其他服务业态向外迁移，逐渐形成以某个业态为主要类型的巨型专业化业态空间簇群。

——**单个硬核逐步专业化**。其次，是硬核内部的专业化。前文对硬核的业态职能比例进行过测算，在所有 14 个硬核中，有 9 个硬核都有占绝对优势地位的业态职能，且部分硬核的主要业态职能所占比例高达 57.4%。即轴核中心区内部，在聚集效应与扩散效应的同时作用下，硬核的某类优势业态越来越聚集，而其他部分业态向其他硬核或中心区内其他地段转移，通过不断地聚集与扩散，单个硬核的业态职能逐步专业化发展。

——**与中心区主导职能同类型的硬核占据核心位置**。前文分析过，在一个中心区内，有其主导型的业态职能，部分硬核同样以该业态职能作为硬核内的主导业态，而并不是所有硬核都以该类业态为主导。那么，以该类业态职能作为主导的硬核是中心区的核心硬核，占据中心区空间区位的核心位置，是该中心区的标志性硬核，其他硬核往往分布在较为边缘的地段。如上海人民广场中心区中，外滩硬核、人民广场硬核及豫园硬核组成了连绵的商业型硬核连绵带，占据了人民广场中心区的核心位置；而其他服务职能，如商务办公职能等，由于核心位置被大面积聚集的零售职能占据，因此迁移到如上海电视台硬核等地段聚集，形成了核心位置为主导硬核，边缘位置为其他类型硬核的空间布局特征。

4.2.2　阴影区业态特征

上海轴核结构中心区一共有 45 个阴影区地块，总面积为 6.97 平方公里。本节数据库中上海人民广场中心区阴影区一共截取了 4 675 个业态机构，上海陆家嘴中心区阴影区一共截取了 2 002 个业态机构（表 4.6）。相对于硬核，由于阴影区主要以居住职能为主，因此业态总量远远小于硬核的业态总量。由图可知，在业态构成上，人民广场中心区阴影区和陆家嘴中心区阴影区的 15 个行业职能与中心区有所不同，但根据其占总业态比例多少可以划分为三个等级：

表 4.6　上海轴核结构中心区阴影区总体业态构成

业态职能类型	人民广场阴影区	陆家嘴阴影区	业态职能类型	人民广场阴影区	陆家嘴阴影区
	业态个数	业态个数		业态个数	业态个数
行政管理职能	248	39	餐饮服务职能	1 123	418
文化艺术职能	165	39	住宿服务职能	113	47
教育科研职能	104	34	金融保险职能	108	144
体育服务职能	12	9	商务办公职能	784	499
医疗卫生职能	61	19	娱乐康体职能	313	123
社会福利职能	8	4	交通服务职能	13	8
零售服务职能	1 590	598	其他服务职能	11	5
市场服务职能	22	16	/	/	/

资料来源：作者整理

　　第一等级中的职能依然为零售服务职能、商务办公职能与餐饮服务职能三类，均为经营型的业态职能。这一等级的业态职能占总业态比例与硬核及中心区类似，即占据绝对优势，是中心区内部的主要业态构成类型，两个中心区中均以该三类业态为主。但在这一等级内，阴影区与中心区及硬核有所不同，无论是零售主导型的人民广场中心区还是商务主导型的陆家嘴中心区，零售服务职能均是业态职能中所占比例最高的，且三项职能所占比例趋于接近。这是由于餐饮服务职能大幅增多，人民广场中心区的阴影区中该项所占的比例甚至超越了商务办公职能所占比例，这是由阴影区自身性质决定的，其内部仅需满足日常消费需求的低端服务业即可。

　　第二等级为娱乐康体职能、金融保险职能、行政管理职能、文化艺术职能、住宿服务职能、教育科研职能、医疗卫生职能七类。与中心区业态职能比例类似，比硬核业态职能多了医疗卫生职能，且与硬核内教育科研职能、医疗卫生职能、行政管理职能等以大型非经营型业态机构存在不同，阴影区内的该类职能都是社区及街道级别的小型业态机构存在，这是由于中心区内此类职能在强大的市场规律下逐渐迁出高地价的硬核区转而迁入地价较低的阴影区及边缘区，这类用地占地面积不大，主要满足中心区内部居民的生活配套。

　　第三等级为体育服务职能、市场服务职能、其他服务职能、交通服务职能、社会福利职能五类。这一等级内每项职能所占比例在 1% 以下，等级内职能所占比例总和在 10% 以下。这一等级的业态职能对中心区的影响较小，在阴影区中，交通服务职能所占比例略多于其他业态所占比例，这是由于阴影区内承担了大量中心区内硬核的配套服务职能，以维持中心区的正常运行。

　　综上所述，上海轴核结构中心区的阴影区总体业态职能依然是以零售服务职能、商务办公职能与餐饮服务职能为主导，娱乐康体职能、金融保险职能、行政管理职能、文化艺术职能、住宿服务职能、教育科研职能、医疗卫生职能为辅助，其他职能构成基质的综合性结构。

在对阴影区的总体特征进行分析之后,为 45 个阴影区编号,再分析单个阴影区地块的业态职能比例,以了解各种不同类型的阴影区地块的职能特征及空间分布(图 4.8,表 4.7)。根据阴影区业态职能比例,可以将 45 个阴影区地块分为五种类型:以零售服务职能为主的商业型阴影区,以商务办公职能为主的商务型阴影区,以餐饮服务职能为主的餐饮型阴影区,以零售、商务、餐饮三类服务职能为主的均衡型阴影区,以其他职能为主的多元型阴影区。

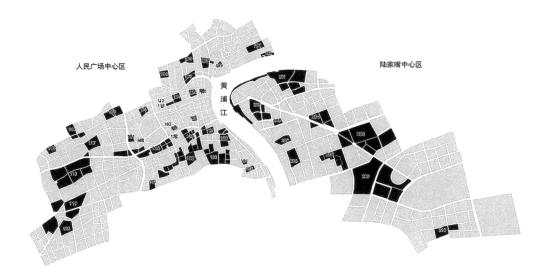

图 4.8 上海轴核中心区阴影区空间分布及编号

资料来源:作者自绘

表 4.7 上海轴核结构中心区各阴影区业态构成

业态类别 / 编号	行政管理职能	文化艺术职能	教育科研职能	体育服务职能	医疗卫生职能	社会福利职能	零售服务职能	市场服务职能	餐饮服务职能	住宿服务职能	金融保险职能	商务办公职能	娱乐康体职能	交通服务职能	其他服务职能
101	1.4%	6.8%	2.7%	1.4%	0.0%	0.0%	16.4%	0.0%	23.3%	9.6%	6.8%	17.8%	13.7%	0.0%	0.0%
102	0.0%	0.0%	0.0%	0.0%	0.0%	0.0%	0.0%	0.0%	14.3%	0.0%	0.0%	0.0%	28.6%	57.1%	0.0%
103	1.3%	1.3%	0.6%	0.0%	0.0%	0.0%	34.4%	0.0%	43.5%	1.3%	3.9%	6.5%	7.1%	0.0%	0.0%
104	7.1%	3.6%	0.0%	0.0%	0.0%	0.0%	46.4%	0.0%	17.9%	0.0%	0.0%	25.0%	0.0%	0.0%	0.0%
105	10.3%	0.0%	0.0%	0.0%	2.6%	0.0%	30.8%	0.0%	43.6%	5.1%	0.0%	5.1%	2.6%	0.0%	0.0%
106	2.2%	0.0%	1.4%	1.4%	0.0%	0.0%	31.2%	0.7%	25.4%	4.3%	1.4%	22.5%	9.4%	0.0%	0.0%
107	13.9%	5.6%	13.9%	0.0%	0.0%	0.0%	11.1%	0.0%	5.6%	5.6%	2.8%	36.1%	2.8%	2.8%	0.0%
108	3.2%	6.5%	0.0%	3.2%	0.0%	0.0%	41.9%	0.0%	6.5%	0.0%	9.7%	22.6%	3.2%	0.0%	0.0%
109	9.4%	1.6%	3.1%	0.0%	4.7%	0.0%	18.8%	0.0%	15.6%	0.0%	6.3%	32.8%	3.1%	0.0%	4.7%
110	3.3%	2.3%	2.6%	0.0%	2.0%	0.0%	40.1%	0.0%	22.4%	1.6%	2.3%	16.4%	6.9%	0.0%	0.0%
111	4.1%	4.1%	2.7%	0.0%	2.7%	0.0%	21.6%	0.0%	32.4%	6.8%	0.0%	8.1%	17.6%	0.0%	0.0%

业态类别编号	行政管理职能	文化艺术职能	教育科研职能	体育服务职能	医疗卫生职能	社会福利职能	零售服务职能	市场服务职能	餐饮服务职能	住宿服务职能	金融保险职能	商务办公职能	娱乐康体职能	交通服务职能	其他服务职能
112	0.0%	0.0%	0.0%	0.0%	0.0%	0.0%	28.6%	0.0%	7.1%	0.0%	0.0%	64.3%	0.0%	0.0%	0.0%
113	0.0%	0.0%	1.8%	0.0%	0.0%	0.0%	34.5%	0.0%	50.9%	1.8%	0.0%	10.9%	0.0%	0.0%	0.0%
114	0.5%	0.0%	0.0%	0.0%	1.9%	0.0%	24.7%	0.5%	16.3%	3.7%	1.4%	48.4%	2.3%	0.5%	0.0%
115	15.2%	3.0%	6.1%	0.0%	3.0%	0.0%	18.2%	1.5%	12.1%	12.1%	1.5%	24.2%	1.5%	0.0%	1.5%
116	0.0%	3.4%	6.8%	0.0%	0.0%	0.0%	28.8%	0.0%	32.2%	3.4%	1.7%	13.6%	8.5%	1.7%	0.0%
117	3.0%	4.5%	2.5%	0.0%	1.5%	0.0%	40.8%	0.0%	19.4%	2.5%	4.0%	14.9%	6.5%	0.5%	0.0%
118	7.4%	3.5%	2.1%	0.1%	1.6%	0.1%	34.1%	0.5%	22.2%	3.0%	2.2%	15.3%	7.3%	0.2%	0.3%
119	3.1%	10.0%	3.4%	0.0%	1.9%	0.9%	27.5%	0.3%	17.5%	0.9%	2.2%	25.0%	6.6%	0.3%	0.0%
120	9.4%	8.9%	6.3%	0.5%	0.5%	0.0%	23.6%	0.5%	17.8%	1.6%	1.0%	10.5%	19.4%	0.0%	0.0%
121	6.9%	1.7%	0.0%	0.0%	5.2%	0.0%	32.8%	0.0%	6.9%	3.4%	3.4%	36.2%	1.7%	1.7%	0.0%
122	0.0%	0.0%	0.0%	0.0%	0.0%	0.0%	50.0%	0.0%	50.0%	0.0%	0.0%	0.0%	0.0%	0.0%	0.0%
123	0.0%	0.0%	0.0%	0.0%	0.0%	0.0%	14.3%	0.0%	76.2%	4.8%	0.0%	4.8%	0.0%	0.0%	0.0%
124	0.0%	0.0%	40.0%	60.0%	0.0%	0.0%	0.0%	0.0%	0.0%	0.0%	0.0%	0.0%	0.0%	0.0%	0.0%
125	0.0%	1.6%	0.0%	0.0%	0.0%	0.0%	41.0%	3.3%	36.1%	4.9%	0.0%	4.9%	8.2%	0.0%	0.0%
126	8.7%	4.3%	0.5%	1.1%	0.5%	0.0%	34.2%	0.0%	28.3%	0.0%	0.5%	10.9%	6.0%	0.0%	0.0%
127	0.0%	0.0%	0.0%	0.0%	0.0%	0.0%	20.4%	1.9%	63.0%	7.4%	0.0%	1.9%	5.6%	0.0%	0.0%
128	4.9%	1.5%	0.5%	0.5%	0.0%	0.0%	57.6%	1.0%	18.0%	1.5%	1.0%	10.2%	2.9%	0.0%	0.0%
129	4.1%	0.0%	3.1%	0.0%	0.0%	3.1%	53.6%	0.0%	18.6%	2.1%	0.0%	11.3%	4.1%	0.0%	0.0%
130	11.8%	7.8%	7.8%	0.0%	0.0%	0.0%	31.4%	2.0%	29.4%	0.0%	0.0%	3.9%	3.9%	0.0%	0.0%
131	10.5%	10.5%	0.0%	0.0%	0.0%	0.0%	57.9%	0.0%	10.5%	0.0%	0.0%	10.5%	0.0%	0.0%	0.0%
132	5.0%	2.7%	1.3%	0.3%	1.3%	0.0%	22.1%	0.0%	33.6%	1.0%	5.4%	20.8%	4.7%	0.3%	1.3%
133	4.5%	3.4%	1.7%	0.2%	1.1%	0.2%	45.2%	1.1%	24.0%	1.1%	2.5%	8.1%	6.8%	0.0%	0.0%
134	0.0%	0.0%	0.0%	0.0%	0.0%	0.0%	33.3%	0.0%	0.0%	0.0%	33.3%	33.3%	0.0%	0.0%	0.0%
135	34.4%	0.0%	0.0%	0.0%	3.1%	0.0%	12.5%	0.0%	18.8%	0.0%	0.0%	28.1%	3.1%	0.0%	0.0%
201	2.7%	4.8%	1.1%	0.5%	1.1%	0.5%	24.7%	0.0%	28.0%	3.8%	2.7%	12.9%	13.4%	2.2%	0.5%
202	0.5%	1.3%	0.3%	0.8%	0.3%	0.0%	51.8%	0.5%	18.8%	0.5%	8.4%	12.8%	3.7%	0.0%	0.3%
203	0.0%	50.0%	0.0%	0.0%	0.0%	0.0%	0.0%	0.0%	0.0%	50.0%	0.0%	0.0%	0.0%	0.0%	0.0%
204	1.2%	1.2%	4.2%	0.8%	1.5%	0.0%	30.0%	0.8%	23.5%	0.8%	5.8%	28.5%	1.5%	0.0%	0.4%
205	0.0%	0.0%	0.0%	7.7%	0.0%	0.0%	30.8%	0.0%	15.4%	7.7%	7.7%	0.0%	30.8%	0.0%	0.0%
206	1.2%	3.5%	0.0%	0.0%	0.0%	0.0%	19.8%	0.0%	9.3%	4.7%	5.8%	52.3%	3.5%	0.0%	0.0%

续表 4.7

业态类别 编号	行政管理职能	文化艺术职能	教育科研职能	体育服务职能	医疗卫生职能	社会福利职能	零售服务职能	市场服务职能	餐饮服务职能	住宿服务职能	金融保险职能	商务办公职能	娱乐康体职能	交通服务职能	其他服务职能
207	2.9%	1.9%	1.0%	0.0%	1.9%	1.0%	27.5%	1.4%	33.3%	2.9%	2.4%	12.1%	10.1%	1.4%	0.0%
208	4.8%	1.3%	1.9%	0.0%	1.3%	0.3%	21.4%	1.9%	15.8%	2.9%	13.7%	26.5%	7.5%	0.3%	0.0%
209	0.8%	1.7%	2.3%	0.4%	0.6%	0.0%	22.8%	0.4%	19.5%	2.7%	6.0%	37.3%	4.8%	0.0%	0.4%
210	0.0%	6.3%	0.0%	0.0%	0.0%	0.0%	50.0%	0.0%	6.3%	0.0%	6.3%	18.8%	6.3%	0.0%	0.0%

资料来源:作者整理

第一类为以零售服务职能为主导的商业型阴影区。这一类阴影区中,零售服务职能为该阴影区内业态比例最高的职能,并且占该阴影区内业态比例的40%以上或比占该阴影内业态比例第二的职能高10%,即有绝对优势。这一类型阴影区有12个。该类阴影区业态特征主要有以下几点(图4.9):

商业型阴影区空间分布特征

图4.9 商业型阴影区特征
资料来源:作者自绘

——**零售服务职能占绝对优势**。在这12个阴影区中,除了118号阴影区零售服务职能占34.1%,其他阴影区都在40%之上,尤其是131号阴影区,达到57.9%。这一零售服务职能的绝对优势,是商业型阴影区保证其满足附近居民或工作人员日常消费的需求。

——**商务、餐饮职能在部分阴影区中占据优势**。与中心区及硬核不同,在商业型阴影区中,除了零售服务职能占绝对优势之外,商务、餐饮并不是每一项都占据优势地位,125号阴影区商务办公职能仅占4.9%,远低于该阴影区内娱乐康体职能所占比例——8.2%。

——**其他类型业态所占比例不均**。阴影区的一大特征是承接硬核中迁出的服务职能,前文分析过,在商业型硬核业态比例构成中,大部分硬核都能明确分为三个等级,而在商业型阴影区中,除了零售占据绝对优势,商务及餐饮服务职能在部分阴影区中仍有较明显优势,其他业态的构成没有较强的等级性与规律性。如108号阴影区的金融保险职能占9.7%,而104号、125号、129号、131号阴影区的金融保险职能所占比例为0;131号阴影区的行政管理职能占10.5%,而125号、210号阴影区的行政管理职能所占比例为0。

——主要聚集于商业型硬核周边。商业型阴影区的空间分布也具有一定的典型性，主要聚集于商业型硬核周边，其次聚集于均衡型硬核周边，较少聚集于商务型硬核周边。由图 4.9 可以看出，在 12 块阴影区当中，125 号、128 号、129 号阴影区聚集于人民广场硬核周边，133 号阴影区聚集于豫园硬核周边，110 号、117 号、118 号阴影区聚集于静安寺硬核周边，210 号阴影区聚集于国际博览中心硬核周边，104 号、131 号、202 号阴影区聚集于均衡型硬核周边，仅有 108 号阴影区聚集于商务型硬核上海电视台硬核周边。

第二类是以商务办公职能为主的商务型阴影区。这一类阴影区中，商务办公职能为该阴影区内业态比例最高的职能，并且占该阴影区内业态比例的 40% 以上或比占该阴影区内业态比例第二的职能高 10%，即有绝对优势。这一类型阴影区有 5 个。该类阴影区业态特征主要有以下几点（图 4.10）：

商务型阴影区空间分布特征

图 4.10　商务型阴影区特征
资料来源：作者自绘

——商务办公职能占绝对优势。在这 5 个阴影区中，每个阴影区的商务办公职能占该阴影区所有业态职能的三分之一以上，尤其是 112 号阴影区，达到 64.3%。这一商务办公职能的绝对优势，是因为商务型阴影区是硬核内低端商务职能，低端商务职能无法承担硬核内高昂的地价与租金，但由于其办公性质需要较好的区位，以保证其满足附近居民或工作人员日常的需求，所以选择在离核心地段不远的居住区内办公。

——零售、餐饮职能在阴影区中仍占据一定优势。不同于商业型阴影区，在商务型阴影区中，除了商务办公职能占绝对优势之外，零售、餐饮职能仍然占据优势，只不过其优势并没有在中心区及硬核中明显，并且少数商务型阴影区的其他业态职能构成比例高于这两类职能。如 107 号阴影区的零售服务职能仅占 11.1%，餐饮服务职能仅占 5.6%，低于该阴影区内行政管理职能与教育科研职能所占比例——13.9%。

——其他类型业态缺乏。与商业型阴影区的其他类型业态的不规律性不同，商务型阴影区业态构成特征是除了商务、零售及餐饮服务职能之外，其他 12 项服务职能缺失或者占比极低，如 112 号阴影区仅有商务、零售、餐饮服务职能 3 项，其他 12 项职能均为 0；113 号阴影区中有 10 项职能在 1% 以下，205 号阴影区有 9 项，209 号阴影区有 7 项，107 号阴影区有 7 项。

——**聚集于各类型硬核周边**。商务型阴影区的空间分布与商业型阴影区不同,并不聚集于商务型硬核周边,而是在各个类型的硬核周边均有分布。由图 4.10 可以看出,在 5 块阴影区当中,206 号与 209 号阴影区聚集于商务型硬核周边,107 号阴影区聚集于均衡型硬核周边,112 号、114 号阴影区聚集于商业型硬核周边。

第三类是以餐饮服务职能为主的餐饮型阴影区。这一类阴影区中,餐饮服务职能为该阴影区内业态比例最高的职能,并且占该阴影区内业态比例的 40% 以上或比占该阴影区内业态比例第二的职能高 10%,即有绝对优势。这一类型阴影区有 7 个。该类阴影区业态特征主要有以下几点(图 4.11):

餐饮型阴影区空间分布特征

图 4.11　餐饮型阴影区特征
资料来源:作者自绘

——**餐饮服务职能占绝对优势**。在这 7 个阴影区中,除了 111 号阴影区餐饮服务职能占 32.4%,其他阴影区都在 40% 之上,尤其是 123 号阴影区,达到 76.2%。这一餐饮服务职能的绝对优势,是餐饮型阴影区保证其满足附近居民或工作人员日常消费的需求。

——**零售职能在阴影区中占据优势,商务职能没有优势**。与零售及商务型阴影区不同,在餐饮型阴影区中,除了餐饮服务职能占绝对优势之外,零售服务职能也占据优势地位,平均所占比例为 29.3%。但商务办公职能所占比例在各块阴影区中差距较大,平均仅为 5.3%,而在 122 号阴影区中,没有商务办公职能,在 127 号阴影区中,商务办公职能仅占 1.9%。这也说明餐饮型阴影区功能较为集中。

——**其他类型业态缺乏**。与商务型阴影区的其他类型业态类似,餐饮型阴影区业态构成特征是除了商务、零售及餐饮服务职能之外,其他 12 项服务职能缺失或者占比极低。如 122 号阴影区仅有零售、餐饮服务职能,其他 12 项职能均为 0,123 号阴影区中有 11 项职能为 0;7 个阴影区中平均每个阴影区中有 9 项职能为 0。

——**主要聚集于商业型硬核及均衡型硬核周边**。餐饮型阴影区的空间分布主要聚集于商业型硬核与均衡型硬核周边。由图 4.11 可以看出,在 7 块阴影区当中,103 号、105 号阴影区聚集于均衡型硬核——多伦路硬核周边,其他 5 个阴影区均聚集于商业型硬核——人民广场硬核周边。

　　第四类是以零售、商务、餐饮三类服务职能中的两类为主的均衡型阴影区，即主导职能之间比例较为接近。这一类阴影区中，除了商业型阴影区、商务型阴影区、餐饮型阴影区之外，主导职能为零售、商务、餐饮三类服务职能中的两类，且该两类职能均为该阴影区内业态比例最高的零售服务职能，这一类型阴影区中没有单个占据绝对优势的业态，而以两项或多项优势业态为主。这一类型阴影区综合多项职能，是个数最多的阴影区，上海轴核结构中心区内共有 16 个，占总数的 40%。该类阴影区业态特征主要有以下几点（图 4.12）：

　　——**多类职能为主**。均衡型阴影区是由多项职能为主，但没有占据绝对优势的职能，前三项职能之间的比例相对较为均衡。在这 16 个阴影区中，基本可以分为两种类型：一类是零售、商务、餐饮服务职能占该阴影区业态职能比例前三项；另一类是零售、商务、餐饮其中两项占该阴影区业态职能比例前三位，且首位为该两项中任意一项。

　　——**其他部分业态占据优势**。在均衡型阴影区中，除了零售、商务及餐饮服务职能，其他部分业态也发挥重要作用，其中娱乐康体职能在 120 号阴影区中占 19.4%，仅次于首位商业业态——零售服务职能（23.6%），且娱乐康体职能在 4 个阴影区中均达到 10% 以上，是均衡型阴影区中仅次于零售、商务及餐饮职能的第四大类业态。此外，行政管理职能、金融保险职能与住宿服务职能均在部分阴影区中占据优势。这是由于有些地块的业态个数较少，职能过于集中，而有些地块过大，其承接的业态类型较综合，逐步达到均衡的情形。

　　——**主要聚集于均衡型硬核周边**。均衡型阴影区的空间分布也具有一定的典型性，主要聚集于均衡型硬核周边，余下分别聚集于商业型及商务型硬核周边。由图 4.12 可以看出，在 18 个阴影区当中，10 个阴影区聚集于均衡型硬核周边，4 个聚集于商务型硬核周边，4 个聚集于商业型硬核周边。

均衡型阴影区空间分布特征

图 4.12　均衡型阴影区特征
资料来源：作者自绘

　　第五类以非商务、零售、餐饮服务职能为主的多元型阴影区。这一类阴影区中，零售、商务及餐饮服务职能并不是阴影区内业态比例最高的职能。这一类型阴影区有 5 个。该类阴影区业态特征主要有以下几点（图 4.13）：

——**主要职能占绝对优势**。在这 5 个阴影区中,除了 135 号、205 号阴影区,其他每个阴影区的主要职能所占比例均达到 40% 或高于该阴影区内其他业态的 10% 以上,占据绝对优势。这是由于这一类阴影区所在地块比较小,业态较少,职能相对较为集中。

——**商务、餐饮、零售服务职能并无明显优势**。与其他阴影区不同,在多元型阴影区中,除了占据主要地位的服务职能之外,商务、餐饮、零售服务职能并没有明显优势,124 号及 203 号阴影区中该三类业态所占比例均为 0,102 号阴影区缺乏两类职能,而 205 号阴影区缺乏一类职能,仅有 135 号阴影区具备完整的三类服务职能。

——**其他类型业态缺乏**。与商务型阴影区的其他类型业态类似,多元型阴影区业态构成特征是除了优势职能之外,其他 14 项服务职能缺失或者占比极低,5 个阴影区平均每个阴影区中有 11 项业态个数为 0。

——**聚集于三类硬核周边**。多元型阴影区在三类硬核区周边均有分布。由图 4.13 可以看出,在 5 个阴影区当中,3 个阴影区聚集于均衡型硬核周边,1 个聚集于商务型硬核周边,1 个聚集于商业型硬核周边,其空间分布较为分散。

多元型阴影区空间分布特征

图 4.13　多元型阴影区特征
资料来源:作者自绘

与硬核不同,阴影区是中心区内的附着型结构,它往往伴随硬核而生,在业态职能的分布上体现得尤为明显。在对阴影区的业态职能解析中可以发现,往往一个硬核的主要业态职能就是该硬核周边阴影区的业态主要职能,而阴影区内的职能,往往具备辅助性特征,处于产业链的下游,为硬核提供运行的保障。

在对轴核中心区的业态构成特征进行解析之后,可以发现,城市轴核中心区任何状态的改变,或多或少都受到经济理性的考察,它对轴核中心区在结构升级过程中注重的是效益,主要体现在中心区职能的聚集经济之中。在轴核结构中心区业态聚集的过程中,经济要素的作用主要体现在两个方面:首先是城市经济规模的扩张带来中心区经济规模的扩大或者产业类型的升级,如其对中心区影响因素中国际贸易枢纽的支撑、广阔的经济腹地与二线城市群的促进、贸易口岸的促进等,这种升级使得轴核中心区整体经济价值提升,促进了高端产业的入驻,加强了产业链的拓展,最终体现在中心区内部业态的聚集扩散之中;其次是中心区内部的业态职能的吸引作用和排斥作用在硬核区域聚集过程中产生的外部效应，其对中心区的影响因素主要包括产业规模效应的促进或者限制，这类影响促进了轴核中心区内产业的聚集或者扩散，带来中心区的产业升级或者转型。

4.3 轴核中心区的业态空间特征

业态职能作为城市中心区的主要运作动力，存在着微妙的相互关系和演替过程。轴核中心区的优势业态职能往往反映了该中心区的发展特色，如上海陆家嘴中心区中商务办公职能占据了主要地位，上海人民广场中心区以零售服务职能为优势业态职能。除了优势业态职能外，其余的业态职能散布于中心区各个区域内，为中心区的良好运作承担着相应的职责。对于城市中心区而言，合理的职能组合与空间分布能更有效地发挥各个服务职能的优势，也能引导各类产业和空间结构以更稳健有序的步伐向前发展。同时，业态职能系统是一个完整的系统，对其研究属于系统研究范畴，业态之间的相互联系是形成业态空间分布的重要原因。孙璐[95]对比零售业态与自然生命体，发现其本质上有许多共通之处，并提出用生物学方式研究零售业态群体之间的共存、协作与竞争关系。在本章研究中同样发现，业态职能分布并不是均衡的，部分业态之间有较强的联系，在一些硬核及阴影区中体现出稳定的等级特征，这种非均衡分布是否是不同业态群体间相互影响的结果？哪些业态之间有较强的关联特征？这些特征对轴核中心区有哪些影响？本节借鉴生物学中生物群落聚集研究方法，从主要业态群体之间的相互关联出发，研究轴核中心区的业态空间特征。

4.3.1 业态之间的空间作用

在城市中心区内，各个服务职能之间并不是孤立的，而是相互联系、相互影响的。中心区是集购物、休闲、娱乐为一体的空间场所，通过其强大的辐射作用成为聚集人流的保障。零售服务职能是其最基本的服务职能；住宿职能是中心区重要的营利职能，其增加了流动居住人口的贡献，且通过夜间服务，延续中心区活力；而商务空间作为高端商务人群的工作场所，则为商业职能和住宿职能供应了众多潜在消费人群，最终通过建筑、广场等空间组合起来。各类职能之间相互联系、相互作用，形成了不同空间下不同类型的业态组合与业态簇群，成为影响城市中心区空间形态的重要因素。国内外对于业态职能的研究主要集中在商业及零售业态领域。本节综合各类服务业态，研究各类业态之间的相互联系。

图 4.14　业态机构辐射范围的影响因子
资料来源：作者自绘

单个业态对周边业态的影响具体体现在周边业态选择、人员数量及消费活力上。而在这一表征下，影响城市中心区内业态之间相互联系的原因有多种（图 4.14）：

首先是该城市的基本特征，包括该城市的经济发展水平及人口规模，城市业态职能的类型和组合与该城市的经济发展水平有较为密切的联系。刘贵文[81]通过研究各个城市的城市综合体内业态发现当城市二、三产业比例较高,尤其是第三产业比例较高时,所在城市的城市综合体的数量也相应较多,市场容量大,所涵盖的服务性功能就越强,业态也更为多样。例如,上海城市综合体中商务办公、酒店所占比例较大;北京的写字楼、大型商业以及零售物业相对较多;成都则以休闲娱乐为主。

其次,与城市内该地段的基本特征有关。研究发现,在大型交通枢纽、商业附近的业态职能有其一定的规律,这些业态都具有较强的便利性、快捷性、省时性等特点。例如,在轨道交通附近的地下业态职能主要包括便利型的零售服务职能、自助类公共服务设施等,这些快速消费产品收益高,适应人群广泛;而在历史文化街区部分地段内,由于其独特的文化氛围,文化艺术职能与零售服务职能相组合,形成独具特色的消费场所。

再次,商业业态的组成有一定的规律性。刘念雄提出黄金商业分割比例,即商业:娱乐:餐饮的比值为 52:30:18[96];陈嘉伟认为区域型购物中心主要业态的比重分别为:餐饮 25%、零售 60%、服务 2%、休闲娱乐 13%[97]。

最后,与消费者本身的生物特征有关。消费者作为中心区使用的主体,其生物特征影响了业态之间的联系特征,人的视觉范围、活动能力及消费动机,对地段内的业态聚集及业态组合都有较大的影响。较为经典的消费者行为模式理论主要有:S-O-R 理论,Nicosia Model(尼克塞尔模型),Kotler Model(科特勒模型),Howard-Sheth Model(霍华德-谢恩模型),Engel、Kollat&Blackwell Model(恩格尔-科拉特-布莱克模型,简称 E. K. B. 模型)等[82]。从国内来说,宋思根研究认为,中国城市消费者可以被划分为九种决策类型,不同类型消费者的业态惠顾意向不同[83];王德通过对消费者行为吸引要素的分析,建构了消费者地块选择模型[84];魏胜通过自我印象一致性理论,解释了购物中心顾客的波及惠顾形成机制[85]。但总体来说,从消费者的视角以定量形式对商业中心布局的研究在国内尚处于初步阶段。

本次研究为判断上海轴核结构中心区内单个业态的影响范围,由于影响业态分布过程的复杂性,因此笔者选择对现有业态机构经营者的实际感受及日常活动进行访谈,以获得直接的信息。在两个轴核中心区内,共选取了 30 个采集样本区,对区内 90 个典型的业态机构进行访谈。这 90 个业态机构覆盖了上海轴核结构中心区内 15 种业态类型,并分散分布于硬核、阴影区及中心区其他地段。笔者与其他访谈人员一起对这 90 个业态机构的经营者进行访谈。访谈内容分为三部分:

(1) 业态机构的基本属性:包括业态机构的营业面积、营业额等。

(2) 与其他业态机构的互动:经营者在经营时间段内与其他业态机构的详细互动活动,包括每一次活动的内容、消费额、空间位置等信息。

(3) 经营者的实际体验:将周边业态机构按照距离该业态机构 5 米一档进行划分,对经营者进行访谈,详细了解各档距离内业态机构对本业态机构的影响。

从访谈的结果来看,大部分业态机构之间的互动主要集中在 10 米范围内的业态机构中,而认为超过 20 米以外业态机构之间的影响可以忽略的经营者较多。根据这一访谈结果,最终确定在上海市的两个轴核中心区内,单个业态职能影响的主要范围平均为 20 米。因此,本节以研究不同类型业态间的空间联系为目的,以 20 米为研究半径,研究各类业态职能 20 米范围内其他业态的聚集或离散特征。

具体计算公式如下：

$$S_{B_A} = \frac{B_A}{B} \times 100\%$$ （公式 4-1）

其中：B_A 为 A 业态 20 米范围内 B 业态的个数；

B 为 B 业态在两个轴核中心区内的总个数。

最终计算出的数值表示 A 业态周边 B 业态聚集程度的强弱。对中心区内 15 项业态职能进行两两计算，得出各项业态对其他业态的聚集程度数值。计算结果如表 4.8 所示，纵向数值反映某类业态周边其他业态的聚集程度，横向数值反映某类业态在其他业态周边的聚集程度。

表 4.8 上海轴核结构中心区各类业态周边其他业态聚集程度

	行政管理职能	文化艺术职能	教育科研职能	体育服务职能	医疗卫生职能	社会福利职能	零售服务职能	市场服务职能	餐饮服务职能	住宿服务职能	金融保险职能	商务办公职能	娱乐康体职能	交通服务职能	其他服务职能
行政管理职能	—	22.43%	16.06%	2.04%	9.74%	2.16%	48.11%	2.77%	27.60%	7.10%	24.17%	48.53%	18.46%	4.09%	3.37%
文化艺术职能	23.36%	—	18.11%	2.89%	4.99%	1.05%	57.04%	1.92%	37.88%	11.20%	22.75%	49.61%	27.21%	3.67%	2.54%
教育科研职能	23.26%	24.37%	—	2.32%	10.58%	0.55%	59.98%	2.21%	41.46%	10.25%	27.78%	54.58%	28.34%	3.09%	4.19%
体育服务职能	15.43%	13.30%	11.17%	—	5.85%	1.60%		1.06%	42.02%	18.16%	17.02%	45.21%	44.68%	1.60%	5.32%
医疗卫生职能	21.00%	12.60%	13.60%	2.20%	—	2.00%	57.80%	1.20%	36.40%	8.00%	23.60%	52.20%	21.40%	3.40%	4.60%
社会福利职能	31.75%	17.46%	9.52%	3.17%	11.11%	—	49.21%	3.17%	30.16%	6.35%	11.11%	34.92%	17.46%	3.17%	6.35%
零售服务职能	9.07%	11.85%	10.61%	1.94%	4.87%	1.62%	—	8.49%	64.29%	10.93%	20.45%	56.50%	31.13%	1.49%	3.14%
市场服务职能	11.42%	7.10%	4.94%	0.62%	1.23%	0.62%	80.86%	—	51.54%	7.72%	13.27%	50.62%	20.99%	3.09%	2.47%
餐饮服务职能	7.73%	9.68%	8.52%	2.30%	4.30%	0.68%	75.97%	4.28%	—	14.38%	17.92%	47.73%	34.82%	1.49%	1.97%
住宿服务职能	11.03%	12.52%	8.25%	3.58%	3.58%	0.50%	61.03%	1.89%	54.77%	—	17.69%	52.29%	37.97%	1.89%	3.28%
金融保险职能	23.14%	17.35%	16.99%	3.06%	9.25%	0.75%	70.78%	3.37%	51.05%	11.16%	—	72.09%	29.85%	9.17%	4.72%
商务办公职能	24.80%	21.41%	21.07%	2.61%	10.03%	1.01%	76.35%	4.86%	50.67%	14.49%	48.24%	—	30.49%	9.67%	8.79%
娱乐康体职能	12.06%	13.70%	12.14%	5.09%	4.98%	0.43%	69.68%	2.88%	59.11%	18.79%	20.85%	49.54%	—	2.06%	2.42%
交通服务职能	40.96%	28.31%	19.88%	1.81%	11.45%	1.20%	71.69%	10.24%	39.16%	10.84%	48.80%	80.72%	28.31%	—	4.22%
其他服务职能	20.79%	15.73%	14.61%	3.93%	13.48%	2.81%	78.09%	3.93%	51.69%	17.98%	43.26%	88.76%	28.65%	3.37%	—

资料来源：作者计算

从表 4.8 中可以看出每项业态周边其他业态的聚集程度具有较大的差异，如商务办公职能周边的交通服务职能的聚集程度达到 80.72%，社会福利职能的聚集程度仅为 34.92%，而市场服务职能周边的文化艺术职能聚集程度低至 1.92%。这类聚集程度的高低不仅反映了业态职能的空间分布，从更深层的角度来看，更反映了两类业态职能之间的相互关系。为了更深层地研究这种相互关系，作者对这种聚集程度进行等级划分。从图 4.15 中可以看出 210 个两两业态关系的聚集程度分值分布特征，在 10% 以下的聚集关系最多，占所有分值的 49%，而在 90% 以上的聚集关系仅占 1%。在这样不均衡分值分布态势下，如果按照等值划分等级，其结果会有较大差异，因此，在进行深入调研分析单个业态周边其他业态与该业态的互动关系后，认为单类业态 A 周边业态 B 的聚集程度如果超过该业态总数的一半，则认为业态 B 在业态 A 周边的聚集程度高；相反，若单类业态 A 周边业态 B 的聚集程度低于该业态总数的十分之一，则认为业态 B 在业态 A 周边的聚集程度低。根据这一结论，对等级划分进行了调整，将单类周边业态聚集程度从 0～100％划分为五档，从高到低为：51％～100％为强聚集；31％～50％为较强聚集；21％～30％为中聚集；11％～20％为较弱聚集；0～10％为弱聚集。

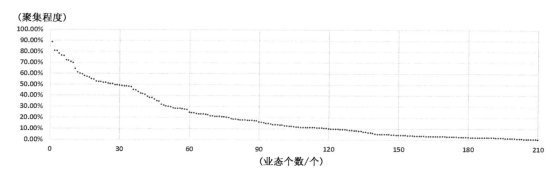

图 4.15　业态职能聚集程度分值散点分布

资料来源：作者绘制

两两业态之间不同的聚集特征体现了业态之间存在经济驱动。经济驱动在宏观上体现在城市经济规模的扩张带来中心区经济规模的扩大或者产业类型的升级上，在微观上体现在中心区内部业态职能群体之间的相互作用关系上，这种作用关系反映的是业态群体之间的联系，根据每一类业态群体的不同以及其周边其他业态群体聚集程度的不同，其体现出的作用类型也不同。根据表 4.9，可将业态群体之间的作用关系划分为吸引作用和排斥作用。在每一对不同业态之中都存在这两种作用。根据表 4.9，可以判断：

如果业态 A 对业态 B 有吸引作用，即 B 对 A 有被吸引作用，在空间上则表现为业态 B 的空间布局向业态 A 靠拢，在表格中即为以横轴上的业态类型为核心，纵轴上业态类型对应的聚集程度越强，其引力越大，当横轴上业态对纵轴业态的聚集程度为强或较强，体现为横轴业态对对应纵轴业态的引力。如零售服务职能对行政管理职能有较强吸引力，对餐饮服务职能、住宿服务职能、金融保险职能、商务办公职能、娱乐康体职能、交通服务职能、其他服务职能都有强吸引作用；商务办公职能对交通服务职能及其他服务职能有强吸引作用，对娱乐康体职能有较强的吸引作用；其他业态所表现的吸引作用较弱。

表 4.9　上海轴核结构中心区各类业态周边其他业态聚集程度分档

纵轴＼横轴	行政管理职能	文化艺术职能	教育科研职能	体育服务职能	医疗卫生职能	社会福利职能	零售服务职能	市场服务职能	餐饮服务职能	住宿服务职能	金融保险职能	商务办公职能	娱乐康体职能	交通服务职能	其他服务职能
行政管理职能	—	中	较弱	弱	较弱	弱	较强	弱	中	弱	中	较强	较弱	弱	弱
文化艺术职能	中	—	较弱	弱	弱	弱	强	弱	较强	较弱	中	较强	中	弱	弱
教育科研职能	中	中	—	弱	较弱	弱	强	弱	较强	较弱	中	强	中	弱	弱

纵轴 ＼ 横轴	行政管理职能	文化艺术职能	教育科研职能	体育服务职能	医疗卫生职能	社会福利职能	零售服务职能	市场服务职能	餐饮服务职能	住宿服务职能	金融保险职能	商务办公职能	娱乐康体职能	交通服务职能	其他服务职能
体育服务职能	较弱	较弱	较弱	—	弱	弱	强	弱	较强	较弱	较强	较强	较强	弱	弱
医疗卫生职能	中	较弱	较弱	弱	—	弱	强	弱	较强	弱	中	强	中	弱	弱
社会福利职能	中	较弱	较弱	弱	较弱	—	较强	弱	较强	弱	较强	较强	较强	弱	弱
零售服务职能	弱	较弱	较弱	弱	弱	弱	—	弱	强	较弱	中	强	较强	弱	弱
市场服务职能	较弱	弱	弱	弱	弱	弱	强	—	强	弱	较强	强	中	弱	弱
餐饮服务职能	弱	较弱	弱	弱	弱	弱	强	弱	—	较弱	较强	较强	较强	弱	弱
住宿服务职能	较弱	较弱	弱	弱	弱	弱	强	弱	强	—	较强	强	较强	弱	弱
金融保险职能	中	较弱	较弱	弱	弱	弱	强	弱	强	较弱	—	强	弱	弱	弱
商务办公职能	中	中	中	弱	较弱	弱	强	弱	强	较强	强	—	较强	较弱	弱
娱乐康体职能	较弱	较弱	较弱	弱	弱	弱	强	弱	较强	中	较强	强	—	弱	弱
交通服务职能	较强	中	中	弱	较弱	弱	强	弱	较强	较弱	较强	强	中	—	弱
其他服务职能	中	较弱	较弱	弱	较弱	弱	强	弱	较强	较弱	较强	强	中	弱	—

资料来源：作者整理

　　如果业态 A 对业态 B 有排斥作用，即 B 对 A 有被排斥作用，在空间上则表现为业态 B 的空间布局向业态 A 外扩散，在表格中即为以横轴上的业态类型为核心，纵轴上业态类型对应的聚集程度越弱，其斥力越大，当横轴上业态对纵轴业态的聚集程度为弱，体现为横轴业态对对应纵轴业态的斥力。如体育服务职能、社会福利职能、交通服务职能及其他服务职能对其他所有业态的聚集程度均弱，即这四类业态对其他业态的排斥作用强。

　　此外，还有业态之间的吸引作用与排斥作用基本守恒的状态，在表格中体现出聚集程度为中。因此，在对业态之间作用的研究中，可以采用业态周边其他业态聚集程度强弱来反映其相互之间的作用关系。

　　这种吸引作用与被吸引作用、排斥作用与被排斥作用在业态职能出现之初就伴随它们存在，这两对作用的相互博弈，在轴核结构中心区形成的过程中也起了较大作用。例如，随着城市的发展，城市中心区内部服务业业态数量在正外部效应下逐渐增多，圈核结构的城市中心区内部连接两个硬核之间的主要道路两侧的非硬核区域上，由于优势的交通可达性以及区位价值的溢出，地租上涨导致高盈利水平业态职能逐步驱逐低盈利水平业态职能或是非营利性质的业态职能，主要干道两侧非硬核区域内业态结构逐步与两端硬核区域业态结构类似，非硬核区域逐步硬核化，硬核之间逐渐连绵起来。

4.3.2　业态分布的空间关联

　　上节分析了业态之间的吸引作用与被吸引作用、排斥作用与被排斥作用，本节将对这两对作用及其作用下产生的业态之间的空间关系进行进一步解析,剖析业态簇群中不同业态之间的空间关联。

从图 4.16 中可知,中心区业态之间的吸引作用是普遍存在的,其产生的效应也反映在各类业态的空间关联中。在任意两种业态之间,它们对对方的作用是相互的,两个单独业态的空间关联有多种可能性。对上海轴核结构中心区内 15 类业态的吸引作用及被吸引作用的强弱进行分析,如前文所述,每一类业态有对别的业态的吸引作用与被别的业态吸引的被吸引作用,分别反映在纵向及横向数值上。结合每一对业态的吸引作用与被吸引作用,可以分为四种关联情境。

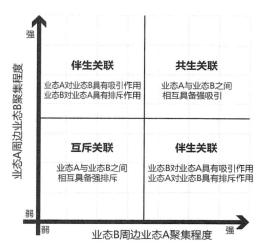

图 4.16　业态之间的相互关联
资料来源:作者绘制

情境一:大量的 A 业态在 B 业态周边,而少量的 B 业态在 A 业态周边,则说明 B 业态对 A 业态有很强的吸引作用,A 业态对 B 业态吸引作用很弱,排斥作用较强。

情境二:少量的 A 业态在 B 业态周边,而大量的 B 业态在 A 业态周边,则说明 B 业态对 A 业态吸引作用很弱,A 业态对 B 业态有很强的吸引作用。

情境三:大量的 A 业态在 B 业态周边,大量的 B 业态也在 A 业态周边,则说明 A 业态对 B 业态有很强的吸引作用,B 业态对 A 业态也有很强的吸引作用。

情境四:少量的 A 业态在 B 业态周边,少量的 B 业态在 A 业态周边,则说明 A 业态对 B 业态吸引作用很弱,B 业态对 A 业态吸引作用也很弱。

但在实际环境的空间分布中,每两类业态之间的关联是吸引作用及被吸引作用产生的四种效应的叠加结果,但是有的组合体现出较强的关联性,有的则体现较弱。根据四种不同的关联情境,可将这种关联分为三种类型——共生关联、伴生关联与互斥关联,并选取中心区内这三种类型中具有较强联系的业态关联进行解析。

1) 共生关联

共生关联是一种常见的业态关联,即情境三所反映的业态关联。存在这种关联的两种业态之间彼此依存度都很高,即业态 A 对业态 B 存在吸引作用,业态 B 对业态 A 也存在吸引作用,两者在功能上相互需要且相互吸引,空间上相互环绕聚集。共生关联具备共同发展、相互促进的典型特征,在中心区内往往是数量较多、周边业态聚集程度高的业态类型,两类业态通过协同效应相互促进,通过规模效应不断聚集,通过竞争效应迁移低端业态,最终形成两类关系密切的业态群。因此,在这两类业态群组成的具有共生关系的业态簇群中,往往是规模效应、协同效应及竞争效应同时作用的结果,其中规模效应发挥了主要作用,即同类业态不断聚集,形成规模较大的共生关系业态簇群。以上海轴核结构中心区为例,典型的共生关系业态包括 7 对(表 4.10)。

表 4.10　典型共生关系业态组合

业态职能 A	相互关系	业态职能 B	业态职能 A	相互关系	业态职能 B
零售服务职能		餐饮服务职能	餐饮服务职能		娱乐康体职能
零售服务职能		商务办公职能	金融保险职能		商务办公职能
零售服务职能	吸引且被吸引	娱乐康体职能	商务办公职能	吸引且被吸引	娱乐康体职能
餐饮服务职能		商务办公职能			

资料来源：作者整理

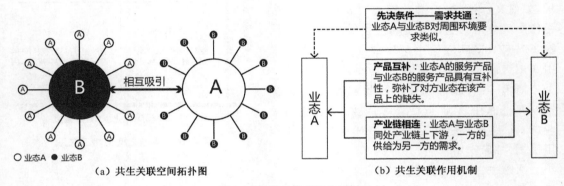

（a）共生关联空间拓扑图　　　　　（b）共生关联作用机制

图 4.17　共生关联解析图

资料来源：作者自绘

　　分析这 7 对共生关系业态，可知如果能成为该类关系的两类业态，必须满足区位接近条件，即两类业态对业态周边环境要求类似，在空间要求一致的情境下，两类业态的空间区位选择较为接近，是共生关系成立的先决条件。此外，还必须满足以下两个条件之一（图 4.17）：

　　首先是产品互补，即两类业态的服务产品具备互补性，弥补了对方业态在消费者需求上的缺失，如零售服务职能与餐饮服务职能，从消费者的行为规律来看，吃饭和购物行为容易同时进行，符合出行的消费者的行为习惯，因此零售服务职能与餐饮服务职能之间容易形成较强的共生关系，这不仅仅体现在中心区范围内的业态簇群中。陈嘉伟在对国内购物中心的研究中发现，购物中心的业态配比是：餐饮占 25%，零售占 50%，其他所有业态共占 25%。由此可知，具有产品互补特征的两类业态容易形成共生关系。在上海轴核结构中心区内[97]，除了零售服务职能与餐饮服务职能之外，零售服务职能与娱乐康体职能、餐饮服务职能与娱乐康体职能均属于产品互补型的共生关系。

　　其次是产业链相连，即两类业态同处于产业链上下游，一方的供给为另一方的需求。所有的业态都具备两个方向——上游的供应者及下游的消费者，而产业链相连即双方互为供给与需求。如金融保险职能与商务办公职能，金融保险职能业态所提供的金融及保险产品通常是服务于商务办公职能的业态，为其资金周转及货币安全提供一定的保障；但同时，随着金融保险职能的聚集、产业链的扩张，衍生出为金融保险提供服务的商务办公职能，如为金融业安全提供保障的信息技术服务职能等，两者的供给与需求不断促进对方业态的发展，随之形成了较为稳固的共生关系。

　　2）伴生关联

　　伴生关联是业态簇群中的主要业态关联，即情境一与情境二所反映的业态关联。业态关联的伴生关系并不是功能上的伴生特征,而是空间上的伴生特征。存在这种关联的两种业态,即第一种业态对第二种业态依存度很高,而第二种业态却对第一种业态并不依存。如果业态 B 对业态 A 存在吸引作用,业态 A 对业态 B 不存在吸引作用,空间上业态 B 环绕聚集于业态 A 附近,但在形成顺序上,却有部分是伴生业态先于被伴生业态占据空间区位,但这类业态独立发展能力弱,需要加强自上而下的政府调节手段来增加被伴生业态于该空间区位附近聚集。伴生关系的典型特征是空间依附性,需要被伴生的业态提供伴生业态所必需的空间发展要素,脱离这一空间发展要素,伴生业态很少或是很难发展聚集。伴生关系与共生关系一样,其关联促进了业态的聚集,同时有规模效应、协同效应与竞争效应同时发挥作用。但在这类关联中,发挥主要作用的是协同效应,即通过人流、媒介业态之间相互促进发展。以上海轴核结构中心区为例,典型的伴生关系业态包括 10 对(表 4.11)。

表 4.11　典型伴生关系业态组合

伴生业态	被伴生业态	伴生业态	被伴生业态
文化艺术职能	零售服务职能	医疗卫生职能	商务办公职能
教育科研职能	零售服务职能	住宿服务职能	商务办公职能
住宿服务职能	零售服务职能	交通服务职能	商务办公职能
文化艺术职能	餐饮服务职能	住宿服务职能	娱乐康体职能
住宿服务职能	餐饮服务职能	金融保险职能	餐饮服务职能

资料来源:作者整理

　　分析这 10 对具备伴生关系的业态可知,被伴生业态往往是中心区内业态数量较多的竞争性服务职能,即零售服务职能、餐饮服务职能、商务办公职能及娱乐康体职能。伴生业态则分为两类:一类是非竞争性的辅助配套职能,如教育科研属于社会性政府公共服务职能,无论是设计建造还是管理经营,当地政府都是充当权属主体角色,这样避免了市场竞争带来的土地浪费等相关问题。这一类职能主要有行政办公职能、文化艺术职能、教育科研职能及医疗卫生职能。另一类是高度专业化的辅助配套职能。高专业化服务的产生是被伴生职能对聚集配套职能的客观要求,如商业发达地段的金融保险职能、商务办公附近的住宿服务职能,都体现了其高度专业化的要求。伴生业态通过两种方式依附于被伴生业态(图 4.18):

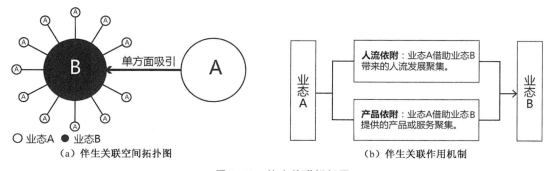

（a）伴生关联空间拓扑图　　（b）伴生关联作用机制

图 4.18　伴生关联解析图
资料来源:作者自绘

　　首先是人流依附，即伴生业态借助被伴生业态带来的人流发展聚集。这一类型的典型业态是住宿服务职能与商务办公职能。商务办公职能带来其他城市或地域大量交流及办公的人流，这类人流很多不能在当天往返，因此住宿服务职能应运而生，在商务办公职能附近聚集能够面对更大的消费者市场。住宿服务职能与零售服务职能、住宿服务职能与餐饮服务职能、交通服务职能与商务办公职能、住宿服务职能与娱乐康体职能等，均属于这一类型。

　　其次是产品依附，即伴生业态借助被伴生业态提供的产品或服务发展聚集。如前文所述，部分伴生业态由于自上而下的手段调节，先占据空间区位，这类业态以非经营型职能为主，也有部分经营型职能，如金融保险职能，由于非经营型业态无法保障使用者的各类需求，因此在自上而下的规划同时，往往在这一类业态附近布局经营型业态，为伴生业态提供其所需要的产品和服务。在上海轴核结构中心区内，文化艺术职能与零售服务职能、教育科研职能与零售服务职能、文化艺术职能与餐饮服务职能、医疗卫生职能与商务办公职能、金融保险职能与餐饮服务职能等，均属于这一类型。

　　3）互斥关联

　　业态之间不仅有吸引作用存在，同时也有排斥作用存在，同样，在业态组合的关系中，也有排斥关系的存在，即情境四所反映的业态关联。排斥关联使得中心区内的业态组合更加多样化。存在这种关联的两种业态之间彼此依存度都很低，即业态 A 对业态 B 存在排斥作用，业态 B 对业态 A 也存在排斥作用，两者相互排斥，空间上相互避开聚集。排斥关系主要由业态的干扰效应造成，促使了业态的分散布局，促进业态无法完全聚集于某一空间区位。这种彼此排斥的关系不仅源于服务职能的特殊性与非竞争性，还与消费者的心理倾向有关。以上海中心区为例，典型的排斥关系业态包括 18 对（表 4.12）。

表 4.12　典型排斥关系业态组合

业态职能 A	相互关系	业态职能 B	业态职能 A	相互关系	业态职能 B
文化艺术职能		市场服务职能	交通服务职能		其他服务职能
教育科研职能		市场服务职能	交通服务职能		市场服务职能
体育服务职能		医疗卫生职能	其他服务职能		市场服务职能
体育服务职能		市场服务职能	社会福利职能		市场服务职能
体育服务职能	排斥且被排斥	交通服务职能	社会福利职能	排斥且被排斥	交通服务职能
体育服务职能		其他服务职能	社会福利职能		其他服务职能
医疗卫生职能		体育服务职能	住宿服务职能		医疗卫生职能
医疗卫生职能		市场服务职能	住宿服务职能		社会福利职能
社会福利职能		体育服务职能	住宿服务职能		市场服务职能

资料来源：作者整理

　　从表 4.12 可知，互斥关联业态主要由体育服务职能、医疗卫生职能、教育科研职能等由政府自上而下布局决策的业态职能为主，并不是以由市场自发形成的竞争型业态职能为主。分析这 18 对业态可知，这一类关系业态产生的主要原因包括：(1)非竞争性的服务职能空间布局的均衡性。从排斥关系业态分布特征中可以发现,其空间分布具备较高的离散特征,如医疗卫生职能、教育科研职能等,这类业态属于社会性政府公共服务职能,每一类业态不仅需要覆盖到各个居住区,而且由政府自上而下决策布局,因此在空间布局上呈现出匀散分布特征,高密度聚集分布难以形成。(2)服务职能的特殊性。互斥关系业态往往具备一定的特殊性,如医疗服务职能、体育服务职能等,只针对人群的特殊活动,这类活动往往有特殊需求,如体育活动带来大量人流需要迅速疏散,因此,服务职能本身的特殊性也是互斥关系业态产生的原因。

互斥关系可以分为以下几类(图 4.19):

首先是需求排斥,即某一业态对环境的需求与另一业态对环境的需求相悖。例如教育科研职能与市场服务职能,教育科研职能服务的人群有小学生、中学生等,这类人群对安静的教学环境与安全的社会氛围需求较高,对周边交通可达性的需求较低,而大中型市场服务职能则相反,市场服务职能对交通可达性的需求最高,快捷的交通环境是保障货物及人流迅速疏散的前提条件,但对周边环境噪音的要求较低,此外,其本身的存在会给周边带来大量的环境噪音及治安问题,在这一需求驱动下,两种业态的空间区位布局往往相去甚远。

其次是心理排斥,即某一业态的使用者对另一业态在周边聚集有排斥心理。例如文化艺术职能与市场服务职能,文化艺术职能如画廊等业态,其性质决定该类业态面对高收入人群,该类人群对环境及品质要求较高,而市场服务职能往往会带来巨大的环境噪音及灰尘,且相对较为低端,在消费者进行选择时,往往愿意选择远离市场服务职能,而在中心区等环境较好、地租较高的地段进行购物消费。基于消费者的排斥心理,文化艺术职能业态的经营者为了避免本业态与市场服务职能业态相混淆,在空间区位选择时通常会避开较低端的服务职能,以吸引更多的消费者。

最后是产品排斥,即某一业态与另一业态提供的产品或服务相互排斥。例如交通服务职能与体育服务职能,体育服务职能所能提供的服务通常为大型赛事等,大量的人流疏散对场地的开阔要求较高,而交通服务职能提供的服务为交通的转换,也容易聚集较多的人流,因此,这两类职能往往在不同的空间区位布局,以免人流量过大造成不必要的安全隐患。

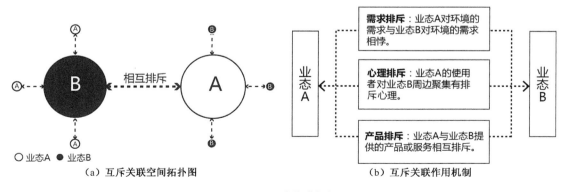

图 4.19 互斥关联解析图

资料来源:作者自绘

造成互斥关系的两类业态的作用机制之间的界限并不如前两类关系那么明确，而是相对较为模糊的，一对业态往往有多个原因造成其不相互靠近聚集，如体育服务职能与市场服务职能，既有需求排斥也有产品排斥，因此无法对 18 对业态进行详细分类。

4.4 轴核结构的业态空间模式

轴核中心区内的业态集合并不是一个简单的业态组合，而是由多个业态簇群构成的复杂系统。研究业态的空间分布模式，就必须剖析业态簇群内部业态的特征规律。在 4.3 节中，笔者对中心区内最基本的业态关联，即两两业态之间的关联进行了深入的分析。但是，建立在这一基本业态关联之上的中心区内较为复杂的业态簇群的内部关联如何？轴核中心区的业态簇群有什么特征规律？轴核中心区业态簇群有什么空间分布模式？本节将从这三个问题着手，分析轴核中心区的业态簇群特征。

4.4.1 业态簇群矩阵层级分析法

在 4.3 节中，笔者对轴核中心区的两两业态之间的聚集程度进行了深入分析，判断了两两业态之间的吸引作用强弱，并剖析了两两业态的基本关联。但是，一般轴核中心区内业态机构规模及业态类别种类都较为庞大，例如上海轴核结构中心区内一共有 15 类业态，两两之间相互关联，并有 49 172 个业态机构。在这个庞大的业态机构集合中，每个业态机构都是周边各个业态机构与其关系的总和，中心区内业态之间并不是单纯的平行独立关系，而是由多个业态机构构建的业态集合。这些在一定范围内，由不同职能、不同规模、不同服务范围的业态集合构成的相互之间联系密切、互相依存的有机整体被称作业态簇群。本书研究的业态簇群指的是在中心区范围内的业态集合。在中心区内部，业态簇群之间存在相互竞争又相互合作的紧密联系，同时外部环境与自身发展的特征也导致了中心区各个业态簇群之间的差异化。一般来说，业态簇群具有等级性与整体性特征。

哪一类业态的等级较高？哪一类业态是中心区内的核心业态？城市中心区内业态簇群之间的各个业态是如何关联的？城市中心区作为城市商业、商务、公共活动、文化娱乐的核心，而业态簇群作为中心区的服务职能的内核，分析中心区内各个业态簇群的等级与特征，对深入研究中心区的功能模式及发展机制有重要意义。

业态簇群矩阵层级分析法可以通过分析各个业态的作用强弱，对不同业态的特征进行归纳，再分析不同特征业态之间的相互关联，最后对中心区内所有类型业态关联进行剖析，具有很强的针对性，不同特征的业态之间有完全不同的关联方式，然后从中查看案例中心区的业态簇群特征。本节以上海两个轴核中心区为案例，利用业态簇群的矩阵层级分析法，判断各类业态在业态簇群中所发挥的作用，以及案例中心区的业态簇群特征。

具体而言，业态簇群矩阵层级分析法的第一步是要对所有业态按其作用进行分类与判定。如前文所述，每一类业态有对别的业态的吸引作用与被别的业态吸引的被吸引作用，分别反映在纵向及横向数值上，综合每一类业态对其他所有业态的吸引作用之和，可表示该类业态周边能聚集其他所有业态程度的多少，而综合每一类业态对其他所有业态的被吸引作用之和,可表示是否对其他业态产生了干扰,从而导致被其他业态排斥。因此,本节以研究业态综合特征为目的,对每一类业态的综合吸引作用与被吸引作用进行计算(图 4.20)。

具体计算公式如下:

$$X_A = \sum_n^i iA \qquad (公式 4-2)$$

其中:n 为轴核中心区内业态的总类型数;

i 为轴核中心区内 A 业态 20 米范围内第 i 类业态的聚集程度数值。

最终计算出的数值表示 A 业态对其他业态的吸引作用。数值越高,则 A 业态的吸引作用越高;数值越低,则吸引作用越低。同理,被吸引作用也可以用这一公式表示。数值越高,则 A 业态的被吸引作用越高;数值越低,则被吸引作用越低。对中心区内的 15 类业态职能进行计算,得出各项业态的吸引作用与被吸引作用(表 4.13)。

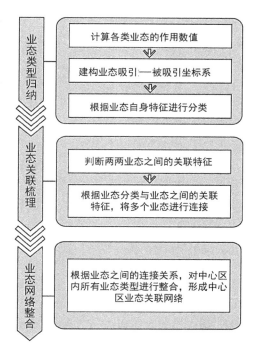

图 4.20　业态簇群矩阵层次分析法步骤
资料来源:作者自绘

表 4.13　各项业态的吸引作用与被吸引作用总和

	零售服务职能	商务办公职能	餐饮服务职能	娱乐康体职能	金融保险职能	行政管理职能	文化艺术职能	教育科研职能	住宿服务职能	医疗卫生职能	其他服务职能	市场服务职能	交通服务职能	体育服务职能	社会福利职能
吸引作用	10.09	8.83	7.38	5.00	4.57	3.88	3.28	2.85	2.68	2.05	1.57	1.52	1.51	1.37	1.17
被吸引作用	3.36	4.24	3.32	3.74	4.23	3.37	3.64	3.84	3.70	3.60	4.87	3.56	4.98	3.76	3.35

资料来源:作者计算

吸引作用值总和反映了业态职能在业态关联网络整体中的辐射效应的大小,即业态关联的核心性的高低。数值越高,表示与其他所有功能的综合共生特征越强,据此可将各类业态分为聚核业态与边缘业态。聚核业态指的是吸引作用较强的业态,与多项功能的联系都较频繁,且聚核业态相互之间的联系是整个业态簇群关联网络的主要部分。从表 4.13 中可知,在上海轴核结构中心区中,零售服务职能、商务办公职能、餐饮服务职能、娱乐康体职能、行政办公职能与金融保险职能为聚核业态,具有较强的聚集其他业态的功能作用,对其他业态空间布局影响较大。此外,在这六类聚核业态中,零售服务职能与商务办公职能的吸引作用远远超过其他聚核业态,且对所有其他业态都有吸引作用,是聚核业态中聚集能力最强的两类业态。边缘业态指的是对其他业态吸引作用较弱的业态,无法依托自身能力聚集其他业态,附着在核心业态附近,通过协同效应聚集,文化艺术职能等余下 9 类业态职能都是此类型业态。

被吸引作用值总和反映了业态职能在业态关联网络中的必要性和独立性。数值越高,在中心区内该业态职能存在的必要性越高;数值越低,在中心区内该业态对其他业态的干扰越强，其独立性越高。根据数值的大小，可以将 15 种业态分为强需业态与弱需业态。强需业态指的是被吸引作用较强的业态，这一类型业态对多类业态都有促进作用，其他业态都需要其辅助发展。强需业态也为其他业态提供了连接的桥梁，组织起完整的业态关联网络。从表 4.13 中可知，在上海轴核结构中心区中，商务办公职能、金融保险职能、其他服务职能、交通服务职能为强需业态。弱需业态指的被吸引作用较弱的业态，这类业态对其他业态产生部分干扰作用，根据其干扰的强弱被其他业态排斥，餐饮服务职能等余下 11 类业态职能都是此类型业态。

根据中心区内各个业态吸引作用与被吸引作用的强弱，以吸引作用数值为 y 轴，被吸引作用数值为 x 轴，两者的平均值作为原点，建构二维坐标系，15 类业态在四个象限的分布反映了业态核心性与必要性的综合特征（图 4.21）。根据这一综合特征，将 15 类业态分为以下四种类型：

聚核强需业态：即吸引作用强、被吸引作用强的业态类型，包括商务办公、金融保险职能。这些业态的特点是它们的存在能够在周边聚集大量其他业态，同时它们对其他业态的干扰较小，所以也广泛被其他业态所吸引，因而表现出强烈的聚集特征。这些业态构成了中心区业态的核心，起到吸聚其他业态职能与促进业态发展的作用。也就是说，这一类业态所发挥的主要是规模效应与协同效应，不断推动中心区发展，是中心区由单核成长为轴核的引领业态。

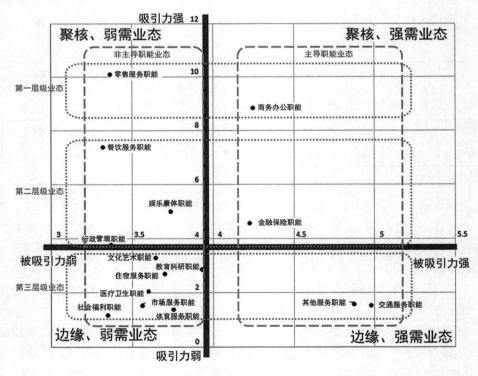

图 4.21　业态特征分类

资料来源：作者绘制

聚核弱需业态：即吸引作用强、被吸引作用弱（被排斥作用强）的业态类型，包括零售服务职能、餐饮服务职能、娱乐康体职能和行政管理职能。它们的特点是对其他类型业态具有很强的吸引能力,但因为对周边存在一定的干扰,所以也被部分业态类型所排斥。这些业态是中心区产业聚集形成的重要基础,在通过规模效应与协同效应促进中心区增长的同时,也被排斥效应限制了发展,这一类业态构成了轴核中心区的基质部分。

边缘强需业态:即吸引作用弱、被吸引作用强的业态类型,包括交通服务职能、其他服务职能。这类业态本身不具有聚集性,但是交通服务职能业态往往能聚集大量人流,而其他服务职能是中心区内居民生活的保障,这两类业态能大力促进其他业态的发展,是其他业态发展的基础,所以在中心区内广泛存在,主要起辅助作用。

边缘弱需业态:即吸引作用弱、被吸引作用弱的业态类型,包括文化艺术职能、教育科研职能、医疗卫生职能、体育服务职能、社会福利职能、市场服务职能、住宿服务职能等。这些业态的独立性较强,对其他业态的吸聚能力较弱,同时被吸引作用也不强,但这类业态能响应各种突发需求,增加中心区内部活动的可能性与可选择性,促进中心区内活动的立体化发展。

业态簇群矩阵层级分析法的第二步是要对所有两两业态之间的关系进行梳理与分析。在对业态进行分类后,根据两两吸引作用关联进行连接,即将被吸引的业态连接到吸引它的业态上,经过多层连接,形成多条业态关联链,业态关联链相互组合,形成完整的业态关联网。在业态关联网中,辨析中心区内多个业态间的业态结构。其中,核心性越高的业态,所处层级越高,表明该业态在业态关系中具有较高的连接权,在空间布局中对其他业态具有较强的影响力;相反,核心性较低,则表示该业态在业态关系中的连接权较弱,在空间布局中受到其他业态的影响较大,而对其他业态的影响较弱。同时,必要性较高,表明在中心区内该业态在业态关系中具有较高的主导权,通过主导业态簇群,将各个业态类型联系起来;相反,必要性较低,则表示该业态在业态关系中主导权较弱。业态间的线条代表业态间的空间布局影响关系:双线表示共生关系,即业态间彼此具有影响力;单线表示伴生关系,即某业态对另一业态布局具有较强的影响力,反之不然;如果没有箭头,则表示业态间空间布局的关联性较弱,两类业态之间倾向于排斥关系或是相互隔离(图 4.22)。

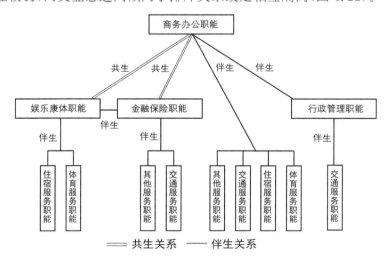

图 4.22 上海轴核中心区内一条业态关联链
资料来源:作者自绘

图 4.22 所示为其中一条业态关联链,其中包含商务办公职能、娱乐康体职能、金融保险职能、行政办公职能、住宿服务职能、体育服务职能、其他服务职能与交通服务职能。在这条关联链中,包含了四种业态类型与业态之间的三个关系,即聚核强需、聚核弱需、边缘强需、边缘弱需业态以及业态伴生、共生及排斥关系。在这条链中,从上至下来看,所有业态可以分为三个层级,高层级为低层级业态的上位业态,低层级为高层级业态的下位业态,下位业态被上位业态所吸引,有的伴生于上位业态,有的与上位业态共生。商务办公职能是全链的最高层级业态,它对其他所有的业态职能都有较强的吸引作用,除娱乐康体职能和金融保险职能之外,其他业态均伴生于商务办公职能。娱乐康体职能与金融保险职能的吸引作用也较强,但略逊于商务办公职能,且这两类业态被商务办公职能吸引,环绕聚集于其周边,隶属第二层级。此外,这两类业态分别吸引住宿服务职能、体育服务职能、交通服务职能以及其他服务职能。娱乐康体职能与商务办公职能相互吸引、相互环绕,隶属共生关系;行政管理职能仅仅伴生于商务办公职能,隶属伴生关系;而娱乐康体职能与行政管理职能相互隔离,隶属排斥关系。第三层级的业态均属于吸引作用弱的业态,都伴生于高层级业态。从左至右来看,业态关联链可以分为主导业态簇群与基质业态簇群,以商务办公职能与金融保险职能为核心的业态簇群是中心区的主导业态簇群。这类簇群的核心业态为强需业态,业态通过自身的规模效应与其他业态的协同效应不断更迭,占据产业链的高端地位。在空间布局上,每一个业态聚集区都在这两类业态簇群主导下发展,主导簇群以及主导簇群协同形成的业态簇群构成了中心区的服务职能骨架。以行政管理职能以及娱乐康体职能为核心的业态簇群为中心区的基质簇群。娱乐康体职能与商务办公职能是共生关系,通常在商务办公职能的协同下形成服务业态聚集区。行政管理职能伴生于商务办公职能,与交通服务职能在以商务办公职能的大簇群下形成独立的小簇群。

业态簇群矩阵层级分析法的第三步是要对中心区内所有业态的关系进行整合。在对业态分类以及对其相互关系进行梳理之后,针对案例轴核中心区内 15 类业态之间的关联进行整合并绘制中心区业态关联网(图 4.23):这张业态关联网中包含了所有的业态类型和业态之间的关联,为案例中心区业态簇群的深入分析及中心区业态空间模式的提炼提供了基础。

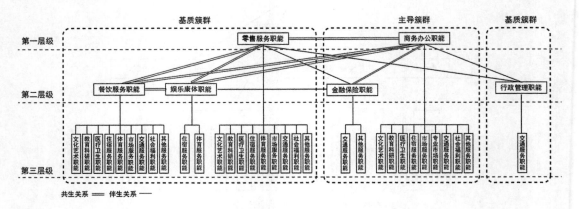

图 4.23　上海轴核结构中心区业态关联网
资料来源:作者自绘

　　从关联网横向来看,业态被分成三个层级,提取聚集能力最强的两类聚核业态即零售服务职能、商务办公职能为第一层级业态,余下的聚核业态即餐饮服务职能、娱乐康体职能、金融保险职能与行政管理职能为第二层级业态,第三层级为文化艺术职能、教育科研职能、医疗卫生职能、体育服务职能、市场服务职能、交通服务职能、住宿服务职能、社会福利职能以及其他服务职能等边缘业态。第一、二层级均为核心性较高的聚核业态,对其他业态都有较强的吸引作用。其中,零售服务职能与商务办公职能位居第一层级,对其他所有业态都有较强的吸引作用,且具有最高的核心性;第二层级的业态核心性稍弱,对部分业态具备吸引作用;第三层级为核心性较低的边缘业态,对其他业态吸引作用弱,仅凭自身无法形成业态簇群,依托核心性较高的业态形成业态簇群。第一层级与第二层级的业态之间联系较紧密。第一层级中的零售服务职能与商务办公职能为共生关系。第二层级的四类业态中,餐饮服务职能与娱乐康体职能以及第一层级的两类业态之间形成了联系紧密的两两共生的业态关联;金融保险职能仅与商务办公职能共生,伴生于零售服务职能;行政管理职能均伴生于零售及商务办公职能,此外,行政管理职能与同层级的娱乐康体职能相互排斥,而与餐饮服务职能以及金融保险职能关联较弱。第三层级业态由于自身吸引作用弱,对高层级业态均为伴生关系,尚无与高层级业态共生的业态类型。同层级之间,该类业态由于数量较少且吸引作用较弱,业态之间以排斥关系为主,相互独立的关系为辅。

　　从业态关联网络的纵向来看,中心区内包含以零售服务职能、商务办公职能、餐饮服务职能、娱乐康体职能、金融保险职能以及行政管理职能为核心的六大业态簇群。以餐饮服务职能为核心的业态簇群包含文化艺术职能、教育科研职能等9项业态职能,这一业态簇群业态机构数量较多,在中心区内广泛分布。以娱乐康体职能为核心的业态簇群包含住宿服务职能与体育服务职能。以零售服务职能为核心的业态簇群囊括了金融保险职能、行政管理职能以及文化艺术职能、教育科研职能等11项职能,是业态簇群中业态类型最多、分布范围最广的一类簇群。以商务办公职能为核心的业态簇群包含了行政管理职能、文化艺术职能等10项业态职能,业态种类仅次于以零售服务为核心的业态簇群。以金融保险职能为核心的业态簇群包含了交通服务职能与其他服务职能。业态簇群中种类最少的是行政管理职能簇群,仅包含交通服务职能一类业态。此外,由于业态之间存在共生关系,因此六大业态簇群之间存在相互包含、共同发展的情况,如零售服务职能簇群可与餐饮服务职能簇群以及娱乐康体职能簇群共同构成一个以三类业态为核心的大型业态簇群,商务办公职能簇群也通常与金融保险职能簇群共同构建一个双核心的业态簇群。而往往在实际的中心区空间分布中,多核心的业态簇群较为常见。商务办公职能簇群以及金融保险职能簇群是中心区内的主导业态簇群,这两大簇群以及其组成的双核心簇群不断促进产业链升级,聚集大量业态机构,加速中心区的结构升级。而其他业态簇群是中心区内的基质簇群,是中心区内不可或缺的部分,为中心区的活力及多样性提供了保障。

4.4.2　业态簇群空间分布特征

　　通过业态簇群矩阵层级分析法对上海轴核结构中心区业态簇群特征规律进行梳理,建构了业态关联网。那么,各个业态簇群在中心区内的空间分布如何?轴核结构的业态簇群

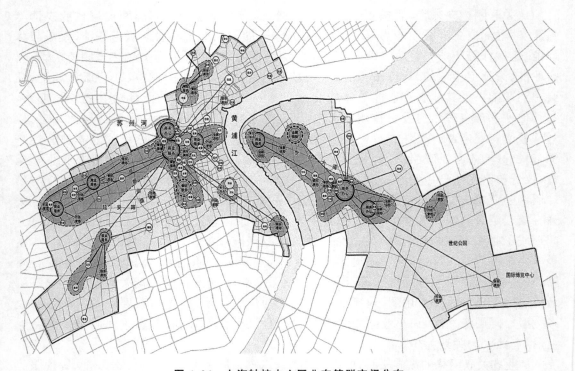

图 4.24　上海轴核中心区业态簇群空间分布
注：图中深灰色表示业态簇群之间联系紧密的区域，浅灰色表示中心区范围。

与其空间形态有没有关联？轴核结构的业态簇群空间分布有没有一定的模式特征？本节从这三个问题入手，对业态簇群的空间分布模式进行分析研究（图 4.24）。

　　由于本节对业态的研究着眼于中心区范围的中观尺度，并不对单个街区内的业态簇群组合进行微观尺度研究，因此，本节中所论述的业态簇群同样是以中观尺度视角审视。为更深入地对业态簇群进行分析与研究，本节以中观视角对复杂的中心区业态簇群进行简化。在中心区尺度下，业态机构的高值区代表本类型业态最密集的地区，其分布与规模在一定程度上能反映该业态的分布特征，每类业态的高值区集中了该类业态 50%～60% 左右的业态机构。与此同时，业态机构的低值区由于数量少、规模小、类型较为单一，因此在以中观视角研究业态簇群时学术价值较低。根据这一特征，本节对业态空间分布的低值区进行简化，对业态空间分布的高值区进行簇群空间分布研究。前文（4.1.2节）已对中心区内的业态分类分布特征进行过论述，并对各类业态的高值区分布进行了详细分析。此外，业态之间存在相互作用的效应并相互关联，空间分布接近的高度密集聚集的不同种类业态之间也相互关联。笔者将各类业态的高值区根据其规模与特征叠加在同一张图上，并根据轴核中心区的业态关联网对其进行分析。

　　从上海轴核结构中心区的业态簇群关联图中可知（表 4.14），较大的双线圈代表的是第一层级的聚核业态，中型的虚线圈代表的是第二层级的聚核业态，较小的单线圈代表的是第三层级的边缘业态。联系线代表业态之间的联系。上海轴核结构中心区内一共有 14 个较大的业态簇群。

表 4.14 上海轴核结构中心区各业态簇群

簇群名称	聚核业态	边缘业态	簇群关联图	簇群名称	聚核业态	边缘业态	簇群关联图
人民广场簇群	零售服务职能 商务办公职能 餐饮服务职能 娱乐康体职能	教育科研职能 交通服务职能 文化艺术职能 住宿服务职能 其他服务职能		豫园簇群	餐饮服务职能	市场服务职能 文化艺术职能	
南京东路簇群	零售服务职能 金融服务职能 行政管理职能	教育科研职能 体育服务职能 住宿服务职能 文化艺术职能		七浦路簇群	零售服务职能 娱乐康体职能 餐饮服务职能	市场服务职能 住宿服务职能	
淮海中路簇群	餐饮服务职能	住宿服务职能 教育科研职能 其他服务职能 交通服务职能 文化艺术职能 体育服务职能		正大广场簇群	零售服务职能 金融保险职能 餐饮服务职能	/	
北京西路簇群	零售服务职能 餐饮服务职能 行政管理职能 娱乐康体职能	文化艺术职能 体育服务职能 医疗卫生职能		金洲街簇群	金融保险职能	/	

续表 4.14

簇群名称	聚核业态	边缘业态	簇群关联图	簇群名称	聚核业态	边缘业态	簇群关联图
静安寺簇群	零售服务职能 行政管理职能	教育科研职能 文化艺术职能 其他服务职能	静安寺硬核（其他、教育、商业服务、住宿、行政管理）	张杨路簇群	商务办公职能 娱乐康体职能 餐饮服务职能	教育科研职能 交通服务职能 其他服务职能 医疗服务职能 住宿服务职能 文化艺术职能	八佰伴硬核（文化、教育、娱乐康体、餐饮服务、教育、医疗、其他、交通、商务办公、住宿）
陕西南路簇群	零售服务职能 娱乐康体职能	文化艺术职能 教育科研职能	商业服务、文化、娱乐康体、教育；上海图书馆硬核	浦电路簇群	商务办公职能 金融保险职能	其他服务职能	浦电路硬核、世纪广场硬核（商务办公、其他、金融保险、金融保险）
丁香路簇群	行政管理职能	/	行政管理、行政管理；世纪广场硬核	十六铺簇群	娱乐康体职能	/	十六铺硬核（娱乐康体）

资料来源：作者自绘

　　由表 4.14 中可以看出，上海轴核结构中心区的业态簇群有几个明显的特征：

　　——**业态之间有明确的簇群特征**。从轴核中心区的业态分布中可以看出，业态具有较强的簇群聚集特征。在人民广场中心区中，大部分业态并不是均质分布，而是聚集于人民广场、静安寺、淮海路、七浦路等地段，每个地段都有聚核业态作为该地段的核心业态，周边聚集大量边缘业态，形成完整的业态簇群。在人民广场地段，由零售服务职能、商务办公职能等多项职能共同构成核心业态，教育科研职能、住宿服务职能等聚集在核心业态周边，形成规模庞大的复杂业态簇群；在静安寺附近形成两个以零售服务职能为第一层级聚核业态的业态簇群；靠近陕西北路的业态簇群由零售、餐饮、娱乐及行政职能等聚核业态共同构成核心；而靠近铜仁路的业态簇群种类较少，由零售与行政职能共同构成核心，辅以住宿、教育及其他职能。此外，人民广场中心区中还存有一些小型业态簇群，如豫园地段以餐饮服务职能为核心的业态簇群，十六铺地段以娱乐康体为核心的业态簇群，南京东路地段以零售、金融、行政等职能为核心的业态簇群，七浦路以零售、餐饮及娱乐为核心的业态簇群。陆家嘴中心区中同样体现了这一簇群聚集特征，与人民广场中心区不同的是，陆家嘴中心区内的主要业态是商务办公职能,多个业态簇群都以商务办公职能为核心,聚集在世纪大道两侧,小型业态簇群较少。中心区的业态簇群聚集特征进一步说明了业态之间存在较强的关联作用,通过聚集、协同、竞争与排斥效应与其他业态紧密联系在一起,形成大型的业态聚集区。

——业态簇群有突出的核心并位于中心区硬核连绵带上。在中心区的空间结构中,轴核结构由硬核及轴线共同构成,空间结构中的服务职能核心是中心区内的硬核,轴核中心区的业态分布也有突出的核心。以零售为主要职能的人民广场中心区中,最密集的零售服务业态聚集于人民广场附近,零售服务职能与商务办公职能构成了该地段的业态核心,周边业态及业态簇群通过共生、伴生等关系与其关联。以商务为主导兼主要职能的陆家嘴中心区中,最密集的业态集中于世纪大道附近,商务职能是该地段的业态核心,金融服务职能是该中心区内仅次于商务办公职能的重要职能,与其共同构建了中心区业态核心,而周边业态及业态簇群也都与其相关联。在空间结构上,中心区内最大的硬核连绵带处于中心区核心位置,此外,核心业态簇群在空间位置上也具备核心性。纵观20个轴核中心区,业态核心均位于较大的硬核连绵带中,典型的轴核中心区核心业态簇群的空间位置不仅位于硬核连绵带上,而且位于中心区几何中心附近,如上海人民广场中心区与上海陆家嘴中心区。而部分轴核中心的核心簇群并非位于中心区的几何中心位置,这一类中心区的业态职能受到其他外部因素影响,如首尔江北中心区受到历史文化等因素的影响。这一结论反映了核心业态簇群在空间上与硬核有较大的关联性。

——业态簇群的轴线与中心区主要的空间轴线有较强关联。轴核结构的空间结构轴线由空间形态、交通及用地共同构成。业态簇群也有明晰的轴线,业态簇群的轴线由多个同方向上关联紧密的次级业态簇群与核心簇群之间的联系构成。业态联系轴线与空间结构轴线不同,其反映的是业态簇群之间较强的关联性,通常依附于中心区内的交通路网。核心业态簇群与中心区内大部分的次级簇群都有关联,直接依附主要交通的业态簇群之间往往可以产生更多的聚集效应与扩散效应,关联更为紧密,而不直接依附主要交通的业态簇群之间联系较弱。在人民广场中心区中,核心簇群与人民广场簇群以及北京西路次级簇群、静安寺次级簇群、南京东路次级簇群、淮海中路次级簇群联系紧密。业态簇群之间形成了两条相互垂直的轴线,长轴线连接核心簇群——人民广场簇群与北京西路次级簇群、静安寺次级簇群以及南京东路次级簇群,该轴线依附于中心区内的主要东西向道路——南京西路—南京东路;短轴线连接人民广场核心簇群与淮海中路次级簇群,该轴线依附于中心区内的主要南北向道路——西藏中路—西藏南路。这两条道路都是人民广场中心区内承担空间轴线职能的道路。此外,陆家嘴中心区内联系各个簇群的世纪大道同样承担该中心区内的空间轴线职能。也有部分不依附主要交通与核心簇群相连而发展起来的大型次级簇群,如首尔江北中心区的明洞次级簇群。但是,总体而言,大部分轴核中心区内业态簇群之间的联系轴都承担了中心区的空间轴线职能,虚线轴模式中心区这一特征往往更加明显(如曼谷仕龙中心区、曼谷暹罗中心区以及迪拜扎耶德大道中心区)。

4.4.3 业态簇群空间分布模式

在上文分析的基础上,可以看出业态簇群与中心区空间结构之间的关联以及业态簇群不同的功能和作用,特定区域内各类业态簇群也有其固定的空间发展模式。这个模式是根据轴核业态簇群的发展情况,以2014年轴核结构中心区范围为依托建立起来的。在此基础上,进一步将业态簇群的概念与中心区结合,提炼出中心区的业态簇群构成模型(图4.25)。

——核心簇群聚集区

之所以称为核心簇群,不仅是因其空间位置上的核心地位,还在于其职能上的核心地位。核心簇群为中心区内主要业态簇群,集中了中心区的主要功能与大型重要设施。就上海人民广场中心区而言,核心簇群不仅位于中心区内的核心位置,还位于中心区内最大的硬核连绵带内,业态簇群聚集了零售服务、商务办公、餐饮服务、娱乐康体等业态职能,是中心区内规模最大、业态最多元的簇群。此外,核心簇群的职能以及上海人民广场中心区内业态机构比例决定了上海人民广场中心区的性质,即商业型综合中心区。在核心簇群的业态构成中,零售服务职能业态机

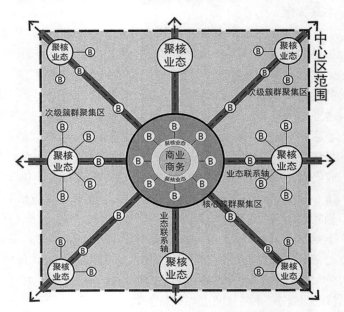

图4.25 轴核中心区业态空间分布模式图
注:图中字母"B"表示边缘业态(后同)。

构数量最多,占据绝对优势,上海第一百货、东方商厦、新世界城、雅居乐国际广场等大型商业设施汇聚于此。此外,前文分析过,商务办公职能是推动中心区发展不可或缺的主导职能,并且是核心簇群的主要构成部分,因此,像上海人民广场这样的商业型综合中心区,即使商务办公职能并不占据绝对优势,但却是核心簇群最重要的职能之一。华旭国际大厦、宝龙大厦、长江新能源大厦等重要的商务设施聚集也在一定程度上反映了核心簇群往往是零售、商务职能兼备的特点。此外,商务办公职能的繁荣推动了其他业态的聚集,核心簇群内其他聚核业态也具备一定的优势,雅居乐万豪酒店、紫澜门大酒店等大型酒店与其他业态机构也汇聚于此,围绕在零售及商务业态周边,使核心簇群在功能与服务上呈现出以零售及商务为第一层级业态,以其他聚核业态为第二层级业态,以边缘业态为第三层级业态的三级结构。

核心簇群拥有最大的吸引力和辐射力,其强弱大小决定了中心区的尺度和规模,可以说是整个中心区的"心脏"。在空间上,核心簇群覆盖中心区几何重心位置,规模较小的核心簇群能基本满足圈层内步行尺度的需求,而规模较大的核心簇群往往需要通过其他交通方式解决。在轴核中心区内,往往是通过地铁、路面交通、高架等多种交通方式对核心簇群的人流及物流进行疏散。

可见,中心区核心簇群具有以下三个特点:①空间上,处于中心区核心位置;②功能上,集中了中心区最主要、最具决定性的功能,并决定了中心区的性质;③交通上,拥有立体的、较为快捷的疏散交通。

——次级簇群聚集区

次级簇群在空间上往往距中心区几何中心已达一定距离,而各类业态因地价、空间条件限制等因素无法进入核心簇群,却需要依托中心区良好的人口、交通、设施等条件的功能,所以通常沿主要交通设施等条件较好的地段形成聚集,并根据各自需求的不同,在不同位置形成一个个簇群。这些簇群一部分是分散核心簇群压力而形成的次级簇群,一部分是根据自身特色发展起来的次级簇群。这两类业态聚集区在规模及业态种类上均次于核心簇群,服务人群也较核心簇群单一,并需要较为快捷的交通条件。以 2013 年上海人民广场中心区为例,形成具有分散功能的次级簇群为淮海中路次级簇群、北京西路次级簇群,而依据自身特色发展起来的有豫园次级簇群及七浦路次级簇群。这些次级簇群中,零售服务职能不再是簇群内最高层次的聚核业态,次级簇群内的最高层业态由多种业态构成,如豫园次级簇群的餐饮服务职能等,也在一定程度上反映了次级簇群的特点。

此外,这两种次级簇群与核心簇群的空间关系也有较大不同。承接核心簇群功能的次级簇群与核心簇群关联紧密,通常通过簇群联系轴相连,而其他次级簇群与核心簇群的联系较弱。同在硬核连绵带上的次级簇群由于承接了部分核心簇群的扩散职能往往规模大于一般的次级簇群,且与核心簇群关系密切,甚至与其相连,淮海中路次级簇群、南京东路次级簇群、北京西路次级簇群及静安寺次级簇群均为此类型簇群;而散布于其他区位的簇群由于大多依托自身特色发展起来,其高端职能被核心簇群所吸引,规模通常较小,业态较低端,豫园次级簇群与七浦路次级簇群均是这一类型簇群。

次级簇群的产生,是各类次要功能和零售、商务功能自身发展的需要与市场效应(地价、规模、效益等)相互作用的结果。该类簇群具有较为明确的功能分区,具有较为快捷的道路交通条件。如不考虑其他因素,理想的次级簇群应均匀分布在核心簇群周边,通过业态联系轴与核心簇群相连。

——过渡区

过渡区指的是非业态簇群聚集的中心区地段,往往由边缘业态聚集区与聚核业态非聚集区共同构成,这一地段没有自身特定功能形态,而是随中心区的发展表现为过渡性特征。过渡圈层的产生,可以形象地看成是业态效应作用的结果。在中心区条件较好的地段,业态机构往往得到优先发展的机遇,当中心区处于集聚发展为主导的时期,周边地域的社会、经济要素(包括外来的资金投入要素等)表现出强烈的集聚特征,而越过与核心簇群邻近的区域直接进入核心簇群和次级簇群[86]。中心区自身的一些要素也表现出明显向核心簇群流动的现象,尤其是聚核业态,由于其吸引作用强,聚集效应及协同效应就较明显。因而在此情况下,中心区其他地段的聚核业态大大减少,在核心及次级簇群外难以形成聚核业态的聚集区,这又导致了这些地段形成业态簇群的概率减少,大量的边缘业态无法独立形成业态簇群,仅依靠自身的规模效应形成零散的边缘业态聚集区。过渡区不论从功能上还是从空间形态上都表现出了明显的弱势;功能上,始终未出现较为明显的主导功能;空间形态上,处于核心簇群与次级簇群之外,建筑高度、体量、风貌、质量上处于弱势。

过渡区的产生具有一定的必然性,且只会产生于最"高大"的核心簇群外围,这一地区往往随着核心簇群与次级簇群的变化而变化。过渡区具有明显的过渡性、不确定性的特点。

——簇群联系轴

簇群联系轴又称作业态联系轴,指的是业态簇群之间依托已有的道路网进行大量业态机构扩散、转移、联系的路径。这一路径可能是依托城市内的主要干道,与轴核中心区重要的空间轴线相重叠。由于硬核发展的主要轴线不仅承担了解决各地段快速到达的交通问题,承担了快速分散中心区内部交通压力的功能,也承担了中心区发展形象的空间职能,便捷的交通与高认知度对服务职能的发展具有积极作用,簇群之间的便捷交通加速了簇群业态之间的聚集与扩散,加强了簇群间的联系,使簇群之间相向发展。有的簇群逐渐联系起来,形成更大的业态簇群,如上海人民广场核心簇群与静安寺次级簇群、外滩次级簇群之间,通过南京东路-南京西路硬核空间轴线进行大量业态机构转移,形成了南京东路-南京西路业态联系轴,这一联系路径也可能是依托高密度交通路网及轨道交通线路。这一类簇群联系轴通过多条道路相连,如首尔江北中心区的核心簇群与明洞次级簇群之间通过高密度路网相连。此外,业态联系轴是大量业态机构联系的路径,反映的是业态簇群之间的紧密联系,部分次级簇群与核心簇群联系较弱,相互之间并不能形成业态联系轴。

业态联系轴的产生,是簇群之间相互联系、相互作用的结果。在不考虑其他因素的理想的业态簇群模式中,核心簇群与各个方向上的次级簇群均通过业态联系轴相连,形成完整的多级簇群体系。

核心簇群聚集区、次级簇群聚集区、过渡区以及簇群联系轴构成了中心区业态模型的基本构成要素(表 4.15)。

表 4.15 轴核中心区业态空间分布模式各要素

名称	主要特征
核心簇群聚集区	中心区内规模最大、涵盖种类最多的业态簇群,功能综合,通常分为三级结构,以商务、零售功能为主,其他聚核业态环绕周边,边缘业态在最外层
过渡区	有零散业态分布,但未形成业态簇群
次级簇群聚集区	职能相对专业化的业态簇群,以第一、二层级的聚核业态为主的二级结构居多
簇群联系轴	联系各个业态簇群之间的轴线,是业态的转移与聚集的通道

资料来源:作者整理

在第 4 章中,笔者对轴核中心区的空间形态进行了详细分析,剖析了在轴核中心区的实际发展过程中,由于受到地理环境、人文历史、心理认知及交通特征等要素的限制,存在三种空间发展模式。轴核中心区的业态空间在实际发展中同样也受到地理环境及人文环境的限制,因此,根据其发展的空间特征,轴核中心区大致可以分为以下两种类型:

单轴业态模式(图 4.26):单轴业态模式的轴核中心区具有一条业态联系轴,或两条首尾相连在核心业态簇群处汇聚的业态联系轴。典型的单轴业态模式由一个核心簇群以及多个次级簇群构成,核心簇群是由零售或商务等第一层级聚核业态构成的综合性大型簇群,聚集在轴线的中央位置,而次级簇群是由第一、二层级聚核业态构成的专业型簇群或综合性簇群,核心簇群与较大的次级簇群之间由一条业态联系轴相连,业态簇群沿轴线分布。单轴业态模式可以分为两种类型:其一是处于发展初级阶段的轴核中心区。这一类中心区刚刚完成结构升级,由圈核结构向轴核结构转化,处于轴核结构的初级阶段。这一阶段的

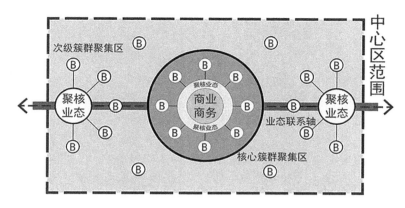

图 4.26 单轴业态模式图
资料来源:作者自绘

轴核中心区输配网络并未完全成熟,中心区内由一条空间轴线或是一条主要轴线及多条次要轴线构成,但主要交通输配、空间景观与心理认知集中在中心区内一条交通干道上,即该中心区内最重要的空间轴线,业态的转移与聚集依托这条干道及其附近的次级道路完成,在这条道路附近形成业态联系轴。其二是受到地形因素影响的轴核中心区。由于地形因素的影响,部分轴核中心区一直呈现出线性发展的态势,并有主要的中心区空间轴线,业态簇群也依托这条空间轴线形成业态簇群联系轴。

典型的单轴业态模式中心区如表 4.16 所示。

表 4.16 单轴业态模式业态簇群空间分布特征

中心区名称	核心簇群位置	业态联系轴主要依托道路
香港港岛中心区	中环地铁站、皇后像广场附近	皇后大道、金钟道
北京西单中心区	金融街附近	广宁伯街、阜成门南大街、西外大街
深圳罗湖中心区	深南东路与南湖路交叉口附近	深南大道
香港油尖旺中心区	梳士巴利道与弥敦道交叉口附近	弥敦道
曼谷仕龙中心区	仕龙路与拉玛四世路交叉口附近	仕龙路、拉玛四世路
上海陆家嘴中心区	张杨路与世纪大道交叉口附近	世纪大道
曼谷暹罗中心区	暹罗广场附近	素坤逸路
南京新街口中心区	汉中路与中山路交叉口、孙中山雕像附近	中山路
成都春熙路中心区	春熙路与蜀都大道交叉口	蜀都大道
大连中山路中心区	中山广场附近	中山路、人民路
迪拜迪拜湾中心区	阿提哈德大道附近	沿迪拜湾的巴尼亚斯路和奥斯夫路
新德里康诺特广场中心区	康诺特广场附近	议会街
迪拜扎耶德大道中心区	阿联酋中心附近	扎耶德大道

资料来源:作者自绘

此外,业态簇群的发展是一个动态的过程,轴核中心区目前的业态模式需要长时间的业态聚集与迁移才能形成。在中心区的结构升级过程中,单轴业态模式往往一直由单一轴线作为其业态联系轴线,为其提供业态之间的联系功能及输配功能,以保证业态簇群长期稳定的发展,如香港油尖旺中心区的佐敦道、迪拜扎耶德中心区的扎耶德大道等。但由于人的活动能力及业态辐射能力有限,单轴业态模式的业态联系轴的长度因此受到限制。在轴核中心区的发展过程中,两类单轴业态模式存在两种继续发展路径:第一类初级阶段的轴核中心区的业态簇群寻求其他优势地段聚集,形成多轴发展的业态模式;第二类轴核中心区的业态簇群不断聚集在已有轴线附近,置换原有非服务产业,并集约利用该轴线附近的土地,将几个簇群连绵起来,形成连绵的核心簇群,香港港岛中心区的皇后大道核心簇群就是典型的连绵单轴业态模式核心簇群。上海陆家嘴中心区是典型的第一类单轴业态模式中心区,中心区刚刚完成结构升级,业态簇群之间的距离较远,核心簇群位于张杨路附近,接近中心区几何原点,为商务职能主导的核心簇群,几个次级簇群分别是正大广场、浦电路、金洲街与丁香路次级簇群,分别以零售、商务、金融等为主导业态,并利用世纪大道的交通优势相互连接,形成业态联系轴。

多轴业态模式(图 4.27):多轴业态模式是由多条交叉的业态联系轴构成的轴核中心区,其核心簇群聚集在业态联系轴交叉点附近。典型的多轴业态模式由一个核心簇群、多个次级簇群以及多条轴线构成,与单轴业态模式相同,核心簇群是以第一层级聚核业态为主导的综合性大型簇群,次级簇群也是以第一层级或第二层级聚核业态为主导的综合性簇群或专业型簇群。与单轴业态模式不同的是,多轴业态模式中有多条业态联系轴线,典型的多轴业态模式核心簇群位于中心区几何原点附近。

典型的多轴业态模式中心区如表 4.17 所示。

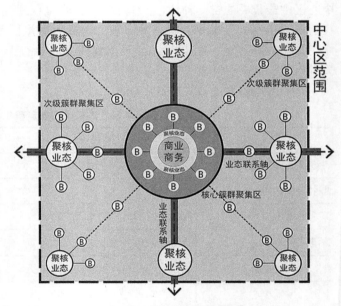

图 4.27　多轴业态模式图

资料来源:作者自绘

表 4.17　多轴业态模式业态簇群空间分布特征

中心区名称	核心簇群位置	业态联系轴主要依托道路
首尔江北中心区	钟道与世宗大道交叉口附近	钟道、世宗大道—太平路—南大门路
首尔德黑兰路中心区	瑞草路与江南大路交叉口附近	瑞草路、江南大路
新加坡海湾—乌节中心区	乌节路与滨海路交叉口附近	乌节路、滨海路
北京朝阳中心区	国贸中心附近	三环、建外大街—建国路、朝外大街

中心区名称	核心簇群位置	业态联系轴主要依托道路
上海人民广场中心区	人民广场附近	南京西路—南京东路、西藏东路—西藏南路
吉隆坡迈瑞那中心区	古晋路两侧	古晋路、拉亚朱兰路
深圳福田中心区	深南大道与民田路交叉口附近	深南大道、民田路、彩田路、景田路

资料来源:作者自绘

　　多轴业态模式可以分为两种类型:其一是受外部环境限制,其中一条轴线在发展过程中受到外部环境的限制,业态簇群不得不在核心簇群附近寻找其他优势地段聚集,逐渐形成一条或多条新的轴线;其二是受内部市场经济调节,其中一条轴线上的业态在不断聚集与置换后,形成的业态簇群提升了该地段的整体地租,后发的业态以及一些低端的业态受到地价限制,难以在原轴线附近聚集,转而寻求新的聚集地段,业态聚集在新地段带来的聚集效应与协同效应促使交通干道对业态的吸引作用进一步增强,交通干道的吸引作用增强又加剧了业态的聚集,并逐渐形成一条或多条新的业态联系轴。

　　上海人民广场中心区是典型的多轴业态模式,核心簇群位于人民广场附近,是中心区内规模最大、涵盖种类最多的业态簇群,是以零售及商务职能主导的核心簇群,并有多个次级簇群分布于中心区内。与陆家嘴中心区不同,人民广场中心区内的次级簇群的聚核业态以零售及餐饮职能为主,并利用南京路与西藏路的复合交通优势以及业态的聚集与协同效应,形成十字形的多轴业态模式。

5 亚洲特大城市轴核结构中心区结构模式及作用机制解析

在对实际的、不同发展阶段的轴核结构中心区进行量化研究与分析的基础上,可以发现,无论是在城市的整体层面,还是在中心区的具体层面,均表现出了一定的共性特征。而通过对这些共性特征的进一步归纳、总结与辨析,可以加深对轴核结构中心区的认知,并形成轴核结构中心区的空间模式。本章在对轴核结构中心区空间规律归纳的基础上,总结轴核结构中心区的空间模式,对其进行深度解析,并对轴核结构中心区的形成机制进行探讨。

5.1 轴核结构中心区的规律及类型

前文借助 GIS 技术平台及相关软件,对典型轴核中心区的发展门槛、空间形态、功能结构、交通系统以及业态等,进行了详细量化研究,得出了轴核结构中心区不同发展阶段的一些特征规律。总体来看,轴核结构中心区具备 13 条特征规律,并且根据视角的不同可以划分成不同的类型。由于国外的业态数据无法获取,本书提取国内相关中心区的业态数据,进行中心区研究分析。

5.1.1 轴核中心区的特征规律总结

轴核结构中心区可分为四个发展层级,其中成熟均衡型与成熟非均衡型的轴核结构中心区具有空间环境建设完善、社会投资充足等特征,这两类中心区在本节并称为成熟的轴核结构中心区。而均衡非成熟型、非成熟非均衡型轴核结构中心区具有基础建设尚未完善,硬核聚集程度有限等特征,所以两类中心区并称为发展中的轴核结构中心区。从轴核结构中心区特征规律可知,成熟的轴核结构中心区的共性大于个性,基本表现为孔洞连绵化的形态格局;而发展中的轴核结构中心区的个性大于共性,但总体而言,中心区体现了一定的斑块连绵的结构特点,网络连绵的格局特征尚未完善(表 5.1)。

表 5.1 轴核中心区的特征规律总结

特征大类	特征小类	典型轴核结构具体特征规律
发展特征	发展层级	可分为成熟均衡型、成熟非均衡型、均衡非成熟型、非成熟非均衡型四个层级。低发展层级的轴核中心区的基础设施尚未完善,地铁、轻轨等大运量公共交通设施建设尚缺,高发展层级的轴核中心区具有完善的空间环境以及充足的社会投资。轴核结构中心区通过硬核规模的扩张或硬核聚集程度增加等,对中心区空间发展产生积极影响,从而使得中心区不断聚集并完善自身内部结构,促进中心区升级

特征大类	特征小类	典型轴核结构具体特征规律
发展特征	硬核等级结构	可分为"金字塔式"等级结构、"梯形式"等级结构和"均质式"等级结构三种。轴核结构中心区硬核在从圈核结构模式发展而成的过程中,各硬核的新生和规模扩大有一定的时序性,呈现出几种不同的硬核等级结构。从"均质式"等级结构到"金字塔式"等级结构的轴核结构中心区的硬核体系,反映了圈核结构中心区在经历亚核成长导致等级结构扁平化后,再迅速扩张连绵,最后又形成具有等级性的硬核体系的结构特征
形态特征	建筑密度	建筑密度较高的街区主要出现在轴核结构的周边,建筑密度较低的街区主要出现在轴核结构以外或轴核间的间隙地区,总体上建筑密度的空间聚集向轴核结构集中。成熟的轴核中心区其街区密度的分布呈现出"多簇群沿轴圈层分布"的格局。高密度街区呈簇群状分布在硬核中心,中高密度街区则沿轴核系统的轴状空间两侧分布,低密度及中低密度街区主要分布在轴核结构外围的边缘地区,形成圈层格局,发展中的轴核中心区其街区密度分布呈现"多簇群无轴圈层分布"的格局,即高密度街区分布在硬核中心,以硬核为核心,中高密度、中密度、低密度街区密度逐层跌落
	建设强度	高密度街区分布格局基本与轴核结构的空间形态一致。成熟的轴核中心区其街区容积率的分布呈现"沿轴圈层分布"的格局。高容积率街区高度集中在轴核空间周边,中容积率街区则沿轴核系统的轴状空间两侧分布,低容积率街区主要分布在轴核结构外围的边缘地区,形成圈层格局。低等级轴核中心区的关联性则没有前一类显著,以新德里康诺特广场中心区为例,容积率在 2 以上的相对较高的街区呈零星簇群状态分布在中心区硬核,尚未形成轴状连绵形态,说明该类型轴核结构中心区正在发育中。在初期阶段强度格局还具有圈核结构阶段的圈层结构,随着轴核结构的发展,强度格局逐渐向轴核形态转变,形成围绕轴状硬核连绵区的强度布局形态
	建筑高度	轴核中心区的建筑高度布局方式并没有发生明显的变化。在圈核结构到轴核结构的升级过程中,空间重新集聚过程的主要影响因素是经济因素,而高度指标受到经济要素的影响则相对较小,更多地受到空间美学、交通等其他因素的影响
交通特征	路网形态	轴核中心区中路网密度差异比较大,最高值为 20.1 km/km² (香港港岛中心区),最低值为 7.1 km/km² (北京朝阳中心区)。硬核形态发展与交通路网密度分布关联性较高的轴核中心区多数是低密路网中心区,而关联性较低的轴核中心区多数是高密路网中心区
	轴线结构	轴核中心区空间句法集成核与硬核轴线具有高度的相关性,所有中心区(20 个)都至少有 4 条硬核轴线与集成核轴线重合,45% 的中心区(9 个)都有 10 条以上硬核轴线与集成核轴线重合,这表明轴核中心区的硬核轴线分布与道路网络总体结构具有高度相关性,硬核轴线具有高集成度的特点,中心区中集成度最高的空间轴线往往成为轴核系统的空间发展轴
	轨道交通构成	轴核中心区内一定有轨道交通支撑,但多数轴核中心区的轨道交通仍处于发展阶段,多条轨道交通线路正在建设中。硬核区的轨道交通线路及站点较中心区密集。中心区核心区同样是多条轨道交通的换乘站点,客观上增加了硬核区内的轨道交通线路及站点密度。而由此带来的交通便捷性,促进了公共服务设施的集聚,又进一步推动了轨道交通密度的增加。在此基础上,大部分中心区轨道交通都与硬核形态具有一定程度的互动和叠合
功能特征	用地功能	成熟轴核结构中心区内,混合职能用地比例较高,而比重最小的则为在建用地,其余类别的用地比重大致相当。发展中的轴核结构中心区体现了不同的特征,中心区公共设施用地比例较低,仍有较大比例用地是居住用地,这反映了较低等级轴核结构中心区承担了更多的非生产型服务功能

特征 大类	特征 小类	典型轴核结构具体特征规律
业态 特征	业态 数量	商业、商务及餐饮类业态占绝对多数。从轴核中心区的业态比例来看，这三类业态比重远高于其余业态比重，占总业态比例70%以上。在硬核内，三类业态的比重更高，达到了80%，是中心区的主体服务功能，与其余功能所占比重存在巨大的差距
	单类 业态 分布	硬核逐步专业化聚集。通过比较中心区的业态比例与硬核的业态比例可以发现，大部分硬核内都有一项职能占据绝对主导地位，如上海人民广场中心区中，中心区内的商业服务职能占37%，而所有硬核内的商业服务职能占43%。轴核中心区的硬核不再是综合化、混合化发展，而是以某类职能为主导，通过产业链关联以及行为关联不断在空间上聚集，而将其他服务业态向外迁移，逐渐形成以某类业态为主导的巨型专业化业态空间
	业态 簇群 特征	商业及商务职能是中心区业态簇群中吸聚能力最强的职能，商务及行政职能是中心区业态簇群构成不可缺的簇群必需职能。吸聚能力反映了业态在业态关联网络整体中的辐射效应大小，即业态关联的核心性的高低，商业及商务业态是吸聚能力最强的聚核业态，周边聚集了大量不同种类业态。而商务及行政业态既是聚集其他业态的聚核业态，也是被其他业态所需要的强需业态。这两类业态的特点是它们的存在能够在周边聚集大量其他业态，同时它们对其他业态的干扰较小，所以也广泛被其他业态所吸引，因而表现出强烈的聚集特征。这些业态构成了中心区业态的核心，起到吸聚其他业态的职能与促进业态发展的作用，也就是说，这一类业态所发挥的主要是规模效应与协同效应，不断推动中心区发展，是中心区由单核成长为轴核的引领业态
	业态 簇群 分布	业态簇群有突出的核心并位于中心区硬核连绵带上。在业态簇群空间布局中，业态簇群在中心区内聚集表现为多簇群分布特征，但会形成较大的核心簇群聚集区。纵观轴核中心区，核心业态簇群分布于主要的硬核连绵区内，但其余硬核连绵区及硬核，甚至硬核外围地区都会有一些小型的集聚簇群分布。而典型的轴核中心区核心业态簇群的空间位置不仅位于硬核连绵带上，而且也位于中心区几何中心附近

资料来源：作者整理

5.1.2 轴核中心区的类型归纳

通过对轴核结构中心区特征规律的归纳与总结，可以看出，在轴核结构中心区的发展过程中，在环境条件的限制下，会形成不同的空间模式与业态分布模式，这些模式有着一定的共性特征，也有着明显的不同，形成了代表不同发展阶段的空间特征。这些模式与中心区的发展阶段有何联系？业态模式与空间模式之间又有何关系？本节将对中心区发展阶段、空间结构模式、业态簇群模式进行归纳与整合，探寻它们之间的相互关联，为建立轴核结构中心区的综合发展模式提供基础。

在第二章中，依据轴核中心区的发育特征，选取了硬核规模、硬核中心度、硬核连绵度与轨道站点密度四个发展指标，对轴核中心区的发育程度进行了综合评价，并将轴核中心区分成四个层级，即成熟均衡型、成熟非均衡型、均衡非成熟型、非成熟非均衡型四个层级。

在第三章中，综合分析轴核中心区的空间形态、功能结构及交通特征，归纳轴核中心区在经历了圈核结构发展段后，又经历了虚线轴、交叉轴和网络轴三种空间模式。

在第四章中，建构了轴核中心区业态簇群分布模式，并在此基础上将轴核中心区业态簇群模式分为单轴簇群模式和多轴簇群模式。

本节对前文分析建构的轴核结构中心区不同类型进行整合与归纳，将轴核结构中心区

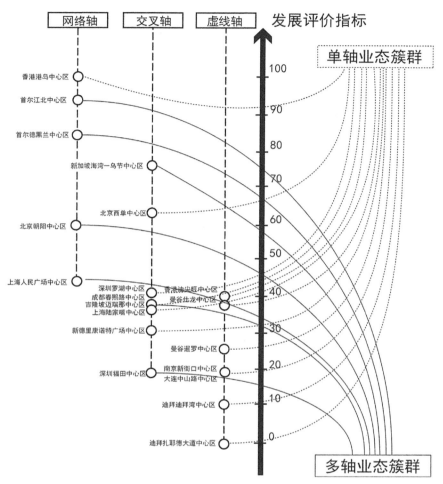

图 5.1 轴核结构中心区类型归纳
资料来源:作者自绘

的发育程度、空间模式与业态簇群模式相关联(图 5.1)。其中,纵轴为综合发展指标标准化值,纵轴左侧为各个中心区对应的空间结构模式,纵轴右侧为各个中心区对应的业态簇群模式。从图 5.1 中可知,轴核结构的空间发展模式基本与其发育程度吻合,虚线轴模式集中于 0~40 区间,交叉轴模式集中于 15~80 区间,网络轴模式集中于 40~100 区间;从空间模式与业态簇群模式的关联来看,虚线轴多为单轴业态簇群模式,网络轴多为多轴业态簇群模式,交叉轴则两者兼而有之。

通过对轴核结构中心区特征规律的归纳与总结,可以看出,网络轴型轴核结构中心区的空间尺度更大,各结构体系发展得更为成熟,发展等级更高,而交叉轴与虚线轴型轴核结构则在各方面均有所欠缺。从中心区及硬核的整体形态格局来看,网络轴型轴核结构中心区较为相似,均表现出网络式扩展的形态格局,可称为网络结构;从业态模式来看,网络轴型轴核结构中心区多表现为多轴业态簇群模式。另两类轴核结构中心区仍处于轴核结构的发展阶段,整体形态表现为交叉轴(新加坡海湾—乌节中心区)及虚线轴(香港油尖旺中心区)的结构形态,业态簇群模式多为单轴业态簇群模式(表 5.2)。

表 5.2　轴核中心区的类型归纳

中心区名称	发展等级	形态模式类型	业态模式类型
香港港岛中心区	成熟均衡层级中心区	网络轴	单轴业态簇群
首尔江北中心区	成熟均衡层级中心区	网络轴	/
首尔德黑兰路中心区	成熟均衡层级中心区	网络轴	/
新加坡海湾—乌节中心区	成熟均衡层级中心区	交叉轴	/
北京西单中心区	成熟非均衡层级中心区	交叉轴	单轴业态簇群
北京朝阳中心区	成熟非均衡层级中心区	网络轴	多轴业态簇群
上海人民广场中心区	成熟非均衡层级中心区	网络轴	多轴业态簇群
深圳罗湖中心区	均衡非成熟层级中心区	交叉轴	单轴业态簇群
香港油尖旺中心区	均衡非成熟层级中心区	虚线轴	单轴业态簇群
曼谷仕龙中心区	均衡非成熟层级中心区	虚线轴	/
吉隆坡迈瑞那中心区	均衡非成熟层级中心区	交叉轴	/
上海陆家嘴中心区	均衡非成熟层级中心区	交叉轴	单轴业态簇群
曼谷暹罗中心区	均衡非成熟层级中心区	虚线轴	单轴业态簇群
南京新街口中心区	均衡非成熟层级中心区	虚线轴	单轴业态簇群
成都春熙路中心区	非成熟非均衡层级中心区	交叉轴	单轴业态簇群
新德里康诺特广场中心区	非成熟非均衡层级中心区	交叉轴	/
深圳福田中心区	非成熟非均衡层级中心区	交叉轴	多轴业态簇群
大连中山路中心区	非成熟非均衡层级中心区	虚线轴	单轴业态簇群
迪拜迪拜湾中心区	非成熟非均衡层级中心区	虚线轴	/
迪拜扎耶德大道中心区	非成熟非均衡层级中心区	虚线轴	/

资料来源：作者整理

5.2　轴核结构中心区的综合发展模式

在对轴核结构中心区规律与类型进行总结与归纳的基础上，本书认为，网络轴型轴核结构是一种较为成熟的发展状态，而交叉轴与虚线轴则可看作是理想模式的一种拓扑变形，其结构要素还未发展成熟，在这一方向上发展，也能形成完善的轴核结构。因此，本节首先构建较为理想的网络轴结构模式，并对其进行深入解析，在此基础上，结合另两类中心区的实际情况，对网络轴模式进行拓扑变形，构建空间结构模式。

1）基础模式

本书通过对轴核结构中心区的空间形态、业态结构的量化研究，分别构建了轴核结构中心区发展的空间形态、交通系统、业态结构模式（图 5.2）。这三个结构模式从不同的方面构建了轴核结构中心区的结构形态，基本涵盖了轴核结构中心区空间结构的全部要素，且三者之间存在着有机的内在联系。在此基础上,通过对三个结构模式内在联系的深入分析,将其进行有机叠合,构建轴核结构中心区的空间结构模式(图5.3)。

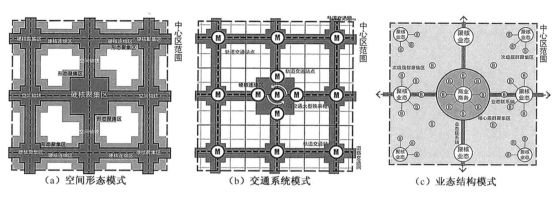

(a) 空间形态模式　　　　(b) 交通系统模式　　　　(c) 业态结构模式

图 5.2　轴核结构中心区的各类模式
资料来源:作者自绘

空间形态模式中,围绕核心站点而形成的高集聚核心具有较高的密度及强度,分布于硬核连绵区的中心位置。而这一区域也正与业态簇群的核心簇群聚集区相对应,成为统领中心区空间形态及功能布局的核心。同时,高集聚核心中的核心站点也正是轨道交通的换乘中心,即多条地铁交汇的枢纽(如上海人民广场地铁站)。这也反映了轨道交通对业态集聚及高强度城市建设的支撑作用。在此基础上,主要的轨道交通成为高强度建设的依托,成为硬核连绵区的形态发展及业态集聚的轴线(如陆家嘴中心区的地铁二号线)。此外,受大型开放空间、历史文化等的影响,在硬核连绵区附近存在一些低集聚的街区,即密度及强度相对较低的阴影区,而这些阴影区在功能上多体现为居住及其他功能。但由于硬核连绵区内的道路网络及轨道交通网络密度较高,可达性较高,阴影区往往集中于硬核连绵区之间。在外围地区,由于服务产业从主核向外围迁移,并沿道路网络重新聚集形成新的硬核,圈层等

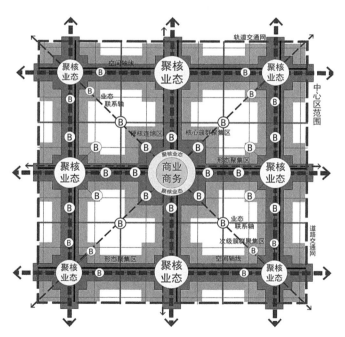

图 5.3　轴核结构中心区的基础模式
资料来源:作者自绘

级化的硬核结构消解,形成以轴线为骨架的硬核形态。中心区的形态从核心向外围逐渐由高到低过渡,即密度、强度等均逐渐降低,在硬核的边缘地区由中密度和中强度的街区构成,中心区外围则主要由中低密度与中低强度的街区组成。同时,外围地区的路网密度也

相应有所降低,道路间距加大,导致街区尺度相应增加,这也成了使功能空间效率及形态降低的因素。通过对三个结构模式内在关系的分析与梳理,找到其有机联系的内在动因,并根据这些要素之间的相关性,对各要素进行相应的融合与调整,形成完整的轴核结构中心区空间结构模式。结构模式仍保留了中心区的圈层式格局特征,整体上形成了"强核心、多簇群、轴线化、网络化"的结构形态。

——硬核区

硬核区分为两种类型:一类是节点型,呈团块状聚集形态;一类是轴带型,呈网络状聚集形态。硬核之间相互连绵,位于轴核结构中心区的中心,沿中心区空间轴线延伸,是中心区内公共服务设施的主要集聚区。硬核区内道路密度比其他地段的道路网密度大,团块型硬核内基本形成了方格网式的道路格局,网络型硬核内呈网络状沿中心区主要轴线聚集,高可达性与高辨识度成为硬核区吸引区域高端要素集聚、快速输配硬核区内外交通、缓解硬核连绵区过境交通压力的重要因素。此外,硬核区内轨道交通网络及站点密度较大,成为支撑硬核连绵区内公共服务设施高强度集聚的主要动力,也是硬核区内大量人流输配的有力保障。

——外围地区

外围地区是指环绕在硬核区外围的地区,该地区在空间上包括阴影区和中心区基质地区。从业态簇群结构上看,外围地区覆盖了大部分业态簇群结构中的过渡区,这一地区以居住建筑为主,此外还包括一些公益型服务设施与低端的生活型服务设施,是轴核结构中心区重要的辅助与配套功能集聚区,为硬核区内公共服务设施的集聚提供支撑与保障。从业态角度看,过渡区有部分边缘业态与聚核业态,但数量少、规模小、分布分散,部分地段承接了一些外溢的业态,并形成了小的聚集簇群,但尚处于发展培育阶段。外围地区的道路网络也基本保持了方格网式,但道路密度有所降低,相应的街区面积也有所增加。然而无论是道路系统,还是轨道交通系统,在外围地区多是以通过式为主,较少形成多条重要道路及多条轨道线路的汇聚,这也与外围地区的辅助与配套职能相匹配。

——业态体系

中心区内的业态簇群有核心业态簇群与次级业态簇群两类。核心业态簇群在中心区的中心、硬核区的内部聚集,以商业及商务职能作为核心业态,文化等其他聚核业态作为次级核心业态,其他业态作为边缘业态,形成聚集力度大、分布范围广的大型面状簇群。次级业态簇群由二级结构构成,即聚核业态与边缘业态,分为两种类型:一类是与核心业态有紧密的联系,在硬核区内通过多条业态联系轴与核心簇群相连的次级簇群,这类簇群所占比重较大,聚集能力稍强,主要是从核心业态簇群中外溢出来的簇群;另一类所占的比重较小,聚集能力较低,与核心业态簇群联系较弱,这类簇群往往是依托自身聚核业态发展的簇群。

——交通体系

轴核结构中心区的交通体系可以分为两个部分——道路系统以及轨道交通系统。轴核结构的交通输配体系不仅是对中心区内的人流及车流进行输配,更为重要的是,提供了中心区轴线的依附实体。其中,道路系统的主要功能是对中心区内部车行交通进行输配,以方格网式的道路格局为主,形成了轴核结构中心区的整体发展框架。

在道路系统中,主干路分布相对均衡,是中心区轴线的主要载体,轴带型硬核沿具有轴线功能的主干路延伸;次干路则成为道路系统的主要组成部分,在硬核区内的密度较大,尤其是团块型硬核。主干道的高识别性与高连接性以及硬核区内较高的道路密度,使得硬核区成为中心区内道路交通相对可达性最高的区域,是业态簇群高强度集聚的有力保障。

轨道交通系统的主要功能是解决中心区巨大规模的人流交通的集散问题,以及远距离、跨区域的人流集散问题。轨道交通线路及站点的分布也基本形成网络状格局。同时,中心区的核心集聚区——硬核区内核心业态簇群聚集区,被轨道交通 500 米服务半径完全覆盖,且拥有大量的重叠覆盖区,这使得轨道交通的换乘及出行极为便捷。此外,在硬核区的核心区域还形成了重要的轨道交通枢纽,是多条地铁换乘的中枢,将远距离、跨区域的人流交通引导至中心区的核心地段。

这一结构模式与香港港岛中心区、首尔江北中心区、首尔德黑兰中心区、北京朝阳中心区以及上海人民广场中心区的实际发展情况也较为接近,按其结构形态来看,可称为网络型结构中心区空间模式。但这一发展模式与交叉轴型轴核结构以及虚线轴型轴核结构中心区的案例尚有一定的出入,主要是由于这两类中心区的整体空间结构的发展尚未成熟,且受中心区不同的自然地理环境影响。在此基础上,针对这两类轴核结构中心区的实际情况,在对其未来发展做出预判的基础上,将轴核结构中心区的空间结构模式进行一定的拓扑变形,构建适应不同形态格局中心区的空间结构模式。

2)交叉模式

在实际的案例中,新加坡海湾—乌节中心区、北京西单中心区、深圳罗湖中心区、吉隆坡迈瑞那中心区、成都春熙路中心区、新德里康诺特广场中心区与深圳福田中心区呈现出交叉模式。交叉模式内的主要硬核已经开始相互连绵,主要轴线也不仅仅只有一条,但又未完全连绵,轴线结构也无法构成网络。部分交叉模式中心区由于发育程度不够,无法达到基础模式所呈现的网络轴格局,还有部分交叉模式中心区由于受到地形的限制,结构拓展不均衡所导致。以新加坡海湾—乌节中心区为例,中心区滨海,硬核区位于中心区一侧,使得主要的硬核沿滨海方向以及以中心区中部为主的垂

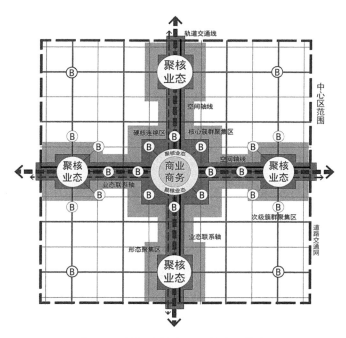

图 5.4　轴核结构中心区的交叉模式
资料来源:作者自绘

直方向展开布局。由于交叉模式的业态簇群延展方向较多,不同于其他轴核结构中心区模式,交叉模式的业态联系轴可能与空间轴线分离。交叉模式也是在一定的环境条件下形成的,其结构模式的各要素发生了一定的拓扑变化(图 5.4)。

——硬核区

由于硬核区空间拓展的不均衡性，使得其形态呈现出多种类型，如类似倒"丁"字形的形态（新加坡海湾—乌节中心区）、"十"字形的形态（南京新街口中心区）。同样，交叉模式硬核区核心位置也会形成多条轨道交通相汇的枢纽站点，如新加坡海湾—乌节中心区的市政厅站及来福士坊站等。此外，交叉模式连绵区内的道路网络密度以及轨道交通网络和站点密度也明显高于周边地区。

——外围地区

外围地区同样受硬核形态与外部条件限制，交叉轴的硬核形态较连绵，且并未形成网络，因此外围地区往往被划分成几个完整的面状地块。在交叉模式的外围地区内，依托一些重要的主干路及轨道交通交汇的优势，也会形成一些服务功能的集聚簇群。而相对于硬核区，外围地区的道路网络密度较低，形成的街区尺度较大，轨道交通网络及站点的密度也相对较低。

——业态体系

从业态簇群的分布来看，业态簇群分布与线性模式较为接近，但由于交叉模式的轴线及业态的延展方向较多，如新加坡海湾—乌节中心区有三个延展方向，业态联系轴作为空间内的隐性联系，与空间轴线不一定完全重合，因此，业态体系在交叉模式中可分为两类，即业态联系轴与空间轴线重合、业态联系轴与空间轴线脱离。

——交通体系

交通体系同样由道路系统及轨道交通系统两个部分组成。道路系统仍是以较为规整的方格式网络格局为主，次干路是主要的组成部分，且硬核区内的道路网络密度明显高于周边地区。轨道交通系统的格局变化不大，核心枢纽站点位于硬核区核心位置，对区域内人流交通的汇聚作用较大。

3）线性模式

在实际的案例中，香港油尖旺中心区、曼谷仕龙中心区、曼谷暹罗中心区、上海陆家嘴中心区、大连中山路中心区、迪拜迪拜湾中心区及迪拜扎耶德大道中心区的整体空间形态表现为线形沿轴展开的格局，硬核也顺应中心区的主要发展方向展开，呈线形排列的格局。虽然目前硬核之间彼此并不相互连绵，但是相近的两个硬核之间存在大量的商业及住宅混合用地，且基本占据了两者间的连接空间。由于交通可达及轴线的连接作用，该地区更易承接硬核中溢出的业态，并逐步改变连接空间的建筑职能及用地性质，并最终使硬核之间形成连绵的形态，而这一形态也会与中心区的整体形态基本保持一致，呈顺应中心区发展方向的线形展开格局。与空间结构的虚线轴模式不同的是，单线轴模式的业态联系轴为单轴业态模式，即仅有一条由多条同方向上首尾相接的轴线构成业态联系轴（图 5.5）。

——硬核区

线性模式的硬核区由多个沿轴线排列的硬核组成，总体形态较为狭长，与中心区整体形态一致。硬核之间相互连绵是线性模式的发展方向，居住等建筑主要分布在硬核区的两侧。此外，受中心区形态格局影响，整体道路网络以线形展开为主，形成的街区形态也相应地较为狭长。

——外围地区

虚线轴结构模式的外围地区变化较大。在基础模式中,硬核区是连绵的,外围区围绕在连绵的硬核外侧。但在虚线轴结构中,硬核是不连绵的,外围区包含了部分沿轴但非硬核的地段,这些地段的建筑以居住与商业混合建筑为主,业态也多会选择在这一地段以及中心区的发展方向上形成聚集簇群。此外,由于中心区整体进深较小,外围地区的快速路仅从其一侧穿

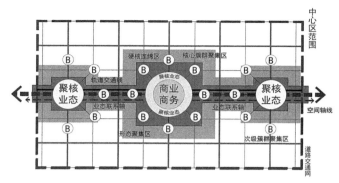

图 5.5　轴核结构中心区的线性模式
资料来源:作者自绘

过,作为中心区联系的重要通道,而外围地区的道路网络密度与硬核区内差距不大。

——业态体系

从业态簇群的分布来看,核心簇群仍然位于中心区的核心位置,并位于硬核区内部,商业及商务职能仍然是核心簇群中第一层级的聚核业态,在空间上占据了主体地位,呈团块状集聚,而次级簇群聚集于其他硬核内。由于中心区的线性发展特征,业态联系轴呈现出首尾相接并平行于空间轴线发展方向,中心区空间较为局促,在中心区的主要发展方向上以各级业态簇群分布为主。

——交通体系

交通体系格局变化较大,虽然同样由两个系统组成,但由于中心区尚未发育成熟,两个系统的发展均不够完善。轨道交通系统以单条顺应中心区轴线发展方向的线路为主,其他线路较少,且轨道站点与硬核位置高度重合,虽然也有核心枢纽站点的存在,但在单轴发展格局下,其核心地位并不十分突出。中心区内存在一条沿其发展方向展开的主干道,以及与该主干道相连的多条次干道,形成狭长的鱼骨或者网络格局。

从线性模式到形态完整的基础模式,其结构的主体特征一致,构成原理相似,运行机制相同,其形态之间既有相似性也有不同点,分别代表了轴核中心区的不同发展阶段。从刚突破圈核结构,形成了一条空间轴线的线性模式,到中级阶段的多条轴线并逐步连绵的交叉模式,直至完全连绵化,可以看出轴核结构的发展历程以及发展方向。连绵化与网络化是轴核中心区最重要的形态特征。

5.3　中心区轴核结构形成的作用力机制

从上两节中可以看出,各个轴核中心区的物质组成要素——实体空间形态等有形的表现各有规律,构成了轴核中心区的空间形态结构,但从实质内涵上看,它源自城市中心区结构形态不断适应着变化的城市时代的功能要求,是人类政治、经济、社会、文化活动乃至物质空间本身在历史发展过程中经交织作用不断物化的结果。轴核结构中心区中几个方面的多个作用力在“功能——结构”运动的不断作用下,推动着中心区结构形态的不断发展。本节将对这种内在的作用力机制的内涵和关联进行解析。

5.3.1　中心区轴核结构发展作用力的构成

城市中心区是一个复杂的客观存在系统,无论从城乡规划学还是地理学角度,都有众多学者对其发展机制进行过分析和研究。在综述中笔者曾经进行过分析和归类,在此不再一一进行阐述。其中,将城市空间划分为若干子系统是较为常用的方法,例如孙施文认为城市包含了经济、政治、交通通信及空间四个子系统[87],石崧认为城市是由物质要素和非物质要素两部分组成[88]。笔者认为,轴核结构城市中心区这一特定区域,由经济、社会及空间三个子系统构成,这三者对中心区分别施以不同的作用力,其内涵具有针对性和复杂性。

首先,从作用力构成上看(图5.6),轴核结构中心区的发展是空间、经济和社会三个系统的合力作用的结果。根据不同城市中心区的自身特点,在经历了圈核结构发展阶段之后,可能以某个系统为起点发生突变,进而带动整体中心区各系统的推进。例如,中心区地铁等大运量设施的密集建设,能够带来其空间可达性的大幅提升,同时也会促使其经济、业态和活动的模式和频率的改变。政策的变化带来资金的投入,促进中心区内原有阴影区的更新改造,带动中心区的发展变化,达到轴核结构的发展阶段。轴核中心区作为一个宏观系统,其内部经济结构和产业内部结构不断调整,交通及通信技术不断发展,政府及规划政策不断调控,

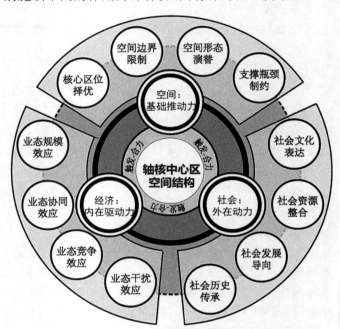

图 5.6　轴核中心区的作用力构成
资料来源:作者自绘

空间依托自身规律不断调节,这些系统之间存在相关的作用关系,具备运行的客观规律,外界的影响必然转换为内在的作用,三个子系统相辅相成,决定了城市中心区不同的发展特征。

其次,从作用力特征上看,轴核结构中心区在经济、社会及空间三个子系统层面均达到了中心区发展的高级阶段。城市中心区是位于城市功能结构的核心地带,以高度集聚的公共设施及街道交通为空间载体,以特色鲜明的公共建筑和开放空间为景观形象,以种类齐全完善的服务产业和公共活动为经营内容,凝聚着市民心理认同的物质空间形态。中心区在由圈核结构向轴核结构升级的过程中,社会、经济和空间子系统分别对其发展形态提出了更高的要求。在空间层面,中心区输配方式由平面化向网络化、立体化的交通体系发展,公共服务设施由碎片化聚集转向连绵化聚集。在经济层面,中心区区位价值溢出带来中心区整体价值的提升,通过激烈的市场竞争,产业价值链向高端延伸,业态在中心区内向专业

化与混合化发展。在社会层面,中心区内部的公共活动由片段化、碎片化、单一化转向全时段化、连绵化、多样化发展,城市文化与城市景观形象也被更为广泛的人群接受。因此,从发展特征入手,轴核中心区内的内涵特征可以进一步表现为以下几个方面(表5.3):

表5.3 轴核中心区的内涵特征

子系统	轴核中心区特征	内涵特征描述
经济子系统	区位价值溢出	土地价格优势整体扩大化,轴核中心区内部级差地租差异缩小
	业态高度专业化与混合化	相似业态在硬核层面集中化发展,相关业态在建筑层面高度混合化发展
	激烈的市场竞争	由于集聚效应的影响,轴核中心区各服务职能机构都密集在同一区域内以产生更好的规模效应,集聚的同时也带来了相同业态间的竞争。竞争不仅表现在对市场的争夺上,还给同一区域内的行业提供了比较标尺。集聚增强了激烈竞争的同时,也增强了轴核中心区作为产业聚集区的整体竞争能力
空间子系统	网络化、立体化交通	大运量轨道交通设施的修建和逐步网络化发展;轴核中心区内外交通连接逐步立体化发展;城市核心交通可达优势扩大化使得轴核中心区整体交通优势提升
	高聚集度的公共服务设施	公共服务设施综合化发展;公共服务设施从孤立且碎片化的状态转向连绵化聚集;核心空间服务设施相对高密度高强度聚集
社会子系统	高辨识度的景观形象	标志性建筑、标志性天际轮廓线或特色景观的认知度扩大到较为广泛甚至全球范围内
	全时段化、连绵化、多样化的公共活动	公共活动全时段化——活动具有时间连续性;公共活动连绵化——活动发生在一条或多条连续的街道及街区内;公共活动多样化——商业消费、娱乐休闲、商务办公等活动密集发生
	显著的文化心理标识	轴核中心区具有标志性的文化内涵,与城市文化形成紧密联系,其地位和产业特征得到社会公众的广泛认可,形成中心区的品牌

资料来源:作者整理

最后,从作用力机制上看,轴核结构中心区的发展是通过空间、经济、社会三个系统对中心区内结构要素共同作用的结果。空间、经济和社会系统为轴核结构中心区的产生和发展提供了必需的承载作用,中心区在从圈核结构向轴核结构升级,以及在轴核结构不断发展的过程中,需要城市为其提供额外的土地供给、市场供给和服务供给等必要的条件,轴核结构中心区无法脱离城市空间经济社会系统的支撑而单独存在,空间、经济和社会系统为轴核结构中心区的升级提供了关键的推动作用。在这两个过程中,源自城市经济公共服务活动在社会竞争中聚集与扩散,而后在空间中重新布局的结果,是城市整体全面的发展带动了城市中中心区的发展。空间、经济和社会系统为轴核结构中心区的发展提供了重要的延续内容,产业品牌、城市文化与历史传统等中心区的内涵与精神,是城市赋予中心区重要的传承性要素,也是轴核结构中心区发展升级赖以成功的资源。

5.3.2 中心区轴核结构发展作用力的解析

轴核中心区由经济、社会、空间三个子系统构成,并且轴核中心区内各种组成系统对中心区的结构要素不断作用,相互交织和重叠,其合力共同促使轴核中心区升级。为了分析问题的方便,本节针对轴核结构中心区,将各个系统在轴核结构升级过程中的作用力人为地隔离开，分别讨论其作用力的构成。

1）空间作用力——基础推动力

空间作用力是城市中心区发展的基础推动力。中心区在圈核结构时基本形成了公共设施对优势区位的占据，即所谓的硬核，但此时硬核之间还是较为孤立且碎片化的状态。中心区轴核结构的形成在空间上是硬核之间改变孤立状态形成空间联系并整体化的过程。形成这一过程的根本原因是中心区地位的提升、基础设施的建设，带动了中心区整体的区位价值，形成了连片式的高品质区位地段，克服了空间限制因素与支撑瓶颈的制约，在建设演替的过程中形成了连绵式的硬核区域，并促使了中心区向轴核结构扩展。例如，城市中心区内部或外部的自然地理条件和特征，对中心区空间使用提出了一些要求，限制或者鼓励了空间运行过程中人的聚集。或者说，中心区内部通过改建增加了绿地等优质空间，提高了自身的空间价值，其周边地段也随之获得了新的空间价值，导致该地区的建设期望远远大于之前所获得的建设期望。此外，空间动力的作用结果直接体现在空间形态的更替上，是中心区发展的基础推动力（图5.7）。

根据空间作用力在轴核中心区的运行规律，即"聚集—横向扩展—纵向扩展—受限—新的聚集"这一过程中不同的作用机制，将空间作用力分为核心区位择优力、空间边界限制力、空间形态演替力以及支撑瓶颈制约力四个类型。

核心区位择优力：轴核结构中心区中，公共服务设施的聚集趋向布局于城市中地价最高、交通可达性最优、自然地理条件最好的核心区域。具有核心区位的区域既可能是中心区中既有优势地区，也可能是尚未形成公共设施聚集但因外部环境改变而区位条件提升的区域。一方面，轴核结构中心区的外部扩展受到核心区位择优力的影响，会使中心区向周边区位更佳的地方延展；另一方面，轴核结构中心区内部的结构变化也受到核心区位择优力的影响，公共服务设施会，向中心区内区位条件更佳的区域聚集，从而改变中心区的硬核形态。

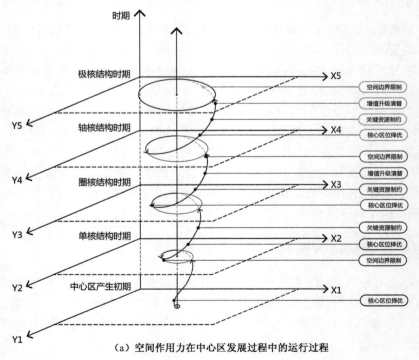

（a）空间作用力在中心区发展过程中的运行过程

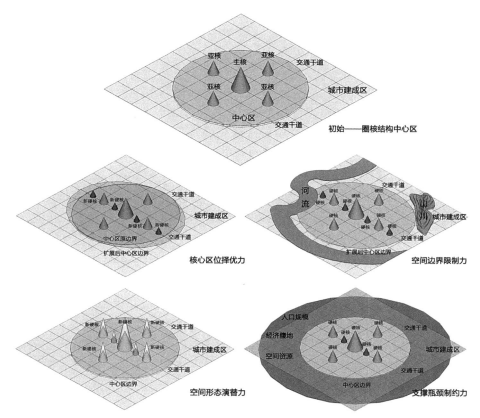

（b）空间作用力在圈核-轴核结构中心区发展过程中的作用

图 5.7 空间作用力的基本运行过程
资料来源：作者自绘

空间边界限制力：轴核结构中心区的平面形态延展和其引发的轴核结构变化，受到人在空间中活动便捷程度的影响。对人日常行为产生阻碍作用的山体、水域等自然地貌、铁路、沟渠等人工地貌以及对人活动产生风险的地震断裂带、土壤采空区等区域，都会对中心区在该区域的扩展和结构升级造成负面影响，形成中心区发展的空间边界。空间边界对中心区活动影响的方式不仅包括人的日常交通行为，还包括经济活动和建设活动。相反，高可达性和低风险性的区域由于不受到空间边界限制力的制约，更具有发展中心区并向轴核结构升级的活力。

空间形态演替力：轴核结构中心区的纵向形态生长和其引发的轴核结构变化，受到土地价格与建设成本波动的影响。在中心区的自我组织更新过程中，较高的土地价格和较低的建设成本能够提升中心区纵向发展的动力，提高其高层建筑的数量和建设规模，并通过高层公共建筑的布局引发轴核结构的变化；相反，较低的土地价格和较高的建设成本则会抑制中心区高层建筑的建设，倾向于建设更多的低层建筑并占据更大的土地面积，这对轴核中心区的空间演替产生了相反的影响。

支撑瓶颈制约力：轴核结构中心区的出现是城市对中心区的土地供给、服务人口供给和经济活动供给达到一定规模的结果，这既是中心区发展所依赖的必需条件，也是制约中心区空间发展规模和空间结构等级的关键性资源。在多项要素均满足需求的情况下,中心区的规模和结构升级就会继续;相反,在一项或者多项要素缺乏的情况下,轴核中心区的空间扩张和结构演化就可能减慢甚至停滞。

上海人民广场中心区传统上形成了以外滩-南京路为主核,人民广场为西部亚核,闸北为北部亚核,豫园为南部亚核的"一主三亚"的圈核发展结构,主亚核之间由于存在大片破败的历史城区而形成了制约硬核发展的阴影区与空间边界。而在20世纪末,随着上海经济地位的提升、城市化进程的加快,原有中心区硬核无法容纳新的商业商务业态。靠近中心区硬核的具有文化价值的历史地段反而成为城市公共服务设施开发的核心择优区位,上海浦西地区尤其是沿黄浦江滨江地区成了城市空间形态演替的热点地区,中心区内土地价值得到了高度关注,随着上海新天地等项目的建设,硬核间传统的历史城区发展成为城市高品质的商业片区,并促成了滨江地区城市硬核的连片化发展。

2) 经济作用力——内在驱动力

经济作用力是轴核结构中心区发展的内在驱动力。前文分析过,经济因素对轴核结构中心区的作用体现在城市经济规模的扩张带来中心区的经济规模的扩大或者产业类型的升级,以及中心区内部业态的吸引力和排斥力在硬核区域聚集过程中产生的外部效应。因为城市经济规模扩张的结果最终也体现在中心区外部效应上,因此,本书主要分析中心区内部的经济作用力。此外,中心区内部的产业经济作用力主要是指服务产业的经济作用力,在轴核结构中心区形成的过程中,经济因素的作用主要体现在业态在硬核区域聚集过程中产生的外部效应。业态聚集的外部效应包括规模效应、协同效应、竞争效应和干扰效应。在中心区内业态聚集中,规模效应、协同效应等正外部性作用力克服了竞争效应、干扰效应等负外部性作用力,硬核地段的区位价值溢出,赋予濒临区域更多的发展优势,促使其功能升级转型,促使硬核面积扩大,最终硬核区域连绵化形成轴核中心区,这是经济因素的合力作用。例如,随着城市的发展,城市中心区内部服务业业态数量在正外部效应下逐渐增多,线形圈核结构的城市中心区内部连接两个硬核之间的主要道路两侧的非硬核区域上,由于优势的交通可达性以及区位价值的溢出,地租上涨导致高营利水平业态逐步驱逐低营利水平业态或是公益类业态,主要干道两侧非硬核区域业态逐步与两端硬核区域业态结构类似,业态渐渐连绵起来(图5.8)。

根据业态在轴核中心区内的两种力(吸引力与排斥力)的作用与不同主体(同类业态与不同业态)的结合产生的四种力的作用,将经济作用力划分为四种类型,即业态规模效应力、业态协同效应力、业态竞争效应力、业态干扰效应力(图5.9)。

业态规模效应力——同类业态因规模效应而产生的吸引力,使业态聚集形成轴核。中心区面对的是整个城市市场,强烈的市场需求诱发有关服务业态的崛起和发展,中心区服务机构的集聚使寻找供应商和客户的过程变得相对容易,从而促使服务业集群发展[89]。由于服务的不可分割性,即服务的生产和消费同时进行的特点,使得服务机构必须在人流量较大和经济繁荣的地区聚集。在经历了圈核结构中心区发展阶段后,服务业产业链得到延伸,服务产业之间在知识、产品和服务方面存在的大量交互关系得到加强,大量相近的服务业业态要求在中心区内靠近原有服务产业地段得到安置,原有硬核内的物质实体难以承载,这些由于规模效应发展的业态则选择在靠近硬核的交通区位最好、可达性最高、人流最密集的空间场所聚集——这一场所往往是城市发展的主要干道。业态逐步连绵化驱动了建筑职能的连绵化,因此就产生了同类业态在轴核内集聚的现象。同类业态因为规模效应的集聚,不仅增加了场所的产业辐射能力,吸引更多的人流聚集,同时也更有利于业态自身的发展壮大,形成良性循环。

业态协同效应力——相关产业因协同效应而互相产生的吸引力,使业态聚集形成轴核。中心区内部机构地理临近,容易建立信誉机制和合作关系,提高执行效率。不同的服务机构之间由于存在着渗透与关联,可以联合起来进行紧密协作,最终反映到市场就是高度集成的一体化服务。相关业态的协同效应促使业态联合形成产业簇群,进一步加大产业聚集度,并产生更高的商业商务空间需求。相关业态的聚集使硬核的规模扩大,并产生轴核结构形态。

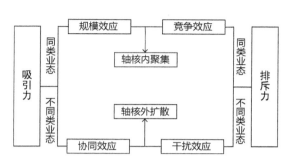

图 5.8　经济作用力的基本运行过程
资料来源:作者自绘

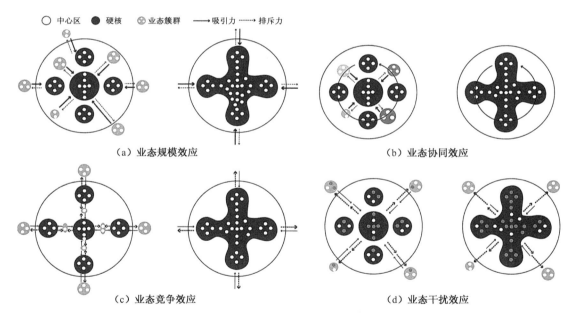

图 5.9　经济作用力在圈核-轴核结构中心区发展过程中的作用
资料来源:作者自绘

业态竞争效应力——同类业态因竞争效应而互相产生的排斥力,使业态向原硬核外扩散。在同类业态聚集达到一定规模之后,进一步集聚所能产生的正效应逐渐减小,而负效应却逐渐增加,同类业态过度集聚带来的经营成本过高、交通支撑不足、过度竞争等弊端逐渐显现。在某一临界点时,负效应带来的不利影响强于正效应带来的积极影响,因此就可能会出现同类业态的空间分离。在一定的中心区规模与硬核空间规模下,所能承载和服务的同类业态存在一定的规模限制,在业态规模接近上限时,过度紧张的产业空间会促使业态间的竞争效应凸显，当业态间的竞争效应不容忽视并促使业态向其他区域转移时，就促使了圈核硬核形态向轴核形态发生结构性的变化。

业态干扰效应力——不同类业态因干扰效应而互相产生的排斥力，使业态向原硬核外扩散。在中心区由圈核结构向轴核结构升级的过程中，干扰效应可以分为两个方面：一方面是升值干扰，指的是高端业态驱逐低端业态。随着城市中心区内部产业集聚程度的逐渐增加，由于产业竞争带来的经营成本上涨使得盈利能力较低的业态不得不放弃主中心区硬核区域而选择其他空间入驻，但与此同时盈利能力较强的业态仍处于正效应的集聚状态下，这能够促使城市中心区硬核规模的扩展。另一方面是降值干扰，指的是低端业态驱逐高端业态。中心区部分地段由于过度聚集入驻大量低端业态，同样会造成中心区内部基础设施配套的超负荷运转，最为明显的如交通拥堵和环境质量的下降。虽然商务办公、金融保险等高端业态受到经营成本上升等不利因素的影响较小，但它们对于交通可达性、形象展示以及环境质量等方面的要求却很高，过于庞大拥挤的中心区负效应使得部分高端服务产业选择其他空间入驻，该效应则对中心区硬核区域的发展和升级产生不利影响。

香港港岛中心区是一个典型的经济力驱动主导的轴核结构中心区。在突破圈核结构发展阶段后，中环硬核开始了其产业职能的转型——原有低盈利水平的商业商务中心及政治中心逐渐向高盈利水平的金融和文化中心转型。随着转型的进行，原有商业商务业态逐渐从中环硬核迁出，沿城市主要干道向其他亚核或者非硬核地段聚集。与此同时，金融产业规模效应带来相关产业的协同发展，中环硬核在原有基础上进一步扩大，逐渐与上环、铜锣湾等连绵在一起，形成连绵的轴核结构中心区。

3）社会作用力——外在动力

社会作用力是轴核中心区发展的外在动力，这是由城市中社会组织的固有性质决定的（图 5.10）。城市社会的单元并非是个人而是人的群体，社会由于人口的高度密集，其组成尤为复杂。作为对这种高度复杂性的适应，社会学学者将社会的功能分为以下四个方面：（1）交流的功能。人们在社会交往中，运用语言、文字、手势等交流信息、知识技能，不断提高认识水平和活动本领，同时也在交流中获得各种满足，借助别人的反应和评价确立自我的形象。（2）继承发展的功能。人类创造的文化知识和劳动技能，由社会积累和传递，从而保证人类社会在原有基础上不断进步。（3）导向功能。社会借助舆论、群体影响等力量，引导人们的行为遵从社会规范和准则，维护社会秩序。（4）整合功能。社会借助各种形式，将许多社会成员组织起来，形成强大的社会整合力，促进社会的进步和发展[90]。中心区的社会活动高度密集，是社会功能的集中体现，也承担多元复杂的社会功能。在圈核结构发展阶段的中心区中，中心区硬核一方面承担了中心区主要的社会功能，同时也塑造了中心区的社

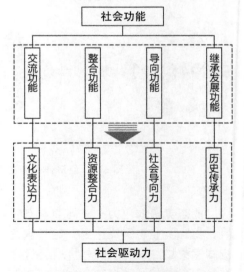

图 5.10　社会作用力的基本运行过程
资料来源：作者自绘

会形象与认知,传承着城市的文脉和公众的集体记忆。但是,与单核阶段的城市中心区不同,随着城市的发展,市民的心理认同感逐步赋予了整个中心区空间更强的聚集性和地段价值,使其更具有吸引力,同时,硬核内原有的社会公共活动也逐渐全时段化、多样化,随着强大的外部效应的不断溢出,公共活动也逐渐连绵化。高密度、高频率的社会活动与泛化的心理认知促进了更大范围的中心区硬核社会功能的形成。例如,市民认同某地段内均为城市中心区地段,城市管理者为加强城市中心区的空间辨识度,通过政策以及资金投入,在地段内部原本不隶属于硬核内部的土地上采用先进的高技术手段兴建大型标志性公共服务设施,提高了该地段的人口活力,公共活动的聚集提升了该地段的社会价值,导致该地区的建设期望远远大于之前所获得的建设期望,外在动力最终促使该中心区硬核连绵化(图5.11)。

轴核中心区的社会作用力建立在社会功能基础之上,由社会文化表达力、社会资源整合力、社会发展导向力以及社会历史传承力四个类型构成。

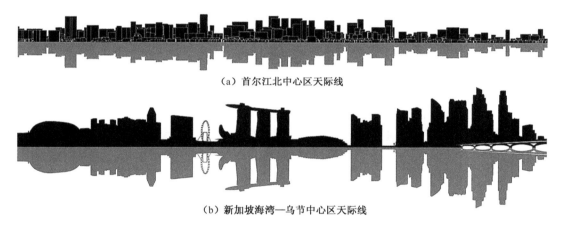

（a）首尔江北中心区天际线

（b）新加坡海湾—乌节中心区天际线

图5.11　部分轴核中心区空间形态景观形象
资料来源:作者导师工作室调研成果

社会文化表达力:中心区表现出的空间形态意象表达了规划者与管理者甚至城市使用者的理念与思考,例如城市中心区的天际线、城市中心区的轴线等,都是中心区受到文化表达力的体现(图5.11)。轴核中心区受到的文化表达力尤其强烈,轴核中心区所在城市均为区域中心城市,对城市中心区的品牌形象与文化特征有较高需求,为了这一目的,规划者与管理者不断强化这类信息的传输,轴核中心区的空间形态会向某一类型持续发展,最终具备高辨识度的景观形象。

社会资源整合力:社会需要中心区实现人力、财力、技术、知识、组织、社会关系等社会资源的高度整合,调整内部关系、维持正常的中心区发展秩序。前文提到,轴核中心区所在城市均是区域中心城市,拥有广阔腹地,其能调配的社会资源也更加强大。中心区是城市的核心发展地区,受到区域内所有城市社会的高度关注,应用新的建筑技术,提供大量的财力支持,都是在社会资源整合力的驱动下的体现(图5.12)。

社会发展导向力:城市管理者主导,规划者、使用者参与,通过法律、法规等强制手段,与政策、规划等非强制手段,规定和引导中心区的发展导向。例如,城市总体规划对城市中心区的指导，以及各项政策对城市中心区的扶持，都是该项力的具体体现。城市管理者总是期冀中心区的升级与发展，在轴核中心区所在城市内，政府通常有权限提供更为优惠的政策以及更加健全的法律法规体制，不仅能为整个中心区的高端产业引进做出政策支撑，同时也能为位于中心区内空间价值或者经济价值高的地段提供政策扶持。

社会历史传承力：中心区所具有的社会属性使其倾向于保存之前创造的物质与精神文化，通过中心区而积累和发展。中心区历史肌理的继承、对城市的文化传承都是受到历史传承力的体现。同时，中心区所承载的历史文化资源也是中心区发展和升级的重要推动力。

上海陆家嘴中心区是一个典型的社会力驱动主导的轴核结构中心区。上海浦东新区是中国开

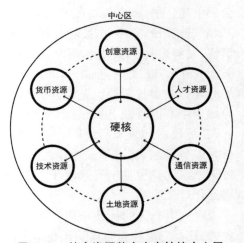

图 5.12　社会资源整合力在轴核中心区发展过程中的作用
资料来源：作者自绘

发的第一个新区，规划设计的大量标志性公共服务设施以及优惠的政策吸引了大量商务金融产业入驻，21 世纪初期形成了以滨江地段为主核、银城东路立交地段为亚核的线性圈核结构。21 世纪以来，陆家嘴中心区持续建设规划预留的核心区三幢超高建筑，加强了其天际线的空间标志性，提高了整个中心区的社会价值，大量公共服务设施提高了地段的人口活力，公共活动的聚集提升了地段价值，在轨道交通建设等空间作用力的同步作用下，陆家嘴中心区由一片空地成为城市高品质商务片区，并促成了沿世纪大道中心区硬核的连绵化发展（图 5.12）。

5.4　总结与展望

轴核结构中心区是中心区发展的高级阶段，空间规模尺度均较大，本书量化分析的 20 个典型轴核结构中心区涉及大量数据的统计、计算与分析。本书借助 GIS、SPSS 等技术平台，对相关数据进行处理与分析，并对分析结果进行提炼与总结。

本书主要创新点有：

1）从亚洲高密度城市视角研究中心区

本书从高密度城市视角提出亚洲特大城市的轴核结构现象，归纳高密度城市中出现的轴核结构中心区的特征，对轴核结构中心区进行明确的概念界定。在此基础上，对不同规模等级的城市及轴核结构中心区进行量化研究与分析，探索轴核结构中心区在城市的整体层面和中心区的具体层面表现出的共性特征，探讨中心区空间拓展成为轴核结构中心区的升级门槛，建立亚洲高密度地区用以评判中心区升级发展的城市与中心区门槛标准。

2）定量研究轴核结构中心区的业态特征

本书从业态角度展开研究，对亚洲典型轴核结构中心区内业态机构进行定量研究，研究中心区内业态总体特征、业态构成特征和业态空间特征，通过剖析轴核中心区内业态的

相互作用力和布局模式,运用矩阵层次研究法对轴核中心区内的业态簇群特征进行提炼,最后对轴核结构中心区业态模式进行归纳,解释轴核结构中心区发展的深层次规律。

3)空间定量研究高精度模型

本书通过高精度截取各个城市中心区的街区数据、用地数据、建筑数据与业态数据,建立轴核结构中心区高精度模型,并对这些模型进行量化研究与分析。在对不同发展阶段的轴核结构中心区进行量化研究与分析的基础上,从空间形态、交通系统、功能构成等方面,总结轴核结构中心区的空间模式,对其进行深度解析,构建轴核结构中心区的空间模型。

但一方面,受专业与数据获取途径的限制,本书的研究集中于城市中心区视角的整体层面;另一方面,受博士论文篇幅及个人精力限制,量化研究限制在亚洲地区的特大城市轴核结构中心区内。这些限制使得本书研究存在一些遗憾与不足,许多有价值的问题有待进一步探讨。

——发展态势的研究

无论是对发展特征的研究、空间形态的模式归纳以及业态簇群模式的归纳,本书对轴核结构中心区的研究都停留在现状研究的层面。亚洲地区目前有多个轴核结构中心区的发展已经进入了成熟阶段,如香港港岛中心区、北京朝阳中心区、首尔江北及德黑兰路中心区、上海人民广场中心区等。随着城市经济的发展、人口规模的聚集,这些成熟的轴核结构中心区未来将会向哪个方向发展?空间上是形成完全连绵的态势,还是继续呈现出网络连绵的态势?职能上是继续综合发展,还是形成专业的中心区?轴核结构又应如何突破先有框架形成一个不同结构的中心区?研究轴核结构中心区未来的发展方向以及发展态势,是轴核结构中心区的进一步研究方向之一。

——微观及宏观角度的研究

本书对轴核结构中心区的研究基本以中心区整体层面为主,在更为宏观的城市角度方面,仅对轴核结构中心区的发展门槛展开了研究,而对于轴核结构中心区的空间形态、业态、道路交通等与城市之间的关联缺乏深入细致的研究;而在更为微观的硬核、阴影区以及其他地区方面,缺少更深层次的分析。微观及宏观角度的研究,不仅需要对整个城市的空间形态、业态以及道路交通进行分析,还需要对街区内人流的活动进行分析。在未来的研究中,还需要投入大量的人力、物力及财力去进行现场调查、研究,完善轴核结构中心区微观视角认知及宏观视角认知。

——完善理论架构的研究

对轴核结构中心区的研究主要从发展特征、空间形态、业态、道路交通等方面量化角度切入,完成了对空间模式的提炼,但对于轴核结构中心区的研究内容来说,这仅仅是冰山一角,受到数据及专业的限制,从中心区发展角度,缺乏中心区动态演替的研究;从经济学角度,缺乏经济、产业等相关层面的研究;从社会学角度,缺乏动态人口、心理认知等方面的研究。在未来的研究中,需要突破本专业的限制,采用跨专业联合研究的方式,邀请感兴趣的学者对其进行共同研究,构建完善的轴核结构中心区理论架构。

——比较研究与个案研究

本书的研究涉及不同发展阶段的 20 个城市中心区案例,由于篇幅限制,本书在第 2、第 3 章采取了比较研究为主的方式,通过 20 个轴核结构中心区的规律特征分解,找出决定性的要素；在第四章采取了个案研究为主的方式，对两个典型的轴核结构中心区进行了剖析，对其业态之间的关联进行了深层解构，这两种研究互为优劣势。由于数据及篇幅限制，文章只能采取部分核心章节个案研究的模式，但总体来说，先通过比较研究取得中心区的共性特征，再对个案进行深层解剖的研究，才能更全面地把握轴核结构中心区的内涵。

——业态职能的研究

区别于传统具有空间载体的建筑职能规模，本书研究了中心区的业态职能，但在本次研究中，研究误差仍然存在。首先是并未对业态的等级进行区分，如大型银行总部和小型储蓄所，员工数量和业务量相差几百倍甚至上万倍，而在本次研究中，将这两者视为中心区内同等地位的两种业态职能进行分析研究。其次是业态的吸引力，同样忽略了业态职能之间的等级差异，采用同一标准进行衡量。这些在今后的研究中可以进行提升。

——全球视野的研究

目前轴核结构中心区空间模式的提出，主要是针对亚洲城市中心区的发展状态而提出的。那么，这一模式仅仅是针对亚洲城市中心区的亚洲模式，还是一个适应全球城市中心区发展的全球模式？由于地理、文化等多种因素的影响，从城市空间形态来看，欧美城市与亚洲城市存在较大的差异，其中心区与亚洲城市中心区也有很大的差别。那么，在亚洲之外的其他地区的中心区中，是否也存在中心区的轴核结构？如果存在，这些地区的轴核结构中心区的空间模式与亚洲城市轴核结构中心区的空间模式是否一致？这是我们在下一步的研究中亟待解决的问题之一。

5.5　结语

在经济全球化的今天，我国多个大城市的中心区已经脱离了圈核结构而进入轴核结构的发展阶段，随着科技水平的进步与经济、人口规模的增长，我国的大城市仍然处于高速发展阶段，城市中心区的发展面临比过去更多的不确定因素，对城市中心区研究的视野越来越宏观、角度越来越多元。城市中心区不断发展，需要我们不断重新认识和及时总结新的特征及规律。技术水平的不断进步，如大数据平台以及技术方法的不断应用，刺激我们从更多更新的不同角度对城市中心区进行审视。作为中心区发展的高级阶段，轴核结构中心区必须要被我们从更新、更科学、更合理的角度去分析与研究，只有如此，我们规划行业从业者才能够规划出更为合理、高效的城市中心区，为未来的城市及生活添砖加瓦。

参 考 文 献

［1］杨俊宴.亚洲城市中心区空间结构的四阶原型与演替机制研究[J].城市规划学刊,2016(2):18-27.

［2］史北祥.亚洲城市中心区极核结构现象的定量研究[D].南京:东南大学,2015.

［3］史北祥,杨俊宴.城市中心区的概念辨析及延伸探讨[J].现代城市研究,2013(11):86-92.

［4］杨俊宴,史北祥.城市中心区边界范围量化界定方法研究[J].西部人居环境学刊,2014(6):17-21.

［5］史北祥.南京城市中心区空间演替定量研究[D].南京:东南大学,2008.

［6］章飙.特大城市市级公共中心体系理论初探[D].南京:东南大学,2010.

［7］任焕蕊.基于输配导向的城市中心区道路空间研究[D].南京:东南大学,2012.

［8］张浩为.城市中心区硬核聚集与演化的空间研究[D].南京:东南大学,2012.

［9］胡昕宇.城市中心区阴影区的空间定量研究[D].南京:东南大学,2012.

［10］伍业锋.产业业态:始自零售业态的理论演进[J].产经评论,2013(3):27-38.

［11］赵尔烈,于淑华.中日零售业结构与业态的比较[J].商业时代,1996(2):39-42.

［12］夏春玉.零售业态变迁理论及其新发展[J].当代经济科学,2002,24(4):70-77.

［13］[英]埃比尼泽·霍华德.明日的田园城市[M].金经元,译.北京:商务印书馆,2011.

［14］叶锦远.国外城市空间结构理论简介[J].外国经济与管理,1985(6):22-24.

［15］杨静秋.长春市城市空间结构调控与优化对策研究[D].长春:东北师范大学,2008.

［16］Murphy R E, Jr J E V. Delimiting the CBD[J]. Economic Geography, 1954, 30(3):189-222.

［17］王虎浩.嘉兴市城市中心区空间结构变迁初析[D].杭州:浙江大学,2006.

［18］杨俊宴,史北祥.城市中心区圈核结构模式的空间增长过程研究——对南京中心区30年演替的定量分析[J].城市规划,2012(9):29-38.

［19］杨俊宴,胡昕宇.中心区圈核结构的阴影区现象研究[J].城市规划,2012(10):26-33.

［20］钮心毅,丁亮,宋小冬.基于手机数据识别上海中心城的城市空间结构[J].城市规划学刊,2014(6):61-67.

［21］王德,钟炜菁,谢栋灿,等.手机信令数据在城市建成环境评价中的应用——以上海市宝山区为例[J].城市规划学刊,2015,32(5):82-90.

［22］汪程,黄春晓,李鹏飞,等.城市中心区人群空间利用的时空特征及动因研究——

以南京市新街口地区为例[J].现代城市研究,2016(7):59-67.

[23] 赵媛,管卫华.论区域发展中的极核关系[J].数量经济技术经济研究,2002,19(2):21-23.

[24] 周曦.从"单核"到"多核"——城市发展模式初探[J].常州工学院学报,2005,18(2):58-62.

[25] 李翅.土地集约利用的城市空间发展模式[J].城市规划学刊,2006(1):49-55.

[26] 彭翀.城市化进程下中国城市群空间运行及其机理[M].南京:东南大学出版社,2011.

[27] 王非,梅洪元.城市"簇群核"的人性化环境创作[J].哈尔滨工业大学学报,2003,35(6):683-685.

[28] 邓幼萍.重庆市中心商业区空间结构优化初探[D].重庆:重庆大学,2003.

[29] 王涛.上海陆家嘴金融中心区城市地标系统初探[D].上海:同济大学,2007.

[30] Horwood E M, Boyce R R. Measurement of central business district changeandurbanhighwayimpact[J]. Highway Research Board Bulletin, 1959(221):40-55.

[31] 叶明.从"DOWNTOWN"到"CBD"——美国城市中心的演变[J].城市规划学刊,1999(1):58-63.

[32] 李沛.当代全球性城市中央商务区(CBD)规划理论初探[M].北京:中国建筑工业出版社,1999.

[33] 钱林波.城市土地利用混合程度与居民出行空间分布——以南京主城为例[J].现代城市研究,2000(3):7-10.

[34] 叶玉瑶,张虹鸥,许学强,等.面向低碳交通的城市空间结构:理论、模式与案例[J].城市规划学刊,2013(5):37-43.

[35] 杨涛.城市化进程中的南京交通发展战略与规划(下)[J].现代城市研究,2003(2):50-55.

[36] 丁公佩.城市中心区停车问题探讨——兼介绍美国一些城市中心区停车楼建设情况[J].现代城市研究,2003(6):35-40.

[37] Chen H, Zhou J B, Wu Y, et al. Modeling of road network capacity research in urban central area[J]. Applied Mechanics & Materials, 2011, 40(41):778-784.

[38] Zhang S. GIS-based analysis of the central area road network in Panyu region of Guangzhou city[C]// International Conference on Remote Sensing, Environment and Transportation Engineering. IEEE, 2011:3175-3178.

[39] 周文竹,陈阳.寻求"场所"与"交通"的平衡——南京珠江路商业街沿线步行空间改善规划研究[J].建筑与文化,2012(10):76-78.

[40] 杨俊宴,史北祥,任焕蕊.城市中心区多核结构的交通输配体系定量研究[J].东南大学学报(自然科学版),2013(6):1312-1318.

[41] Roth C, Kang S M, Batty M, et al. Long-time limit of world subway networks.[C]// Studies in complexity and cryptography. Springer-Verlag, 2011:507-539.

[42] Marcelo E, Lascano Kezi č, Pablo L. The transportation systems of Buenos Aires, Chicago and S ão Paulo: city centers, infrastructure and policy analysis[J]. Trans-

portation Research Part A：Policy & Practice，2012，46(1)：102-122.

[43] 栾滨,孙晖.发展轨道交通背景下的城市中心区的有机更新[J].城市建筑,2011(8)：32-35.

[44] Zhong C，Arisona S M，Huang X，et al. Identifying spatial structure of urban functional centers using travel survey data：a case study of Singapore[C]// ACM Sigspatial International Workshop on Computational MODELS of Place. ACM，2013：28-33.

[45] Alonso W. The historic and the structural theories of urban form：their implications for urban renewal[J]. Land Economics，1964，40(2)：227-231.

[46] Scott P. The Australian CBD[J]. Economic Geography，1959，35(4)：290-314.

[47] Davies R L. Structural models of retail distribution：analogies with settlement and urban land-use theories[J]. Transactions of the Institute of British Geographers，1972，63(57)：59-82.

[48] Christaller W. Central places in southern Germany[M]. Translated from Die Zentralen Orte in Süddeutschland，Englewood Clifs. NJ：Prentice-Hall，1966.

[49] 朱才斌,林坚.现代城市中心区功能特征与启示[J].城市发展研究,2000(4)：47-50.

[50] 陈泳.近现代苏州城市形态演化研究[J].城市规划学刊,2003(6)：62-71.

[51] 杨俊宴.城市中心区规划理论与方法[M].南京：东南大学出版社,2013.

[52] Fujita M，Krugman P R，Venables A J. The spatial economy：cities，regions，and international trade [J]. Mit Press Books，2011，86(1)：283-285.

[53] Taylor P J. Specification of the world city network[J]. Geographical Analysis，2010，33(2)：181-194.

[54] 孟祥林.大北京：波核影响下双环-掌状网络发展模式研究[J].中国发展,2008,8(2)：106-113.

[55] 王灿,王德,朱玮.基于消费者行为的商业综合体空间特征与评价——以上海五角场万达广场为例[C]//中国城市规划年会,2015.

[56] 王丽,曹有挥,刘可文,等.高铁站区产业空间分布及集聚特征——以沪宁城际高铁南京站为例[J].地理科学,2012,32(3)：301-307.

[57] 焦耀,刘望保,石恩名.基于多源POI数据下的广州市商业业态空间分布及其机理研究[J].城市观察,2015,40(6)：86-96.

[58] 吴康敏,张虹鸥,王洋,等.广州市多类型商业中心识别与空间模式[C]//海峡两岸经济地理学研讨会,2016.

[59] 庄宇,姚以倩.上海城市副中心地铁站点区域商业空间使用和步行路径[J].上海城市规划,2016(1)：85-88.

[60] 郑晓伟.基于开放数据的西安城市中心体系识别与优化[J].规划师,2017,33(1)：57-64.

[61] 管驰明.传统与新兴零售业态的竞争与共生[J].商业时代,2006(33)：20-21.

[62] 逄颖颖.我国零售业发展及业态变迁分析[D].济南：山东大学,2008.

[63] 赵弘,牛艳华.商务服务业空间分布特点及重点集聚区建设——基于北京的研

究[J]. 北京工商大学学报（社会科学版），2010,25(2):97-102.

[64] 饶小琦. 广州商务服务业成长研究[D]. 广州：暨南大学，2010.

[65] 王士君，浩飞龙，姜丽丽. 长春市大型商业网点的区位特征及其影响因素[J]. 地理学报，2015,70(6):893-905.

[66] 陈蔚珊，柳林，梁育填. 基于POI数据的广州零售商业中心热点识别与业态集聚特征分析[J]. 地理研究，2016,35(4):703-716.

[67] 李敏，叶昌东. 高密度城市的门槛标准及全球分布特征[J]. 世界地理研究，2015(1):38-45.

[68] 史宜. 城市中心体系的空间形态解析初探[D]. 南京：东南大学，2013.

[69] 赵斌. 成都城市中心区演变与优化研究[D]. 成都：西南交通大学，2009.

[70] 杨俊宴，史宜. 老城中心区的发展演替及动力机制研究——以上海市中心人民广场地区为例[J]. 城市规划学刊，2014(2):51-58.

[71] 王才强，沙永杰，魏娟娟. 新加坡的城市规划与发展[J]. 上海城市规划，2012(3):136-143

[72] 王德，刘锴，耿慧志. 沪宁杭地区城市一日交流圈的划分与研究[J]. 城市规划学刊，2001(5):38-44.

[73] 张浩为. 城市中心区硬核聚集与演化的空间研究[D]. 南京：东南大学，2012.

[74] 张松林，张昆. 全局空间自相关Moran指数和G系数对比研究[J]. 中山大学学报（自然科学版），2007,46(4):93-97.

[75] 沈金灿. 试论容积率的内涵及制定原则[J]. 科技创新导报，2009(19):46-47.

[76] 许智东. 基于控规整合的开发强度控制方法研究[D]. 广州：华南理工大学，2012.

[77] 樊文平，石忆邵，车建仁，等. 基于GIS与空间句法的道路网结构对城市商业中心布局的影响[J]. 中山大学学报（自然科学版），2011,50(3):112-117.

[78] 潘海啸，任春洋. 轨道交通与城市公共活动中心体系的空间耦合关系——以上海市为例[J]. 城市规划学刊，2005(4):80-86.

[79] 杨扬，杨俊宴. 基于离散分析的中心区服务职能用地布局初探——以上海人民广场中心区为例[C]//中国城市规划年会，2010.

[80] 王丽，曹有挥，刘可文，等. 高铁站区产业空间分布及集聚特征——以沪宁城际高铁南京站为例[J]. 地理科学，2012,32(3):301-307.

[81] 刘贵文，曹健宁. 城市综合体业态选择及组合比例[J]. 城市问题，2010(5):41-45.

[82] [美]Leon G S，Leslie L K，希夫曼，等. 消费者行为学[M]. 北京：清华大学出版社，2009.

[83] 宋思根. 零售形象、业态惠顾意向与消费者决策型态关系的实证研究[J]. 经济科学，2006(4):114-124.

[84] 王德，农耘之，朱玮. 王府井大街的消费者行为与商业空间结构研究[J]. 城市规划2011,35(7):43-48.

[85] 魏胜. 购物中心顾客波及惠顾研究[D]. 长春：吉林大学，2013.

[86] 张京祥，庄林德. 大都市阴影区演化机理及对策研究[J]. 南京大学学报（自然科学版），2000,36(6):687-692.

［87］孙施文.城市空间运行机制研究的方法论[J].城市规划学刊,1992(6):22-27.

［88］石崧.城市空间结构演变的动力机制分析[J].城市规划学刊,2004(1):50-52.

［89］周振华.现代服务业发展研究[M],上海:上海社会科学院出版社,2005:252.

［90］李燕平.中国学前教育百科全书:心理发展卷[M],沈阳:沈阳出版社,1995:273-274.

［91］[荷]雷姆·库哈斯.癫狂的纽约:给曼哈顿补写的宣言[M].唐克扬译.上海:生活·读书·新知三联书店,2015.

［92］Griffin D W,Preston R E. A restatement of the "transition zone" concept[J]. Annals of the Association of American Geographers,2015,56(2):339-350.

［93］中国国家统计局.GB/T 4754—2002 国民经济行业分类[S].北京:中国标准出版社,2002.

［94］苏宁.世界城市理论综述与启示[J].上海商学院学报(财经版),2010(2):71-76.

［95］孙璐.中国零售业态结构优化研究[D].哈尔滨:东北林业大学,2005.

［96］刘念雄.购物中心开发、设计与管理[M].北京:中国建筑工业出版社,2001.

［97］陈嘉伟.区域型购物中心业态组合研究[D].济南:山东师范大学,2014.

附　录

附录一：中心区及其结构构成要素

　　城市中心区是城市结构中的一个特定地域概念，由于各研究者研究角度及研究方法的不同，对于中心区这一概念一直在探索与深化阶段，没有形成定论，这也导致了对中心区概念理解的多义性与模糊性。因此，在研究伊始应对本书研究的城市中心区及其相关概念进行界定，明确研究范围及对象。

1) 中心区的形成

　　早期的社会统治以神权及王权为核心，城市建设也围绕其展开，使得代表神权及王权的神庙和宫殿等成为早期城市的中心。《周礼·考工记》中记载："匠人营国，方九里，旁三门。国中九经九纬，经涂九轨。左祖右社，面朝后市，市朝一夫。"城市的中心是宫城和祖庙，"市"处于次要的位置。到了封建社会中后期，商品交换日益发展，各地的贸易日渐频繁，市场往往形成于交通运输便利的滨河码头等地区，地位逐渐突出，城市的布局形态也趋于多元化。例如，六朝以后南京秦淮河两岸发展成商品聚集、交换地区，直至民国时期夫子庙地区一直是南京的商业活动中心。

　　在西方，芒福德的《城市发展史》提出：城市的整体是由圣祠、城堡、村庄、作坊和市场一起形成的。圣祠代表的宗教礼仪功能和城堡代表的王权统治功能，是诸多功能中首要考虑的，所以被放置在城市的显要位置（如中心、高地等）或被城墙包围起来。而到了希腊化时期以后，早期民主制度的发展使城市广场取代卫城和庙宇成为城市的中心。广场往往在两条主要道路的交叉点上，周围有商店、议事厅和杂耍场等。城市广场普遍沿一面或几面设置敞廊，开间一致，形象完整，如阿索斯（Assos）城的中心广场等。

　　至18世纪下半叶，科技革命及工业革命改变了社会的生活及经济结构，城市经济空间繁荣，城市规模持续扩大，城市的空间结构也发生了根本性变化。城市的重心由神权与王权向经济发展转变，相应地城市中心区也发生了根本性变革：①中心区职能多样化。中心区除了大量的商业服务设施外，商务办公、金融等设施也开始向中心区集聚。②中心区规模持续扩大。随着工业化、城市化的进程及人口的集聚，城市经济迅速发展，对各类公共服务设施的需求也在不断增加，促使中心区建设规模、建设强度不断增加，中心区范围也在不断扩大。虽然中心区职能与形态发生了根本性变化，但中心区始终是城市经济、生活等各方面运转的决定力量，也是在这个时期，现代意义上的城市中心区开始形成。

2) 中心区的概念辨析

　　对于中心区这一概念，工具词典及专业词典都有相应的阐述，对《中国大百科全书》（建筑、园林、城市规划卷)、《土木建筑工程词典》等相关词典定义进行综合归纳,可以相对整体地看出城市中心区的概念特征。

表 1　相关词典文献释义表

字词名目	文献名称	阐述角度	主要观点
公共	《辞海》	辐射范围 服务对象	从定义上指出,城市中心区作为城市核心,其辐射范围为整个城市,服务对象为全体市民
	《英汉辞海》	社会属性 服务对象	从社会服务的角度强调中心区的开放性与可进入性,同时也说明了其服务对象为全体市民
中心	《辞海》	空间区位 等级地位	城市中心在进行空间区位选择时,会使当地靠近城市几何中心;同时其在整个城市内部处于主导地位,起到主干作用
城市中心	《中国大百科全书》	社会活动	强调城市中心的公共性和开放性,同时也指明了各中心区之间存在规模和服务半径等方面的等级差异
	《建筑大辞典》	物质空间形态	强调了中心区在空间、尺度以及设施方面与城市其他区域的差异,也着重阐述了各中心区间的功能错位发展形成中心体系
	《土木建筑工程词典》	功能业态	强调中心区功能的公众性和混合性,明确中心区的核心地位和交通支撑的重要性

资料来源:杨俊宴.城市中心区规划理论与方法[M].南京:东南大学出版社,2013.

相关研究人员根据其自身研究方向及内容的不同,也有不同的阐述。

早在 1920 年代,美国社会学家伯吉斯以芝加哥为蓝本概括出城市宏观空间结构为同心圆圈层模式,认为:城市空间结构可以分成 5 个圈层,而城市中心为城市地理及功能的核心区域。

二战后至 1970 年代,从迪肯森的三地带理论,到埃里克森的折衷理论,城市中心区都被界定为以商务功能为主体的城市地域中心。Horwood 和 Boyee[①] 提出了城市中心区的"核心—外围"结构理论,认为中心区是由核心部分和支持中心的外围组织结构构成。

早期的研究偏向于从空间结构的层面对中心区进行解读,而近年来的研究则更为综合、全面,从经济、社会等诸多层面进行解读。

从中心区的功能构成层面的解读认为:城市中心区应具有城市行政管理和公共集会的行政活动功能,具有金融财贸和商业服务业等对城市提供最集中、最高端服务的功能,同时也提供各种工艺劳动的优质服务[②],是技艺竞会、交流博览的场所。

从城市空间和职能角度的分析认为:城市中心区是一个综合的概念,是城市结构的核心地区和城市功能的重要组成部分,是城市公共建筑和第三产业的集中地,为城市及城市所在区域集中提供经济、政治、文化、社会等活动设施和服务空间,并在空间特征上有别于城市其他地区[③]。

①　Horwood E M, Boyee R R. Measurement of central business district Chang and urban highway impact [J]. Highway Research Board Bulletin, 1959(221): 40-55.

②　亢亮.城市中心规划设计[M].北京:中国建筑工业出版社,1991.

③　吴明伟,段进."千峰环野立,一水抱城流":桂林城市中心区环城水系规划设计[J].城市规划,1999(12):44-47.

从社会公共活动角度的解释则认为:城市中心区是地区经济和社会生活的中心,人们在此聚集,从事生产、交易、服务、会议、交换信息和思想活动。它是市民和文化的中心,是社会群体存在的象征,具有易通达、用途多样化、用途集中和稠密、组织结构等特征[①]。

3) 中心区概念内涵

准确界定出中心区的概念内涵与类型是一件十分复杂的工作。事实上,正由于中心区功能单元的多样性和划分标准的混乱,并不存在一个唯一的概念定义标准,但是可以发现其中诸多的相似理解及认识:就其空间显性因素而言,中心区主要指各类公共服务设施的集聚区。历史上,随着城市各职能用地的集聚效益导致城市空间的地域分化,其中的商业、办公、行政、文化等公共服务职能在市场经济的推动下相对集聚,这些集聚的物质空间形态逐渐形成城市中心区。同时,尽管我们强调研究对象为物质空间形态,但我们不能避开非物质的产业支撑与公共文化休闲活动等隐性要素。因为自古以来,这种产业经济与社会文化上的支撑一直影响着城市中心区的形成与发展。当城市服务产业高度发达,经济外向度高,核心地区提供的公共活动和社会交往空间达到一定的聚集规模,且获得市民的普遍认同时,便可形成完整意义上的中心区。

因此,从城市整体功能结构的演变过程来看,本文对城市中心区作如下的定义理解:城市中心区是位于城市功能结构的核心地带,以高度集聚的公共设施及街道交通为空间载体,以特色鲜明的公共建筑和开放空间为景观形象,以种类齐全完善的服务产业和公共活动为经营内容,凝聚着市民心理认同的物质空间形态。

城市中心区的内涵特征可进一步表现为以下三个方面:

表2　中心区的内涵特征

属性	特征	内涵特征描述
经济属性	高昂的土地价格	土地价格是市场机制作用于中心区结构的最直接方式,"地价-承租能力"的相互作用决定了中心区整体结构格局及演替过程。级差地租的客观存在,影响了社会经济的各个方面对土地的需求,并进而导致土地价格的空间差异,而中心区所处城市空间区位的优越性决定了其高地价水平
	高盈利水平的产业	各城市功能均存在对中心区位的需求,但由于中心区土地的稀缺性和内部可达性的差异,地位高低各异,市场竞争使得承租能力较高的产业部门占据了地价较高的街区。这种承租能力上的差异,在空间上表现为拥有高盈利水平的机构占据了中心区内的中心位置
	激烈的市场竞争	由于集聚效应的影响,中心区各服务职能机构都密集在同一区域内以产生更好的规模效应,集聚同时也带来了同行业机构间的竞争。竞争不仅表现在对市场的争夺上,还给同一区域内行业提供了比较标尺。集聚增强了激烈竞争的同时,也增强了中心区作为产业聚集区的整体竞争力

---

① [美]鲍米尔.城市中心规划设计[M].冯洋,译.沈阳:辽宁科学技术出版社,2007.

续表 2

属性	特征	内涵特征描述
空间属性	最高的交通可达性	在趋于多元化的城市交通体系中,中心区占据了快速道路网、公共交通系统、步行系统等交通服务的最佳区域,同时中心区内外交通的连接在三维空间展开,形成便捷的核心交通网络,以提供商务活动者于单位时间内最高的办事通达机会。对城市整体而言中心区具备优越的综合可达性,这是公共活动运行的普遍要求,也是中心区产生的根源
	高聚集度的公共服务设施	城市用地的利用强度是非均质的,单位用地面积出现最高建筑容量的情况以地价水平为基础,以功能活动的需求为条件。在城市演进的过程中,商业、商务等公共活动与这些条件趋于吻合,高强度的开发成为稀释高地价、提高地租承受能力的必然选择,加上公共活动本身的聚集要求,逐渐导致了中心区建筑空间的密集化,并向周围扩展成为连续的地区
社会属性	特色的空间景观形象	中心区是一个城市最具标识性的地区,中心区内公共建筑的密集化,在城市空间景观上产生标志性影响。中心区内拥有独特造型的标志性建筑和高低起伏的天际轮廓线为中心区提供了其特有的可识别性。这些标志性的建筑和建筑群不仅满足了市民公共活动的需求,同时也满足了其精神层面的需求,更能体现城市的魅力和内涵
	密集的公共活动	各类公共服务设施的完善是中心区其中的一个特征,高度聚集的综合化设施带来了商务办公、商业消费、娱乐休闲等密集的公共活动。这种密集的活动不仅体现在服务种类的多样化上,同时也体现在活动时间的连续性上,各职能的高度混合,为中心区内活动的全天候性提供了可能性
	文化心理认同	中心区的形成需要有漫长的时间积累,在这一过程中,中心区成为深厚历史文化的空间载体,是公众产生心理认同感的特定区域,传承着城市的文脉和公众的集体记忆,而市民的心理认同感也是产生中心区吸聚力的一个重要原因

资料来源:杨俊宴.城市中心区规划理论与方法[M].南京:东南大学出版社,2013.

附录二:本书相关专业名词解释

1) 中心区

从城市整体结构演变过程来看,城市中心区是一个综合的概念,是城市结构的核心地区和城市功能的重要组成部分,是城市公共建筑和第三产业的集中地,为城市和城市所在区域集中提供经济、政治、文化社会等活动设施和服务空间,并在空间上有别于城市其他地区。它可能包括城市的主要零售中心、商务中心、文化中心、行政中心、信息中心等,集中体现城市的社会经济发展水平和发展形态,承担经济运作和管理功能。

2) 硬核

城市中心区硬核为中心区内公共职能设施的高度聚集区,同时也是中心区内商业和商务等活动的最高频率发生点。在用地结构上,商业、商务等中心职能用地占据了硬核的绝大部分比重;在建筑形体上,硬核内有高档综合商场、高层办公楼等大型公共建筑,对人流、信息流和资金流有着极大的吸引力;在城市景观上,硬核内有活动集聚的标志性步行街、广场或雕塑构筑物,给人留下深刻印象;在心理感受上,市民通常能指出硬核所在区域及大概范围,硬核在服务功能和行为特征上给人以较强的识别性。硬核集中反映了中心区功能、景观等方面的特征,是中心区和城市的名片。

3) 主核

在圈核结构的中心区内,硬核又可进一步分为主核和亚核。主核指的是中心区内公共职能设施最聚集的核心区域,发育较早,功能较完善,同时也是人们普遍所认同的中心区核点所在之处。

4) 亚核

亚核指的是随着服务产业的发展和中心区规模结构的拓展,逐渐在远离主核的地区(但仍在中心区内)发展形成的公共设施聚集区,对主核的职能起到疏解作用,是其有利补充。

5) 阴影区

阴影区是指城市中心区内部临近硬核的空间,相应的,其发展优越性并未因为临近硬核而体现,相反,这类空间的公共设施的密度和强度急剧衰减,服务业态低档,建筑形态老旧且零散,与近在咫尺的硬核公共设施建筑形成鲜明对比。这种中心区的两极分化导致特大城市中心区整体发展不均衡的情况,也推动了圈核结构的形成,促使中心区由单核简单结构走向多核复杂化结构。

6) 输配体系

输配体系是由城市中心区内的各级道路(道—街—巷)混合构成,联通中心区内各种职能,承担着人流、车流、物流的输出与配送,串联起中心区内主核、亚核、阴影区及边缘区等不同构成,形成整个中心区的道路交通框架,带动复杂中心区的发展与提升。

7）临街面比重①

临街面比重是发挥城市中心区经济效益的重要指标，指数 P 反映了一个中心区内道路网络的经济效率。

临街面比重定义：
$$P = \frac{(R+S) \times 2}{A}$$

式中：P——中心区内临街面长度指数（km/km²）；

R——中心区内道路等级中"道"的长度（km）；

S——中心区内道路等级中"街"的长度（km）；

A——中心区内道路面积（km²）。

中心区经济效率 P 值越高，表明道路系统中临街面越长，界面效益越好，则发生商业活动的概率越大，道路两侧的经营效果更好。在城市中心区内，越多沿交通路网展开街区界面意味着越多的服务经营机会。当更少的道路面积承担了更多的临界面时，则代表了道路高效率利用对中心区经济效益的直接贡献。

8）道路荷载②

道路荷载表达的是中心区道路的负荷量，反映了中心区的容积率和覆盖率。

道路荷载定义：
$$H = \frac{N}{A}$$

式中：H——中心区内道路的荷载效率指数（m²/km²）；

N——中心区内总建筑面积（万 m²）；

A——中心区内道路面积（km²）。

路网的荷载效率 H 反映了一个中心区内道路网络的负荷等级，H 值越高，表明路网内道路的负荷量越大，建筑的积聚程度越高，中心职能的建筑形态越健全，体现了城市中心区道路交通的运行效率越好，贡献效率越高。

附录三：中心区空间界定技术方法

随着城市规划理解的加深及技术的发展，城市规划的诸项研究已经出现了明显的国际化趋势及定量研究的倾向。这就需要建立一个统一的标准及研究范畴，以便与国际进行接轨，并有利于各项数据指标的定量计算与分析，而这也是目前城市中心区研究的薄弱环节。同时，作为城市产业发展的核心区域，产业与空间的联动分析也成为一个主要的研究方法，也需要有具体的界定及范围来进行数据的统计及分析。而从城市规划角度研究中心区，首先要分析它的功能活动、空间结构及其支撑环境等方面。这些工作要求必须建立一个可比较的概念标准范畴来协助研究，以保证尽可能地取得空间比较和深入分析的平台依托。因此，为了适应中心区研究发展的新要求，体现城市规划定量研究的新趋势，应首先对中心区研究范围进行界定。

1）中心区空间界定的探讨

城市中心区具有特定的形态与功能，其空间肌理也与城市其余地区有较为明显的区别，这也成为界定城市中心区的突破口，常见的方法可归纳为以下几个方面：

——以空间肌理为界定标准。这一方式多是借助遥感及计算机技术，在大尺度地形图资料中识别出中心区范围。Patrick Lüscher 和 Robert Weibel[1] 针对英国城市，利用相关经验，从大尺度地形图中自动识别城市中心区，识别主要从中心区整体形态特征、标志要素及相关功能出现频率等方面展开。Taubenböck[2] 等则从中央商务区的形态特征出发，通过三维数字表面模型和多光谱影像组合的方式检测和界定城市中央商务区。这一方法较为适宜在较大的尺度中确定城市中心区的数量及位置，但难以对中心区边界进行精确界定。此外，还有学者以地块的平均高度来确定中心区边界，但地块的平均高度分界点设定主观性较大，且容易忽视建筑功能，有可能把大片高层居住街区也划入中心区范围内，难以实际应用。

——以路网密度为界定标准。这一方法以较易获得的城市道路数据对中心区边界进行界定，但受城市道路系统结构影响，需要根据城市道路系统进行调整。张青年和卢雪球[3]从栅格密度及内核密度两个方面对广州市道路密度进行分级，并根据道路系统调整道路密度最高区域的边界，以此作为广州市中心区边界。但该方法缺乏对中心区功能影响的考虑，道路密度等级的划分主观性较强，对一些道路密度较为均质的中小城市可行性不高。

——以人口密度为界定标准。这一方法认为城市中心区也是就业中心，以就业密度作为城市中心区的界定标准。典型的做法如 Redfearn[4] 针对美国城市普遍的多中心格局，以

① Lüscher P，Weibel R. Exploiting empirical knowledge for automatic delineation of city centres from large-scale to pographic databases [J]. Computers Environment & Urban Systems，2013，37(1)：18-34.

② Esch T，Taubenböck H，Tal A，et al. Exploiting earth observation in sustainable urban planning and mangement — The GEOURBAN project [C]//Jurse. DLR，2013.

③ Qingnian Z，Xueqiu L. Delimitating central areas of cities based on road — dencity：a case study of Guangzhou City [J]. Proceedings of SPIE — The International Society for Optical Engineering 2009，7146.

④ Redfearn C L. The topography of metropolitan employment：identifying centers of employment in a Polycentric urban area [J]. Journal of Urban Economics，2007，61(3)：0-541.

洛杉矶为例,用就业密度的方法识别城市的多个中心区。Leslie[1] 则从就业密度及企业密度两个方面出发,通过内核平滑模型计算了美国凤凰城的多中心区范围。Krueger[2] 通过就业、通勤模式、土地利用指标,利用公共设施簇群的空间叠加分析划定中心区范围,区分中心区的性质,并分析中心区的结构及发展趋势。这类方法难以区分劳动密集型企业集中区与城市中心区,且难以对中心区边界进行精确界定。同时,也有学者提出以街区为单元,利用人口密度来确定城市中心区的边界,但存在分界点设定主观化的问题,也有可能与劳动密集型企业、高校等人口稠密区发生混淆,实际中较难使用。

——以心理认知为界定标准。该方法认为城市中心区不可能被明确界定,其范围仅固定在人们的想象中,应根据城市管理者、城市规划者或是当地市民的心理认同来确定。以这一理论为出发点,将城市中心区地图交给专业人士及当地居民,询问每个人观念中的城市中心区界限,将结果平均即形成一条边界。但是这种方法界定出的结果是从人的心理认知出发,带有较强的主观意愿,根据调查对象的不同,中心区边界的随机性也较大,且缺乏足够的科学依据,可能存在多解的结果,难以使用。

——以功能形态为界定标准。该方法认为中心区应是公共职能的集中区域及城市高强度的建设区域,因此从这两个方面出发对中心区进行界定。这一方法最早源自 Murphy 及 Vance 对中央商务区的研究,他们认为中心商务区包括两个关键的属性:① 商务活动是中心商务区的功能本质;② 商务空间的聚集程度是鉴定中心商务区范围的综合尺度。在此基础上提出 Murphy 指数概念和计算方法:

$$中心商务高度指数 \; CBHI = \frac{商务类功能总建筑面积}{建筑基底面积}$$

$$中心商务密度指数 \; CBII = \frac{商务类功能总建筑面积}{总建筑面积} \times 100\%$$

Murphy 及 Vance 提出的中心商务区的量化测定方法被称为"Murphy 指数界定法",它充分体现了中心商务区在容量方面的特征。他们在对当时美国 9 个中等城市(人口 10~23 万)研究的基础上,提出以街区为统计单位,达到 $CBII \geqslant 50\%$,$CBHI \geqslant 1$ 的连续街区为中心商务区范围。Murphy 指数界定法从 1950 年代发展起来,是至今提出过的中心商务区量化界定方法中最可行、最实际的方法,也是目前使用最广、最能被广泛接受的方法,使用它能得出真正具有合理可比性的中心商务区边界。

但由于城市实际情况的变化,导致自 Murphy 以来一直沿用至今的 CBHI 和 CBII 两大指标的实用性也随之变异和波动:一是 CBD 已经逐渐演化为现代的专指商务中心区概念,而城市中心区应当包含商业和商务各类公共服务设施,其指标内涵需要进一步调整。二是在当代中国中心区的高强度开发中,大批高层、超高层建筑取代了原有的多层建筑,使中心区的高度指数(CBHI)成倍上升。随着中心区的不断"长高",实际测定的 CBHI 几乎没有在 2 以下,而大多在 4 以上,因此原来关于 $CBHI \geqslant 1$ 的界定尽管依然有效,但结果很不精确,需予以修正;而与之相反的是,CBII 是指商贸用房所占的百分比,只与各种职能的空间结构

① Huallacháin, Breandán Ó, Leslie T F. Producer services in the urban core and suburbs of Pheenix, Arizona[J]. Urban Studies, 2007 44(8):1581-1601.

② Krueger L. Crime and Planning:Building Socially Sustainable Communities[J]. Boca Raton:CRC Press,2012.

相关，而与建筑物的整体高度无关，因此 CBII 依然能精确反映中心区的商贸聚集程度。

2）公共服务设施指数法①

在前人研究的基础上，杨俊宴以 Murphy 指数界定法为借鉴，提出"公共服务设施指数法"，用于测算城市中心区的空间边界，提出能够反映中心区功能本质并能够被客观精确进行度量的数据指标。根据我国典型城市现状调研结果，确定城市中心区公共服务设施指数的组合分界值；收集原始数据，据此绘制测算指数空间分布图，从而划定城市中心区的空间边界，具体界定方法如下（图 1）：

——确定城市中心区空间边界的测算指标

根据调研结果和理论分析，可以看出，城市中心区具有两个关键的属性：①公共服务机构（商贸设施）是中心区的功能本质；②公共服务设施空间的聚集程度是鉴定中心区范围的综合尺度。在此基础上提出公共服务设施指数概念和计算方法，能够充分体现中心区的容量特征。公共服务设施指数是对中心区进行量化分析的主要指数，依据土地使用特征，提出公共服务设施高度指数 PSFHI（Public Service Facilities Height Index）、公共服务设施密度指数 PSFII（Public Service Facilities Intensity Index）分别为：

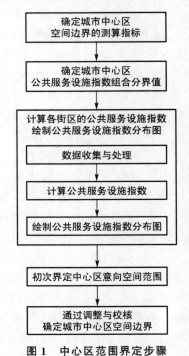

图 1　中心区范围界定步骤

资料来源：杨俊宴. 城市中心区规划理论与方法[M]. 南京：东南大学出版社，2013.

$$PSFHI = \frac{被调查用地公共服务设施的建筑面积}{被调查用地的用地面积} \times 100\%$$

$$PSFHII = \frac{被调查用地公共服务设施的建筑面积}{被调查用地的总建筑面积} \times 100\%$$

——确定城市中心区公共服务设施指数的组合分界值

将城市中心区公共服务设施指数划分为高指数、中指数、低指数三种等级，以单个街区、连续街区为测算单元，所述连续街区是指在空间上延续的两个及两个以上单个街区的总和。对城市中心区公共服务设施指数大小的累计比例分布值进行分析，以确定非中心区街区、中心区街区两种城市中心区公共服务设施指数的组合分界值为中心区范围指数值（PSFII＋PSFHI）C。中心区范围指数值（PSFII＋PSFHI）C＝[（50）＋（2）]，即公共服务设施密度指数 PSFII 的分界值为 50％，公共服务设施高度指数 PSFHI 的分界值为 2。大于此组合指数值的连续街区为中心区空间范围，小于此指数的连续街区为非中心区空间范围。

——计算各街区的公共服务设施指数并绘制公共服务设施指数分布图

以单个街区为测算单元，计算各单个街区的公共服务设施高度指数 PSFHI 和公共服务设施密度指数 PSFII，并标注在用地平面图上，然后根据数值大小定义该街区的颜色，得到公共服务设施高度指数 PSFHI 和公共服务设施密度指数 PSFII 的分布图。

---

① 资料来源：杨俊宴. 城市中心区规划理论与方法[M]. 南京：东南大学出版社，2013.

　　——初次界定城市中心区意向空间范围

　　在各单个街区公共服务设施指数分布图的基础上,结合峰值地价法、功能单元法和交通流量分析法这三个界定参数,叠合标志性公共建筑的分布,首先选取所有公共服务设施指数大于或等于中心区范围指数值(PSFII+PSFHI)C的单个街区、所有包含标志性公共建筑的单个街区;在这些街区的总和中,勾勒出空间连续的若干街区,作为该城市中心区的意向范围界线。

　　——通过调整与校核来确定城市中心区空间边界

　　在中心区意向范围界线内,计算该中心区意向范围内整体的 PSFHI 和 PSFII 指数,这里的中心区范围是指中心区意向范围。将各街区的公共服务设施建筑面积、总建筑面积、总用地面积分别累加,计算该中心区范围内整体的 PSFHI 和 PSFII 指数,并与中心区范围指数值(PSFII+PSFHI)C 作对比。通常会存在一定差距,如果整体指数大于中心区范围指数值(PSFII+PSFHI)C,则说明中心区的意向范围偏小;反之则说明中心区的意向范围偏大。

　　根据整体指数与中心区范围指数值(PSFII+PSFHI)C 之间的差距,调整空间范围。如果整体指数偏大,则适当扩大其空间范围;如果整体指数偏小,则适当缩小其空间范围。在调整过程中,以面积最大的标志性公共建筑为圆心,进行均匀扩大或缩小。再次统计的中心区范围内仍然不满足(PSFII+PSFHI)C 的组合值,可以继续调整范围。通过若干次调整和校核,逐步使中心区范围内整体的公共服务设施指数渐渐达到(PSFII+PSFHI)C。

　　该界定技术路线综合了西方中心区范围界定的成熟方法,借鉴了国内多次中心区范围界定的经验教训,采用完全相同的调查标准、统计精度和计算方法,以保证量化界定出来的结果具有相当的精确度和可比性。在以上研究的基础上,利用城市中心区边界范围量化界定方法,对国内外部分城市中心区展开研究。经不同国家、地区中心区的实际检验,该方法具有较强的可操作性,并能较为准确地反映出中心区的范围。

附录四:中心区空间结构的发展阶段

在中心区空间形态的演替过程中,硬核成为增长极,与各级轴线共同构建起中心区的空间结构框架。不同等级规模与形态的中心区内,硬核数量、硬核形态、硬核等级、硬核布局等虽然都有所不同,但硬核间的空间结构则表现出一定的相似性特征。在此基础上,根据点轴增长的空间逻辑及硬核间的空间结构特征,可将中心区结构归纳为四种原型——单核结构、圈核结构、轴核结构与极核结构,它们也基本涵盖了中心区空间结构发展的不同阶段,反映其空间结构的增长逻辑。

1)单核结构

单核结构是中心区发展的初级形态,主要的公共服务设施在一定的空间范畴内集聚,形成硬核,而该硬核也是中心区内唯一的增长极。在空间非均衡性的影响下,硬核往往在中心区内道路交通可达性最高的区域形成集聚,多为城市或地区轴线型主干路交汇处,而其余一些相对分散的公共服务设施则主要沿轴线型主干路分布。单核结构中心区的形成,是一种典型的集聚效应,服务产业在空间活动上的大量集中带来巨大的集聚效应,城市中心区内的服务行业呈现高度的专业化和市场细分,降低服务成本的同时产生各种额外的经济效益,其外在经济性表现十分突出,这主要表现在共享公共资源、获得专业人才、聚合服务市场、交流技术信息、产生范围经济、发挥创新效应几个方面。

大量相同、相近、相关联的服务业机构集聚在一起,进行既合作又竞争的新型行业关系,使它们在为城市提供价值服务环节中能够充分享用城市中心区集聚的外部效益,整个服务产业所拥有的竞争优势和总体价值得到最大化的体现,这种集聚效应使得服务产业在市场的推动下向城市中心区集聚。

单核结构是中心区发展的最初等级阶段原型。城市中心区的各种服务设施聚集于同一优势地段,中间形成一个硬核,其聚集程度从硬核往外围呈现出递减的趋势,阴影区呈环状围绕在硬核外围。单核结构是城市中心区早期发展阶段和必经之路,通常位于城市主要轴线道路

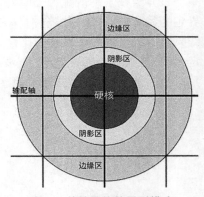

图1 单核结构的原型模式

交汇处的市口地区。由于中心区尺度较小,主要依托道路输配轴解决交通问题,输配环多形成于中心区边缘位置,主要功能为疏解过境交通(图1)。

2)圈核结构

单核结构的发展有一定的上限,大量公共服务设施在单一地区大量聚集也会产生很多问题,主要是由于经济活动在空间上的过度集中而引起的额外成本费用或收益效用损失,包括因地价而引起的要素成本上升、因空间而引起的交通拥挤、因集中而引起的负外部性、因混合而引起的业态相互干扰等问题。这些负效应积累到一定阶段,导致服务机构的空间溢出,向硬核周边的各个适宜地区自行聚集,逐步形成圈核结构。

可见,中心区圈核结构的形成本质上是两种力量的相互作用:一方面集聚效应作为空

间集聚的吸引力继续推动着硬核的集中并形成核心圈层；另一方面扩散效应作为排斥力促使城市中心区的功能分化升级，导致了大量服务机构向硬核外围分散，在各自行业合适的区位重新聚集和重组，在沿输配环和输配轴的交通便捷地区逐步形成中心区的亚核节点；同时，在紧邻核心圈的地区，由于步行活动范围和品牌关注力的限制导致其集聚效应的优势因素急剧降低，而交通压力、高地价等负面因素缓慢降低依然存在巨大影响，出现阶段地区入驻门槛和运营成本高、品牌效益和联动效益低的负性价比状况，这种俗称"灯下黑"的现象使高端服务产业在此很难集聚，长期积累形成过渡"阴影区"，并最终在中心区内部产生亚核圈层和过渡阴影圈层。

圈核结构的主核多位于中心区核心位置，而亚核则以基本相同的距离环绕主核布局，形成圈层式结构特征（图2）。圈核结构模式由主核层、阴影区层、亚核层和辅助层4个连续的圈层构成，并通过交通输配体系相连。主核圈层内为中心区主硬核，集中了中心区的主要功能与大型重要设施、标志建筑等；阴影圈层处于主核圈层与亚核圈层之间，环绕主核圈层分布，没有自身特定功能形态，而是随中心区的发展表现为过渡性特征；亚核圈层因其距主核圈层已达一定距离，受主核圈层阴影效应影响较弱，而各类因地价、空间条件限制等因素无法进入主核圈层，而又需要依托中心区良好的人口、交通、设施等条

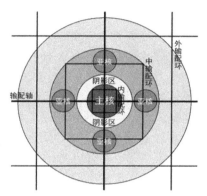

图 2　圈核结构的原型模式

件的功能，均在该圈层形成了聚集，并根据各自需求的不同，在不同位置形成了多个亚核；辅助圈层处于四大圈层最外围，主要职能是完善中心区功能构成，辅助中心区的正常发展，是中心区进一步发展的腹地；中心区交通输配系统以输配环及输配轴为依托，以多层次的环路为基础，形成了中心区完善的道路交通体系。

3）轴核结构

随着公共服务设施的进一步增长，扩散效应的作用力越来越大，中心区公共服务设施分散在更大的空间尺度内，并发展成为多个硬核增长极。同时，轨道与路面交通方式的混合化增强了轴线带动力；土地价值整体攀升引起了区位错位化差异；业态衍生升级增强了服务机构集聚的外部性。在此基础上，随着亚核的不断成长及新增长极的不断出现，主亚核的差异渐渐缩小，中心区的结构形态也发生了根本性变化，服务设施沿轴线连续发展，形成轴核相连的格局。

随着各个硬核增长极的不断发展，硬核之间的等级差异逐渐弱化，这其中交通方式的改善起到了至关重要的作用。而在各增长极的发展过程中，特别是亚核的发展过程中，集聚效应成为主导力，使中心区的服务产业呈现出持续的集聚发展趋势。在点的集聚达到一定程度后，服务产业的进一步集聚很难形成超出现有结构的跳跃式发展，而是在不同的增长极之间，依托良好的轴线条件，线型延展，并最终连接各增长极，形成服务产业的连绵集聚的形态。在这一过程中，阴影区由于业态低端、风貌老旧，处于增长极之间却拥有较低的低价而成为吸引服务产业集聚的重要因素，并通过城市更新的手段实现服务产业及城市面貌的升级，这也是新增的服务产业在硬核之间形成集聚的重要因素。在此基础上，阴影区被服务

产业的集聚轴线所打断，呈破碎的斑块状嵌于硬核连绵区之间。这就形成了轴核结构的三个重要特征，即：硬核轴线连绵化、阴影区破碎斑块化以及输配体系道路轨道混合化。

在高度成熟发达的城市中心，服务功能由于巨大的规模和复杂的业态联动发展，用地性质方面的错位逐步混同，服务产业在空间上呈现连绵状分布，道路依托多轴线逐步形成纵横交错的网络，最终形成轴核空间模式。轴核结构是指在城市中心地区，由于庞大的规模和复杂的业态结构，服务设施硬核沿干线蔓延成轴并带状连绵聚集，硬核间等级关系逐渐消失，呈扁平化趋势，同时纵横干道组成的交通输配体系由向心轴环体系向网络体系发展。而由于中心区的高度发展，阴影区被打破，呈斑块状或碎片状嵌于轴核网络之中（图3）。轴核结构主要存在于一些特大城市的主城区，是中心区发展的高级阶段。

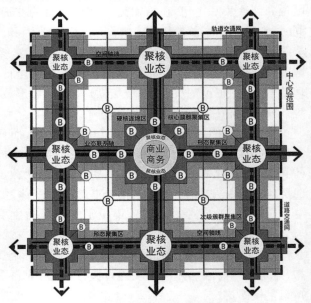

图3　轴核结构的原型模式

4）极核结构①

在一些经济高度发达的国际城市内，规模庞大的高端服务产业高密度集中，在外部空间集聚的带动力及内部产业升级的推动力作用下，中心区的空间结构形态进一步发生了巨大变化，形成了极核结构。极核结构是中心区发展的第四等级阶段原型。极核结构的中心区规模尺度更大，集聚力度更强，结构形态也更为复杂，整体上形成了"双圈层、多簇群、立体化、网络化"的结构形态（图4）。

生产型服务功能是极核结构中心区的核心职能，在硬核连绵区内集聚力度较大，分布较广，覆盖了硬核连绵区绝大部分空间，且彼此之间连接成片，形成团块状的集

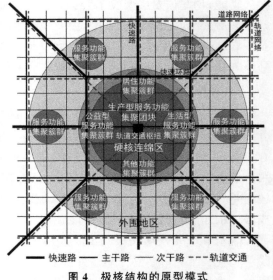

图4　极核结构的原型模式

聚形态。其余功能的比重较小，集聚力度较低，在硬核连绵区内呈簇群状集聚，并会有部分功能空间与生产型服务的功能空间相重合，表现为功能的立体混合或水平交织。硬核连绵

---

①　资料来源：史北祥.亚洲城市中心区极核结构现象的定量研究[D].南京：东南大学，2014.

区圈层内,道路网络密度较大,基本形成了方格网式的网络格局。硬核连绵区的边缘地区,则形成了一圈快速路环线,成为硬核连绵区吸引区域高端要素集聚、快速输配硬核连绵区内外交通、缓解硬核连绵区过境交通压力的重要方式。此外,硬核连绵区内轨道交通网络及站点密度较大,成为支撑硬核连绵区内公共服务设施高强度集聚的主要动力,也是硬核连绵区内大量人流输配的有力保障。在此基础上,多种轨道交通方式在硬核连绵区内交汇,形成轨道交通的枢纽站点,也成为带动周边公共服务设施发展的强力驱动要素。在硬核连绵区内,轨道交通的另一重要作用就是在规整方格网道路格局的基础上,通过立体空间,组织斜向穿越硬核连绵区的交通,使得硬核连绵区内的交通更为便捷。

极核结构中心区的交通体系较为复杂,总体来看可以分为三个部分——道路系统、快速路系统以及轨道交通系统,形成了立体化、网络化的交通输配体系格局。道路系统的主要功能是对中心区内部车行交通进行输配,以方格网式的网络格局为主,形成了极核结构中心区的整体发展框架。快速路系统的主要功能则是远距离车行交通的输配,硬核连绵区内的快速到达与疏解,以及硬核连绵区过境交通的分流,也正因为具有这些功能,快速路系统基本形成了"环形＋放射"的格局。轨道交通系统主要功能是解决中心区巨大规模的人流交通的集散问题,以及远距离、跨区域的人流集散问题。轨道交通线路及站点的分布也基本形成网络状格局,并利用立体的方式,突破整体交通方格网的格局,增加斜向穿越中心区的交通方式,使得中心区内的轨道交通网络更为便捷。

附录五：案例轴核结构中心区三维模型图

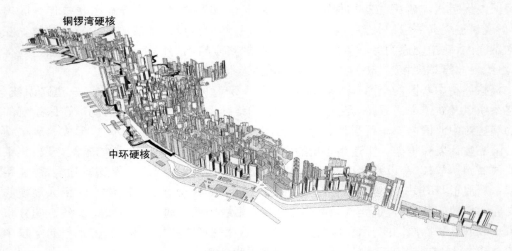

图 1 香港港岛中心区

图 2 首尔江北中心区

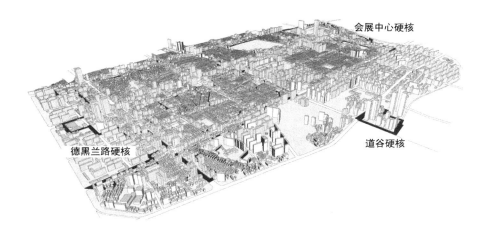

图 3　首尔德黑兰中心区

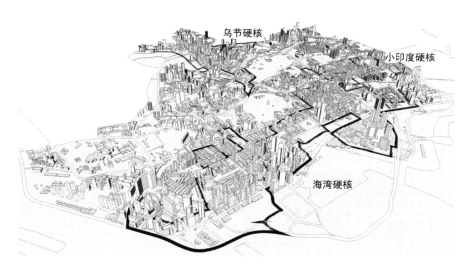

图 4　新加坡海湾—乌节中心区

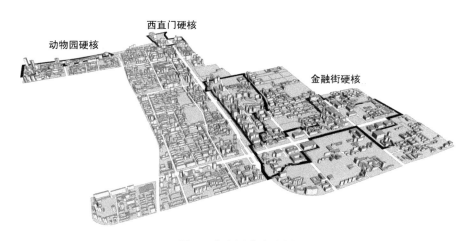

图 5　北京西单中心区

图 6　北京朝阳中心区

图 7　上海人民广场中心区

图 8　深圳罗湖中心区

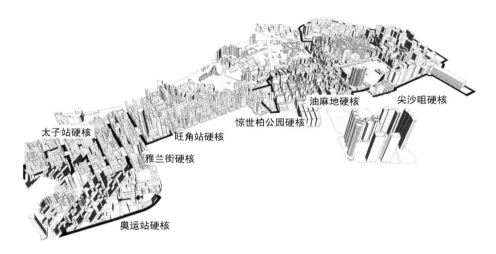

图 9　香港油尖旺中心区

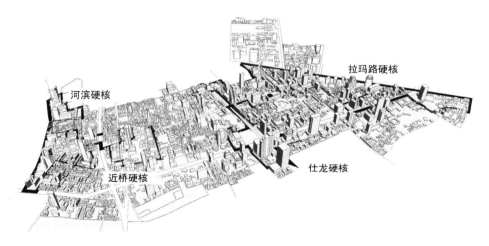

图 10　曼谷仕龙中心区

图 11　吉隆坡迈瑞那中心区

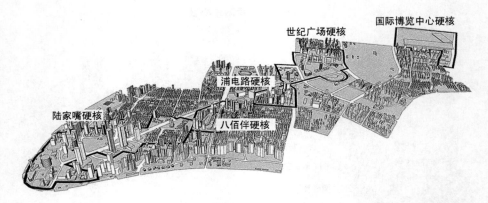

图 12　上海陆家嘴中心区

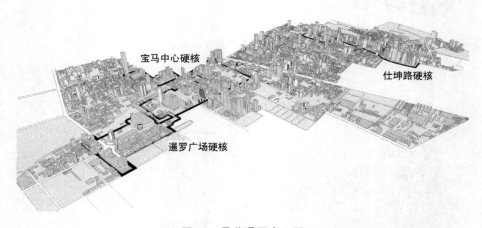

图 13　曼谷暹罗中心区

图 14　南京新街口中心区

图 15　成都春熙路中心区

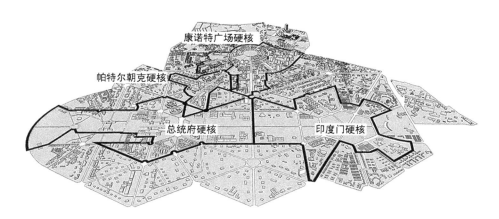

图 16　新德里康诺特广场中心区

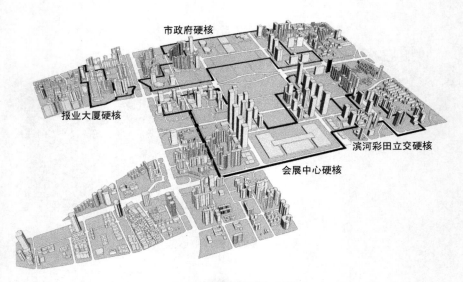

图 17　深圳福田中心区

图 18　大连中山路中心区

图 19　迪拜迪拜湾中心区

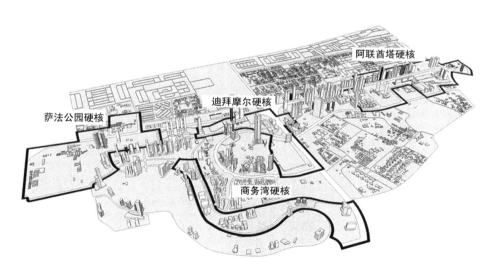

图 20　迪拜扎耶德大道中心区

附录六：案例轴核结构中心区业态分布核密度图

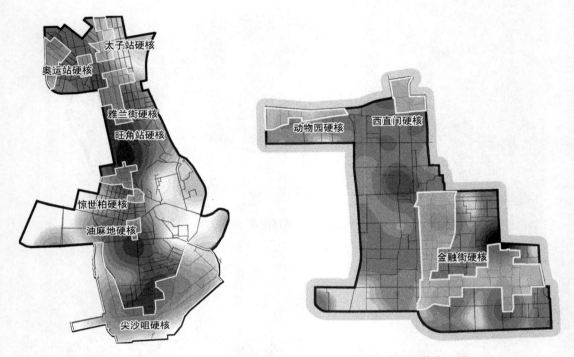

图 1　香港油尖旺中心区

图 2　北京西单中心区

图 3　北京朝阳中心区

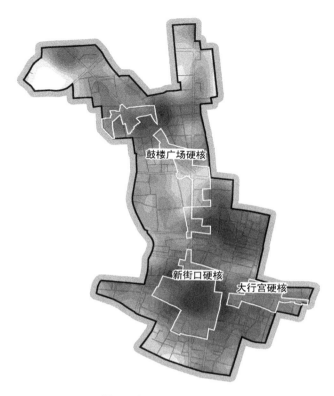

图 4　南京新街口中心区

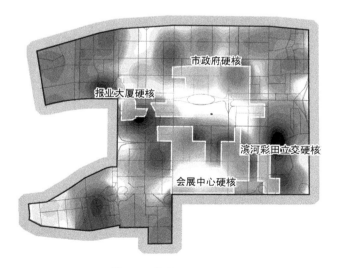

图 5　深圳福田中心区

图6   深圳罗湖中心区

图7   成都春熙路中心区

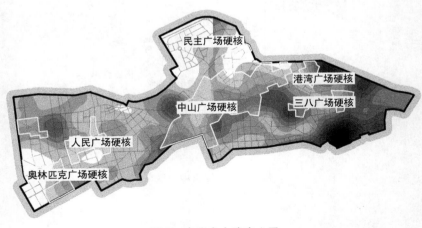

图8   大连中山路中心区

彩图表附录

表 3.3 典型轴核结构中心区的建筑密度格局

中心区名称	首尔江北中心区	首尔德黑兰路中心区
中心区面积	1 433.8 ha	1 189.1 ha
建筑密度分布		
中心区名称	新加坡海湾—乌节中心区	迪拜迪拜湾中心区
中心区面积	1 715.7 ha	1 039.1 ha
建筑密度分布		
中心区名称	香港港岛中心区	深圳罗湖中心区
中心区面积	610.4 ha	794 ha
建筑密度分布		

中心区名称	新德里康诺特广场中心区	吉隆坡迈瑞那中心区
中心区面积	1 860.8 ha	1 489.5 ha
建筑密度分布		
中心区名称	曼谷仕龙中心区	迪拜扎耶德大道中心区
中心区面积	527.4 ha	2 196 ha
建筑密度分布		
中心区名称	曼谷暹罗中心区	北京朝阳中心区
中心区面积	894.1 ha	2 403.8 ha
建筑密度分布		

中心区名称	上海人民广场中心区	北京西单中心区
中心区面积	1 465.2 ha	1 145.7 ha
建筑密度分布		
中心区名称	上海陆家嘴中心区	香港油尖旺中心区
中心区面积	1 110.7 ha	424.2 ha
建筑密度分布		
中心区名称	深圳福田中心区	大连中山路中心区
中心区面积	696.4 ha	939.4 ha
建筑密度分布		

中心区名称	成都春熙路中心区	南京新街口中心区
中心区面积	731.3 ha	566.3 ha
建筑密度 分布		

表 3.6 典型轴核结构中心区的建筑强度格局

中心区名称	首尔江北中心区	首尔德黑兰路中心区
中心区面积	1 433.8 ha	1 189.1 ha
建筑强度 分布		

中心区名称	新加坡海湾—乌节中心区	迪拜迪拜湾中心区
中心区面积	1 715.7 ha	1 039.1 ha
建筑强度 分布		

中心区名称	香港港岛中心区	深圳罗湖中心区
中心区面积	610.4 ha	794 ha
建筑强度分布		
中心区名称	新德里康诺特广场中心区	吉隆坡迈瑞那中心区
中心区面积	1 860.8 ha	1 489.5 ha
建筑强度分布		
中心区名称	曼谷仕龙中心区	迪拜扎耶德大道中心区
中心区面积	527.4 ha	2 196 ha
建筑强度分布		

中心区名称	曼谷暹罗	北京朝阳中心区
中心区面积	894.1 ha	2 403.8 ha
建筑强度 分布		
中心区名称	上海人民广场中心区	北京西单中心区
中心区面积	1 465.2 ha	1 145.7 ha
建筑强度 分布		
中心区名称	上海陆家嘴中心区	香港油尖旺中心区
中心区面积	1 110.7 ha	424.2 ha
建筑强度 分布		

续表 3.6

中心区名称	深圳福田中心区	大连中山路中心区
中心区面积	696.4 ha	939.4 ha
建筑强度 分布		
中心区名称	成都春熙路中心区	南京新街口中心区
中心区面积	731.3 ha	566.3 ha
建筑强度 分布		

表 3.9　轴核结构中心区局部集成度分布图、集成核分布图与中心区轴核系统图

中心区名称	局部集成度	空间句法集成核	中心区轴核系统
北京朝阳中心区			
北京西单中心区			
上海人民广场中心区			
上海陆家嘴中心区			

中心区名称	局部集成度	空间句法集成核	中心区轴核系统
香港港岛中心区			
香港油尖旺中心区			
首尔江北中心区			
首尔德黑兰路中心区			
迪拜扎耶德大道中心区			

中心区名称	局部集成度	空间句法集成核	中心区轴核系统
迪拜迪拜湾中心区			
新德里康诺特广场中心区			
深圳罗湖中心区			
吉隆坡迈瑞那中心区			
曼谷仕龙中心区			

续表 3.9

中心区名称	局部集成度	空间句法集成核	中心区轴核系统
新加坡海湾—乌节中心区			
深圳福田中心区			
曼谷暹罗中心区			
南京新街口中心区			

续表 3.9

中心区名称	局部集成度	空间句法集成核	中心区轴核系统
成都春熙路中心区			
大连中山路中心区			

表 3.12　轴核结构中心区硬核轴线与集成核轴线匹配度

北京朝阳中心区	北京西单中心区	上海人民广场中心区
上海陆家嘴中心区	香港港岛中心区	首尔江北中心区

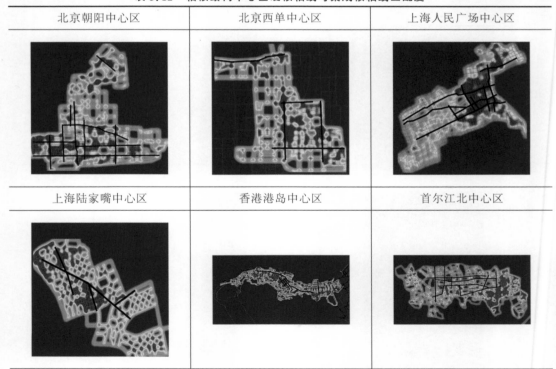

深圳罗湖中心区	大连中山路中心区	迪拜迪拜湾中心区
吉隆坡迈瑞那中心区	新加坡海湾—乌节中心区	新德里康诺特广场中心区
香港油尖旺中心区	迪拜扎耶德大道中心区	南京新街口中心区
成都春熙路中心区	首尔德黑兰路中心区	深圳福田中心区

曼谷仕龙中心区	曼谷暹罗中心区	

表 3.16　轴核结构中心区硬核轴线与用地职能匹配度

北京朝阳中心区	北京西单中心区	上海人民广场中心区
上海陆家嘴中心区	香港港岛中心区	首尔江北中心区
深圳罗湖中心区	大连中山路中心区	迪拜迪拜湾中心区

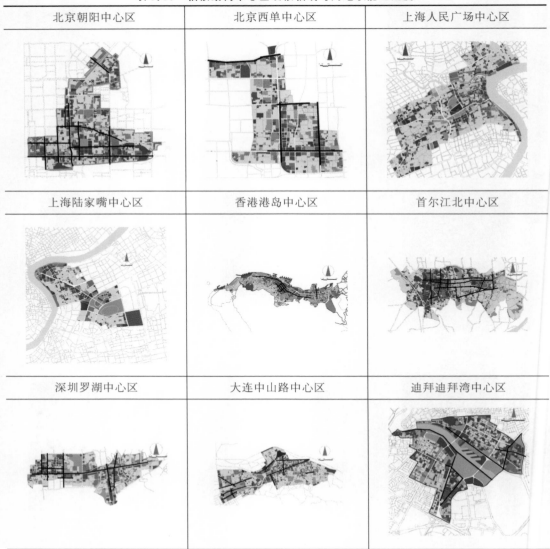

吉隆坡迈瑞那中心区	新加坡海湾—乌节中心区	新德里康诺特广场中心区
香港油尖旺中心区	迪拜扎耶德大道中心区	南京新街口中心区
成都春熙路中心区	首尔德黑兰路中心区	深圳福田中心区
曼谷仕龙中心区	曼谷暹罗中心区	

表 3.20　轴核结构中心区硬核轴线墨菲密度指数匹配度

北京朝阳中心区	北京西单中心区	上海人民广场中心区	上海陆家嘴中心区
香港港岛中心区	首尔江北中心区	深圳罗湖中心区	大连中山路中心区
迪拜迪拜湾中心区	吉隆坡迈瑞那中心区	新加坡海湾—乌节中心区	新德里康诺特广场中心区
香港油尖旺中心区	迪拜扎耶德大道中心区	南京新街口中心区	成都春熙路中心区
首尔德黑兰路中心区	深圳福田中心区	曼谷仕龙中心区	曼谷暹罗中心区